U0427180

喜马拉雅山区重点城镇地质灾害风险评估与管理

Geohazard Risk Assessment and Management in Key Towns of Himalayan Region

曾 斌　陈丽霞　柴 波　杜 娟　孟小军　著

图书在版编目(CIP)数据

喜马拉雅山区重点城镇地质灾害风险评估与管理/曾斌等著.—武汉:中国地质大学出版社,2019.11
ISBN 978-7-5625-4505-7

Ⅰ.①喜…
Ⅱ.①曾…
Ⅲ.①喜马拉雅山脉-地质灾害-风险评价 ②喜马拉雅山脉-地质灾害-风险管理
Ⅳ.①P694

中国版本图书馆 CIP 数据核字(2019)第 275749 号

喜马拉雅山区重点城镇地质灾害风险评估与管理	曾斌 陈丽霞 柴波 杜娟 孟小军 著
责任编辑:舒立霞 张旻玥	责任校对:周旭
出版发行:中国地质大学出版社(武汉市洪山区鲁磨路388号)	邮编:430074
电 话:(027)67883511　　传 真:(027)67883580	E-mail:cbb@cug.edu.cn
经 销:全国新华书店	Http://cugp.cug.edu.cn
开本:787 毫米×1092 毫米　1/16	字数:423 千字　印张:16.5
版次:2019 年 11 月第 1 版	印次:2019 年 11 月第 1 次印刷
印刷:武汉市籍缘印刷厂	
ISBN 978-7-5625-4505-7	定价:128.00 元

如有印装质量问题请与印刷厂联系调换

前　言

我国是世界上地质灾害最为严重的国家之一,特别是在我国的喜马拉雅山区,其地处欧亚板块交界处,构造作用强烈,河谷切割深,地震活动频繁,岩体破碎严重,地形起伏极大,海拔高,温度、降雨分布极不均匀,垂直分带性明显。复杂的地形、地质、气象等因素导致该地区地质灾害极为发育,地质灾害种类多、分布广、致灾因素复杂。

2015年4月25日,尼泊尔发生8.1级地震,此次地震及后续的余震强烈波及我国西藏日喀则市和阿里地区等边境区。根据震后应急排查,共发现新增地质灾害点近千处,加上震前地质灾害点,对境内口岸、城镇、耕地、交通干线及工矿企业均构成了极大的安全威胁,震后的灾区重建及规划工作急需地质灾害风险评估与风险管理研究成果作为科学依据。另外,作为支撑西部社会经济发展、保障国防安全以及实现两个百年目标和民族振兴的标志性工程,川藏铁路穿越构造活跃的复杂艰险山区,面临严重的工程灾害风险,同样需要确定线路穿越区内地质灾害风险来源、范围及特性等,并在此基础上开展风险评价,从而为工程建设及运营过程中的风险管理方案提供科学依据。可见,在地质环境条件更为复杂的喜马拉雅山区,更需要开展科学的风险评估及风险管理工作,从而为政府部门确定地质灾害防治工作部署、优化地质灾害防灾减灾决策提供依据。

本书依托"4·25"地震西藏灾区日喀则市地质灾害防治科技支撑项目,围绕高原峡谷地区地质灾害的风险评估与风险管理研究主题,基于风险评估与管理的相关基本理论,总结了喜马拉雅山区孕灾地质环境背景及地质灾害发育特征,梳理了高原峡谷地区地质灾害风险野外调查的工作内容及方法,并以两处重点城镇为例展示了不同地貌单元区不同灾种的地质灾害风险评估及风险管理方法。

本书内容共分为6章。第一章对国内外在地质灾害风险评估及风险管理研究领域的现状进行了较为全面的梳理,目的是帮助读者了解国内外在这一领域的研究历史与过程。第二章对地质灾害风险评估与管理相关的基本概念、技术流程、基础数据的基本要求及形式、地质灾害易发性评价的常用方法、地质灾害危险性评价的常用方法、地质灾害易损性评价的常用方法、地质灾害风险评价与管理的基本方法进行了阐述。第三章介绍了喜马拉雅山区特殊的地质环境背景条件,以及宽缓峡谷区与深切峡谷区两类不同地貌单元区内崩滑流等地质灾害的发育特征。第四章从地质灾害遥感解译方法及流程、地质灾害野外调查基本要求与内容方法、承灾体野外调查基本要求与方法、调查成果数据库构建等4个方面系统地介绍了地质灾害风险评估与管理研究相关调查工作的目标、内容、流程及方法。第五章以喜马拉雅山宽缓峡谷区日喀则市协格尔镇为例,分析了该地区典型泥石流灾害的发育地质背景条件、时空分布特征、形成条件及成灾机理,在此基础上展示了泥石流地质灾害的易发性、危险性、易损性评价过程,并给出了风险评价的结果及风险管理方案。第六章以喜马拉雅山深切峡谷区日喀则市聂拉木县为例,分析了该地区典型崩塌、滑坡、冰湖溃决型泥石流灾害的发育地质背景条件、时空分布特征、形成条件及成灾机理,在此基础上展示了上述3类地质灾害的易发性、危险性、易损性评价过程,并给出了风险评价的结果及风险管理方案。

本书可作为地质工程、环境工程等专业本科生,以及具有一定地质学知识背景的相关专业研究生学习"环境地质学"等专业课程的配套教学用书,也可以供从事地质灾害相关研究及管理的人员参考使用。

本书的第一章由曾斌、陈丽霞、杨毅鑫、李立根编写;第二章由曾斌、陈丽霞、孟小军、杨毅鑫、李福裕、李立根、李超鹏编写;第三章由曾斌、陈丽霞、柴波、杨毅鑫、李立根编写;第四章由曾斌、柴波、杜娟、孟小军、李福裕编写;第五章由曾斌、陈丽霞、柴波、杜娟、李超鹏编写;第六章由曾斌、陈丽霞、柴波、杜娟、杨毅鑫、李立根编写。全书由曾斌、陈丽霞、杨毅鑫统稿。叶裕才、王冬慧、彭孝楠、罗凌云等参加了资料收集、文字整理、图件清绘等工作。

另外,本书在研究过程中得到了西藏自治区自然资源厅、日喀则市自然资源局的资助与支持,得到了国家自然科学基金(NO.41572256,NO.41877525)的资助,受到了中国地质调查局航遥中心、四川省华地建设工程有限责任公司、武汉中地环科集团有限公司的大力支持与帮助,并且有诸多学者和学科同仁提供了宝贵建议,在此一并表示衷心感谢!

由于地质灾害风险评估与风险管理是一门多学科交叉的前沿性研究,所涉及内容相当广泛,限于笔者的水平和实践经验有限,书中不足之处在所难免,敬请读者批评指正。

著　者

2019 年 10 月 30 日

目 录

第一章 地质灾害风险评估与管理研究现状 (1)

第一节 喜马拉雅山区地质灾害研究现状 (1)

一、崩塌及滑坡地质灾害研究现状 (1)

二、泥石流地质灾害研究现状 (3)

第二节 地质灾害风险评估与管理研究现状 (7)

一、地质灾害风险评估发展过程 (8)

二、地质灾害风险管理发展过程 (10)

三、喜马拉雅山区地质灾害风险评估与管理研究现状 (15)

第三节 存在问题及发展趋势 (15)

第二章 地质灾害风险评估与管理基本理论与方法 (17)

第一节 地质灾害风险评估与管理基本概念 (17)

第二节 地质灾害风险评估基础数据 (20)

一、地形数据与预处理 (22)

二、地质数据 (23)

三、地震数据 (24)

四、气象数据 (27)

五、地质灾害数据 (31)

六、遥感影像数据 (33)

七、承灾体数据 (34)

第三节 地质灾害易发性评价方法 (39)

一、层次分析法 (39)

二、信息量法 (42)

三、证据权法 (43)

四、事件树模型法 (45)

五、其他方法 …………………………………………………………………… (45)

第四节 地质灾害危险性评价方法 ………………………………………………… (46)
 一、崩塌及滑坡危险性评价 ………………………………………………… (46)
 二、泥石流危险性评价 ……………………………………………………… (50)

第五节 地质灾害易损性评价方法 ………………………………………………… (56)
 一、滑坡易损性 ……………………………………………………………… (56)
 二、崩塌易损性 ……………………………………………………………… (59)
 三、泥石流易损性 …………………………………………………………… (60)

第六节 地质灾害风险评价与管理 ………………………………………………… (62)
 一、日常管理阶段 …………………………………………………………… (65)
 二、应急处理阶段 …………………………………………………………… (68)
 三、灾后重建阶段 …………………………………………………………… (69)

第三章 喜马拉雅山区地质环境背景及地质灾害特征 ……………………………… (70)

第一节 喜马拉雅山区地质环境背景 ……………………………………………… (70)
 一、地形地貌 ………………………………………………………………… (70)
 二、气象水文 ………………………………………………………………… (70)
 三、地质概况 ………………………………………………………………… (73)

第二节 喜马拉雅山区地质灾害发育特征 ………………………………………… (77)
 一、宽缓峡谷区地质灾害发育特征 ………………………………………… (77)
 二、深切峡谷区地质灾害发育特征 ………………………………………… (79)

第四章 喜马拉雅山区重点城镇地质灾害风险调查 ………………………………… (83)

第一节 遥感解译 …………………………………………………………………… (83)
 一、遥感解译目的 …………………………………………………………… (83)
 二、遥感解译方法 …………………………………………………………… (83)
 三、遥感解译标志 …………………………………………………………… (85)

第二节 地质灾害及承灾体野外调查 ……………………………………………… (90)
 一、地质灾害野外调查内容 ………………………………………………… (90)
 二、崩塌及隐患点野外调查 ………………………………………………… (91)

  三、滑坡及隐患点野外调查 …………………………………………………… (96)

  四、泥石流及隐患点野外调查 ………………………………………………… (102)

  五、潜在溃决冰湖调查 ………………………………………………………… (107)

  六、承灾体野外调查 …………………………………………………………… (110)

 第三节 地质灾害及承灾体调查数据库 ………………………………………… (112)

  一、地质灾害数据库 …………………………………………………………… (112)

  二、承灾体数据库 ……………………………………………………………… (114)

第五章 协格尔镇(高原宽缓峡谷区)泥石流灾害风险评估与管理 …………… (116)

 第一节 协格尔镇自然地理及地质环境条件 …………………………………… (116)

  一、地理位置及交通 …………………………………………………………… (116)

  二、气象水文 …………………………………………………………………… (117)

  三、地形地貌 …………………………………………………………………… (117)

  四、地层岩性及地质构造 ……………………………………………………… (118)

  五、工程地质及水文地质条件 ………………………………………………… (120)

  六、新构造运动及地震 ………………………………………………………… (121)

 第二节 协格尔镇泥石流时空分布特征 ………………………………………… (122)

  一、泥石流时间分布特征 ……………………………………………………… (122)

  二、泥石流空间分布特征 ……………………………………………………… (123)

 第三节 协格尔镇泥石流形成条件及影响因素 ………………………………… (124)

  一、泥石流形成条件 …………………………………………………………… (124)

  二、泥石流影响因素 …………………………………………………………… (126)

 第四节 协格尔镇泥石流成灾机理及典型泥石流灾害 ………………………… (127)

  一、泥石流成灾机理 …………………………………………………………… (127)

  二、协格尔镇朗嘎布沟泥石流 ………………………………………………… (130)

 第五节 协格尔镇泥石流易发性评价 …………………………………………… (131)

  一、沟谷型泥石流易发性评价 ………………………………………………… (132)

  二、冲蚀型坡面泥石流易发性评价 …………………………………………… (136)

第六节　协格尔镇泥石流危险性评价 ……………………………………… (139)
　　　一、泥石流流体参数 ………………………………………………………… (139)
　　　二、泥石流流出点确定 ……………………………………………………… (140)
　　　三、泥石流清水流量线确定 ………………………………………………… (140)
　　　四、泥石流危险性数值模拟 ………………………………………………… (141)
　　第七节　协格尔镇泥石流易损性评价 ……………………………………… (143)
　　　一、建筑物易损性分析 ……………………………………………………… (143)
　　　二、人口易损性分析 ………………………………………………………… (146)
　　　三、承灾体价值分析 ………………………………………………………… (146)
　　第八节　协格尔镇泥石流风险评价 ………………………………………… (147)
　　　一、建筑物风险评价 ………………………………………………………… (147)
　　　二、人口风险评价 …………………………………………………………… (148)
　　第九节　协格尔镇地质灾害风险管理方案 ………………………………… (150)
第六章　聂拉木县(高原深切峡谷区)地质灾害风险评估与管理 ……………… (153)
　　第一节　聂拉木县自然地理及地质环境条件 ……………………………… (153)
　　　一、地理位置及交通 ………………………………………………………… (153)
　　　二、气象水文 ………………………………………………………………… (153)
　　　三、地形地貌 ………………………………………………………………… (156)
　　　四、地层岩性及地质构造 …………………………………………………… (157)
　　　五、工程地质及水文地质条件 ……………………………………………… (161)
　　　六、新构造运动及地震 ……………………………………………………… (163)
　　　七、人类工程活动 …………………………………………………………… (166)
　　第二节　聂拉木县地质灾害发育特征及致灾机理 ………………………… (166)
　　　一、崩塌灾害 ………………………………………………………………… (166)
　　　二、滑坡灾害 ………………………………………………………………… (172)
　　　三、冰湖溃决型泥石流灾害 ………………………………………………… (175)
　　第三节　聂拉木县滑坡灾害风险评价 ……………………………………… (181)
　　　一、滑坡灾害易发性评价 …………………………………………………… (181)

二、滑坡灾害危险性评价 …………………………………………………… (184)

三、滑坡灾害承灾体调查 …………………………………………………… (188)

四、滑坡灾害易损性评价 …………………………………………………… (190)

五、滑坡灾害风险评价 ……………………………………………………… (190)

第四节 聂拉木县崩塌灾害风险评价 ………………………………………… (191)

一、崩塌灾害易发性评价 …………………………………………………… (191)

二、崩塌灾害危险性评价 …………………………………………………… (194)

三、崩塌灾害承灾体调查 …………………………………………………… (198)

四、崩塌灾害易损性评价 …………………………………………………… (198)

五、崩塌灾害风险评价 ……………………………………………………… (198)

第五节 聂拉木县冰湖泥石流灾害风险评价 ………………………………… (200)

一、冰湖泥石流易发性评价 ………………………………………………… (200)

二、冰湖泥石流危险性评价 ………………………………………………… (211)

三、冰湖泥石流承灾体调查 ………………………………………………… (221)

四、冰湖泥石流易损性评价 ………………………………………………… (221)

五、冰湖泥石流风险评价 …………………………………………………… (222)

第六节 聂拉木县地质灾害风险评估与管理方案 …………………………… (226)

一、聂拉木县地质灾害人口风险评估 ……………………………………… (227)

二、聂拉木县地质灾害建筑物风险评估 …………………………………… (230)

三、聂拉木县地质灾害风险管理方案 ……………………………………… (231)

主要参考文献 ……………………………………………………………………… (237)

附　录 ……………………………………………………………………………… (245)

第一章　地质灾害风险评估与管理研究现状

所谓地质灾害,是指在整个地球发展演化的进程里,由于各类地质作用以及人类工程所引起的地质环境恶化,并对人类的生命及财产造成严重损失或者对资源环境造成严重破坏的灾害事件(刘传正,2009)。

地质灾害的种类繁多,常见斜坡岩土体位移包括滑坡、崩塌及泥石流等;地面变形包括地面沉降、地裂缝及地面塌陷等;特殊的岩土灾害包括膨胀土、冻土、淤泥质软土及湿陷性黄土等;地震主要有天然地震及诱发地震;土地退化包括沙漠化、盐碱化及水土流失等。目前,滑坡、崩塌、泥石流、地面沉降及塌陷已成为表现突出的地质灾害现象。

我国是世界上地质灾害最为严重的国家之一,地质灾害除了威胁到我国人民生命财产及生存环境外,还对重大工程的建设及运营造成了很大的安全隐患。据中国地质调查局的不完全统计,仅在1996—2011年期间全国各类突发性地质灾害共造成17 261人死亡或失踪,平均每年死亡或失踪1079人。

喜马拉雅山区地处欧亚板块交界处,构造作用强烈,河谷切割深,地震活动频繁,岩体破碎严重,地形起伏极大,海拔高,温度、降雨分布极不均匀,垂直分带性明显。复杂的地形、地质、气象等因素导致该地区地质灾害极为发育,地质灾害种类多、分布广、致灾因素复杂。根据西藏自治区地质环境监测总站编写的《西藏自治区札达县地质灾害调查与区划报告》,截至2008年札达县共存在灾害及隐患点102处,其中滑坡10处、潜在滑坡4处,崩塌48处、潜在崩塌2处,泥石流31处、潜在泥石流7处。另据中国国土资源航空物探遥感中心"青藏高原生态地质环境遥感调查与监测"和"喜马拉雅山地区重大地质灾害遥感调查"项目研究成果,截至2012年,喜马拉雅山区分布有巨型滑坡灾害8处,特大型滑坡灾害1处,大型滑坡灾害22处,大型崩塌4处,巨型泥石流23处、大型泥石流6处(童立强等,2013)。

第一节　喜马拉雅山区地质灾害研究现状

一、崩塌及滑坡地质灾害研究现状

喜马拉雅山区崩塌及滑坡灾害研究尚不完善,尤其是崩滑的区域研究方面,许多研究还停留在崩滑灾害的时空分布,较为简单地讨论灾害形成条件和影响因素阶段;在崩滑单点灾害研究方面,部分研究成果较为深入,进行了细致的致灾成因分析、破坏模式研究及模拟预测。

部分学者利用LANDSAT、ASTER、SPOT等遥感数据对喜马拉雅山区崩塌、滑坡、泥石流等地质灾害进行遥感影像解译工作(张明华,2004;李军霞,2011;童立强等,2013),对快速识别地质灾害高发区域提供了帮助。

2000年4月9日晚，西藏林芝市波密县易贡藏布河发生巨型高速滑坡。王治华等（2000）利用 TM 和 SPOT 影像对易贡滑坡发生前后变化特征进行遥感解译，认为该滑坡是喜马拉雅造山运动中地貌演变过程中的一次大规模碎屑流活动，大量积雪可能是触发因素；刘国权等（2000）对易贡滑坡从气候、水文地质条件、地形、构造影响等方面进行成因分析；殷跃平（2000）认为易贡滑坡主要诱因是气温转暖，冰雪融化，滑坡经历了高速滑动—碎屑流—土石水气浪—泥石流—次生滑坡等过程，具复合性；任金卫等（2001）基于地震波形对林芝市易贡滑坡的发生时间、持续时间、运动学过程进行了初步研究；柴贺军等（2001）对易贡滑坡，采用离散单元法，主要研究其节理的力学参数，运用类比法进行滑坡物质运动全过程的数值模拟研究，并与野外调查结果进行对比，认为准确度较高；许强等（2007）对易贡滑坡从地形地貌、地层岩性、地质构造等方面进行研究，并将该滑坡分为崩塌区、滑坡区（又分瞬时高速滑坡区、高速块石碎屑流流通区两个亚区）、堆积区3个大区，阐述其分带特征，指出该滑坡具有锥状堆积物、喷水冒砂坑、被气浪摧毁的树木等一般滑坡不具有的特殊地质现象。

祝建等（2008）对日喀则市樟木滑坡进行研究，分析了古滑坡基本特征、形成过程、机理。胡瑞林等（2014）对樟木古滑坡的堆积体从工程地质结构、岩土类型、斜坡变形破坏规律、稳定性分析方面进行了研究。王忠福等（2014）对樟木后山危岩体，采用 PFC3D 数值模拟软件模拟降雨条件下危岩体发生崩塌的运动轨迹、速度、不同摩擦系数崩塌体的堆积特征，分析崩塌成因，与野外调查结果进行对比。陈剑等（2016）对樟木滑坡进行研究，得出以下结论：樟木滑坡的成因分析表明樟木滑坡的发育是区域地质灾害链、人类工程活动灾害链和强烈侵蚀地表过程中的一个子过程；樟木滑坡是一个多期次滑坡构成的复杂滑坡，地质历史上发生的岩质古滑坡和大型堆积体古滑坡规模巨大，近代发生的滑坡和变形体规模较小。

胡光中等（2011）对山南地区亭嘎滑坡进行研究，认为亭嘎滑坡的形成过程可分为4个阶段：天然边坡软基岩发生倾倒变形，在坡体后缘形成一定的拉裂；坡体内结构面与后缘拉裂贯通形成控制性的滑动面；在进一步遭遇易诱发滑坡不利因素的作用下，斜坡产生滑动；在长期的时间内，滑坡后缘继续产生拉裂，滑坡前缘处于雅鲁藏布江的不断淘蚀和搬运作用下，滑坡继续滑动。雷清雄等（2017）对西藏俄拉村滑坡进行研究，采用离散元数值计算，基于模拟过程和监测的动力响应数据，探讨了滑坡形成过程和水平加速度动力响应的基本规律，将俄拉村滑坡失稳过程归纳为：震动拉裂-剪切阶段→"锁固段"剪断贯通阶段→堆积掩埋夯实阶段。

部分学者对西藏自治区全区或部分地区主要公路沿线的崩塌、滑坡灾害空间分布进行统计和规律分析，并从地形地貌、地层岩性、地质构造、气象水文、地震活动、人为因素、冰川作用、冻融作用、植被覆盖等因素分析西藏自治区崩滑地质灾害的影响因素，提出相关防治建议（杨全忠，2002；蒋忠信，2002；张明华，2004；张博等，2005；李建忠等，2006；何果佑，2006；张博，2006；U Kamp et al.，2012；汤明高等，2012；郑炎等，2012；黄勇，2012；郭彦威等，2014；沈力，2016；斯朗拥宗等，2016；达瓦泽仁等，2016；央金卓玛，2017）。在此基础上，部分学者采用离散元法、有限差分法、极限平衡法等数值模拟方法以及传统的公式计算法，对区域内崩滑地质灾害典型点的发生概率、产生后果等进行模拟预测，并与实地调查情况对比，分析崩滑灾害的破坏模式、成灾机制（张博，2006；陈永波等，2007；刘强，2008；黄勇，2012；周驰词，2014；沈力，2016；斯朗拥宗等，2016）。其中，斯朗拥宗等（2016）还采用数值模拟方法对 G109 国道部分路段的崩塌进行降雨量临界值预测。

张博等(2005)对阿里地区部分公路沿线崩塌、滑坡灾害进行危险性评价。李军霞(2011)对山南市隆子县区域内滑坡灾害基于模糊物元理论、突变理论建立滑坡危险性的非线性预测模型。任华江等(2012)对雅鲁藏布江藏木电站左岸近坝崩塌进行稳定性评估。杨志华等(2017)针对"4·25"尼泊尔地震,采用Newmark动力模型、斜坡极限平衡模型和地理信息系统平台,对尼泊尔地震动力作用下的斜坡位移进行了定量计算,并考虑降雨作用对震后滑坡危险性的影响,对地震叠加降雨诱发滑坡危险性分布进行了快速预测。

二、泥石流地质灾害研究现状

泥石流是喜马拉雅山区发育最为典型的一类地质灾害。在研究过程中,泥石流分类是对其内在规律和外部特征的概括,分类结果也是泥石流基础理论研究和防灾减灾实践的重要基础(中国科学院水利部成都山地灾害与环境研究所,2000)。

《中国泥石流》(中国科学院水利部成都山地灾害与环境研究所,2000)一书中提出用综合成因分类法进行泥石流类型划分,提出了泥石流分类的发生学原则、发展学原则、属性学原则、应用性原则,根据这4个原则来进行泥石流分类,并提出了一套相对规范的符号来表示泥石流类型。

《中国泥石流研究》(康志成等,2004)一书中基于不同的泥石流分类原则、方法和指标,总结了国内外常用的10种泥石流分类方法,如表1-1所示。在此基础上,康志成等(2004)提出了两种泥石流分类方法:一是按运动和岩土类型的分类方法,依据固体物质的类型(基岩、土石体和土体)和斜坡运动的5种形式(坠落、倒塌、滑动、流动和复合运动);二是按泥石流性质的分类方法,依据泥石流流体的容重和土石比。

表1-1 泥石流分类方法(据康志成等,2004)

分类依据		具体类型
国内外主要的泥石流分类	沟谷地貌特征	典型泥石流沟、沟谷型泥石流沟、坡面型泥石流沟
	水源条件	暴雨型泥石流(包括台风雨)、冰雪融水型泥石流、水体溃决型泥石流
	土源条件	水石流、泥流、泥石流
	发展历史	现代泥石流、老泥石流、古泥石流
	发育阶段	幼年期泥石流、壮年期泥石流、老年期泥石流
	发生频率	高频泥石流、中频泥石流、低频泥石流
	规模大小	特大型泥石流、大型泥石流、中型泥石流、小型泥石流
	力源条件	土力类泥石流、水力类泥石流
	运动流态	紊流型泥石流、层流型泥石流
	运动流型	连续型泥石流、阵流型泥石流
按运动和岩土类型		崩塌型泥石流、滑坡型泥石流、沟谷冲刷型泥石流、沟谷型泥石流
按泥石流性质		稀性泥石流、亚黏性泥石流、黏性泥石流、高黏性泥石流、水石流、泥流、高含沙水流

在众多的分类依据中,地貌位置或流域形态是进行泥石流类型划分的重要依据之一(倪化勇,2015),其分类结果是我国泥石流研究的重要成果之一。目前大部分观点采用"二分法"或"三分法"进行泥石流类型划分,表1-2列举了近年来的几种基于地貌特征的泥石流分类方法及其简述。

表1-2 泥石流按地貌位置分类(据倪化勇,2015,有修改)

分类来源	泥石流分类	发育特征简述
《泥石流灾害防治工程勘查规范》(DZ-T-0220-2006)	沟谷型泥石流	以流域为周界,受一定的沟谷制约,泥石流的形成、堆积和流通区较明显,轮廓呈哑铃型
	山坡型泥石流	限于30°以上斜面,无恒定地域与明显沟槽,只有活动周界,轮廓呈保龄球形
中国地质调查局(2008)	沟谷型泥石流	流域呈扇形或狭长条形,沟谷地形,沟长坡缓,规模大,流域可呈长条形、葫芦形或树枝形等。分形成区、流通区和堆积区
	山坡型泥石流	流域呈斗状,沟浅、坡陡、流短,沟坡与山坡基本一致,无明显流通区和堆积区
中国科学院成都山地灾害与环境研究所(2000)	沟谷型泥石流	面积大于1.0km²,水系发育完整,泥石流的形成、堆积和流通区段较明显。形成区又分为汇水动力区和固体物质供给区。流通区多为峡谷地形,纵坡较缓,堆积扇在宽谷段及主弱支强河段发育充分,其他河段发育不完全,有些被冲蚀缺失
	山坡型泥石流	面积多在1.0km²以下,流域尚未发育完全,轮廓呈哑铃形,一般无支沟。形成区山坡侵蚀、沟岸崩塌与沟谷下切均较强烈。流通区不易和形成区区分,沟道浅短,纵比降大,沟床比降与山坡度接近
周必凡等(1991)	河谷型泥石流	泥石流的发生、运动和堆积过程在一条发育较为完整的河谷内进行,固体物质主要来自河床
	山坡型泥石流	泥石流发生、运动过程沿山坡或山坡冲沟中进行,堆积在坡角或冲沟出口与主河交汇处,固体物质主要来自沟坡
康志成等(2004)	典型泥石流沟	具有明显的清水区、泥石流形成区、流通区和堆积区
	沟谷型泥石流沟	流域为长条形,形成区不明显,两侧谷坡为泥石流物质的主要供给区;流通区很长,有时替代了形成区;堆积区视汇入的主河是淤积性或是下切侵蚀性的,处在前者的则发育明显的堆积扇
	坡面型泥石流沟	发育在山坡上的各种类型不良地质作用下产生的小型泥石流沟,它没有明显的受水区,仅仅是山坡上发育的冲沟和切沟
姚一江(1994)	沟谷型泥石流	流域面积2~5km²,形成区、流通区和堆积区较明显
	河谷型泥石流	流域5km²以上,最大可达100余平方千米,主沟长3km以上
	坡面型泥石流	发育于30°以上的自然山坡或堑坡,形态上多呈条状或片状,流域面积小于0.4km²,无明显沟槽,或虽有沟槽但发育不完善,纵坡与坡面基本一致。进一步分为溜坍型坡面泥石流、冲蚀型坡面泥石流和崩塌、滑坡型坡面泥石流

续表 1-2

分类来源	泥石流分类	发育特征简述
倪化勇 (2015)	坡面泥石流	发育坡面一般较为平整,无恒定地域或明显沟槽
	冲沟型泥石流	主要发生于斜坡上的纹沟或切沟等处于幼年期的侵蚀沟内,水系发育不完整,无支沟,汇水区不明显,有的流域周界不明显,流域面积较小,形态多呈长条形,侵蚀沟深度一般不超过数米,纵比降大,沟床比降与山坡坡度接近,沟头一般距离斜坡顶部山脊线具有一定距离
	沟谷泥石流	发育流域面积较大,主沟较长,水系发育完整的流域内,流域周界明显,沟床纵剖面下凹,与斜坡地形线不一致,其汇水区、形成区、流通区和堆积区分区明显

近年来,随着喜马拉雅山区公路、铁路等重要交通干线工程建设活动的发展,交通干线沿途的泥石流地质灾害研究迅速发展。陈宁生、崔鹏等(2002)调查研究了 756km 中尼公路上的泥石流灾害,东起拉萨,西至聂拉木县樟木口岸友谊桥沿线记录泥石流灾害 842 处,根据泥石流灾害的分布规律及相关特征,将中尼公路沿线分为 3 个区(雅鲁藏布江河谷地区雨洪泥石流区、喜马拉雅山以北湖盆雨洪泥石流区、喜马拉雅南坡冰雪消融泥石流和冰湖溃决泥石流区)。

在喜马拉雅山区,泥石流分类可根据该地区特殊的地形条件及气象条件,按水源条件划分,包括降雨型泥石流(研究区暴雨较少,用"降雨型"更符合)、冰湖溃决型泥石流和冰雪消融型泥石流。

1. 降雨型泥石流

降雨型泥石流是喜马拉雅山区最主要的泥石流类型之一,其主要水源来自大气降雨,何易平等(2002)调查西藏中尼公路沿线的泥石流,降雨型泥石流的比例高达 85.1%,是区内最常见、分布最广泛的泥石流。喜马拉雅山区降雨型泥石流的研究主要集中在灾害的发育特征和分布规律、形成条件和启动机理、易发性评价和危险性评价等。

喜马拉雅山区降雨型泥石流的形成条件和启动机理等相关研究与普通地区泥石流大致相同。陈国玉(2010)将区内沟谷型泥石流的形成模式分为两种:①由降雨形成的地表径流造成的坡面侵蚀补给的坡面侵蚀补给型泥石流;②随着水流运动的加强,由洪水造成的沟床侵蚀补给的沟床侵蚀补给型泥石流。大量的松散固体物质为泥石流提供了丰富的物源,区内 90% 的降雨型泥石流主要发生在每年的 6—9 月,尤其 7 月最多。刘伟朋等(2015)研究了拉日铁路沿线(年木乡—日喀则段)泥石流分布特征,将区内泥石流按流域面积、长度、流域形态等分为两类:沟谷型泥石流和坡面型两类。

由于喜马拉雅山区地质灾害研究起步较晚,地质环境背景条件资料精度较差,灾害发生的时间信息和发生频率等资料相对较少,对降雨型泥石流灾害的研究大多数仅达到易发性或危险性评价程度,难以实现进一步研究,当前主要采用层次分析法、信息量法、分形理论法等进行区内泥石流的易发性或危险性评价研究(陈国玉,2010;裴申洲,2018)。

2. 冰湖溃决型泥石流

喜马拉雅山区在构造作用下持续隆升,形成了众多巍峨挺拔的高峰,山地冰川广布。冰湖(Glacial Lake)属于在洼地积水形成的自然湖泊的一种,一般把在冰川作用区内与冰川有着直接或间接联系的湖泊称为冰湖,是冰冻圈最为活跃的成员之一(王欣等,2016)。广义的冰湖包括冰碛湖(即冰碛阻塞湖)、冰川阻塞湖、冰面湖、河谷/槽谷湖、冰斗湖和冰蚀湖等(Liu et al.,1988;沈永平,2004;Chen,2007;王欣等,2010)。其中,冰碛湖是喜马拉雅山区威胁最严重的冰湖,其形成与演化大致概化为4个阶段:表碛覆盖冰川消融区冰面湖的形成与扩张阶段、冰面湖群的转化与汇并形成单一较大冰碛湖、冰碛湖稳定向上游扩张阶段、冰碛湖溃决与消融阶段(Komori,2008)。冰碛湖是冰湖演化的最后阶段,也是喜马拉雅山区分布最多的冰湖,自20世纪以来,西藏自治区发生溃决的冰湖都是冰碛湖(刘晶晶,2008)。

由于冰湖溃决灾害的影响,适应与对策综合评估成为未来冰冻圈科学研究重点之一(秦大河等,2006)。王欣等(2007,2016)将冰湖溃决灾害分为冰湖溃决洪水/泥石流进行研究。崔鹏等(2003)指出冰湖溃决型泥石流与由暴雨和冰川融水激发的泥石流不同,冰湖溃决型泥石流以冰湖溃决洪水作为主要水源,并从气候条件、水文条件、终碛堤、冰湖规模、冰滑坡、沟床特征和固体物质补给等多方面分析其形成条件和特点,总结出冰湖溃决型泥石流沿程演化的6种模式。王世金等(2017)将冰湖溃决洪水(Glacial Lake Outburst Floods,GLOFs)灾害定义为在冰川作用区由于冰湖突然溃决而引发溃决洪水或泥石流,危及居民生命和财产安全并对自然和社会生态环境产生破坏性后果的自然灾害,并强调冰湖溃决型泥石流具有突发性强、洪峰高、流量大、破坏力大、灾害持续时间短但波及范围广等特点,常造成巨大的财产损失和人员伤亡。

根据大量学者的研究成果,结合野外调查,本书将喜马拉雅山区的冰湖溃决灾害作为一种特殊类型的泥石流——冰湖溃决型泥石流进行研究。除特殊说明外,下文所指"冰湖"一般为"冰碛湖"(简称为"冰湖")。

当前对冰湖溃决型泥石流的相关研究主要集中在冰湖溃决诱因研究、危险性冰湖特征研究、冰湖溃决概率预测研究、冰湖溃决危险性评价、冰湖溃决洪峰流量及其演进模拟研究、冰湖溃决风险评估与管理研究等方面(王世金等,2012)。

综合全球已公开的冰湖溃决灾害事件,将溃决诱因(导致冰湖溃决的因素)总结为:冰崩、冰跃动、管涌、岩/雪崩、地震、漫顶流、组合型几类。冰湖溃决机制(冰湖溃决洪水的形成过程)包括漫顶洪水、漫顶流溃坝洪水、管涌溃坝洪水、瞬间溃坝洪水、多种溃决机制组合等类型(王欣等,2016)。危险性冰湖一般具有冰川地貌陡倾、湖盆规模发展到最大、母冰川活动频繁、冰碛坝明显且稳定性差的特点(舒有峰,2010)。

冰湖溃决概率预测较多,吕儒仁等(1999)和Huggle等(2004)根据冰湖的相关特征评价各指标对冰湖溃决的贡献程度,进行冰湖溃决概率的定性分析评价。庄树裕(2010)选取了坝顶宽度、冰舌前端距冰湖距离、水热组合、冰湖面积、补给冰川面积、冰川裂隙发育程度、冰舌坡度、冰川积雪区平均纵坡、背水坡度、两岸崩塌程度、受旁沟冲刷程度等指标,进行基于支持向量机(Support Vector Machine,SVM)的冰湖溃决预测研究。

冰湖溃决型泥石流危险性评价和冰湖溃决灾害的风险评价研究近年来迅速发展,王世金等(2017)结合喜马拉雅山区已溃决冰湖的背景资料,选取坝顶宽度、湖水面距坝顶高度与坝高之比、冰湖面积和补给冰川面积4个预测指标,采用逻辑回归法建立喜马拉雅山区冰湖溃决的半定量预测模型,进而构建冰湖溃决灾害风险评估体系,通过定性评价方法进行冰湖溃决灾害综合风险评估与区划,并提出冰湖溃决灾害综合风险管理与控制方法。王欣等(2016)采用事件树模型计算冰湖溃决概率,模拟典型危险性冰碛湖溃决洪水强度,结合受冰湖险情威胁的承灾体,从生命损失、经济损失、社会与环境影响三方面定性计算溃决风险指数,并提出相应的风险减缓措施。朱海波(2016)进行喜马拉雅山区冰湖溃决型泥石流灾害危险性评价,采用建立在GIS平台基础上的LAHARZ软件,进行冰碛湖溃决泥石流数值模拟研究。

3. 冰雪消融型泥石流

在我国现代冰川和季节积雪地区,以冰雪融水为泥石流形成的主要水源的泥石流,称为冰雪消融型泥石流。冰川积雪消融水量一般与气温高低、辐射强弱、降雨多少以及冰面的污化程度等因素密切相关,其中与降雨和温度的关系最为密切。气温突升,加剧冰雪消融,冰雪融水下渗,岩土体经常处于饱和状态。若同时伴随一定的降雨过程,在水源充足的情况下,更容易发生泥石流(中国科学院水利部成都山地灾害与环境研究所,2000)。

冰雪消融型泥石流作为喜马拉雅山区独特的一种泥石流类型,可将其形成条件概括为4项:土体含水量和性质,地震活动和周期,冰川性质、规模和状态以及沟道发育阶段和沟道平面形状。陈国玉(2010)将该类型泥石流的形成机制总结为一系列过程,一般从积雪和冰川的崩落或滑动开始,气温升高融化成水流,加上地表径流和雨水的加入,汇成巨大的水流,有时出现冰崩堵坝形成水库并溃决的情况,足够的水动力条件带动沟道中的大量松散堆积物,冰雪消融型泥石流就形成了。

目前,针对冰雪消融型泥石流的相关研究不多,单纯由冰雪消融引发的泥石流灾害鲜有报道。与降雨型泥石流和冰湖溃决型泥石流相比,一般情况下,该类型泥石流的发生频率低、灾害规模小、灾害后果不严重。

第二节 地质灾害风险评估与管理研究现状

《辞海》将"风险"定义为"人们在生产建设和日常生活中遭遇可能导致人身伤亡、财产损失及其他经济损失的自然灾害、意外事故和其他不测事件发生的可能性"。

国际上不同学者对地质灾害风险有着不同的定义,部分定义与表达式见表1-3。

表 1-3 国际上部分机构和学者对地质灾害风险定义及表达式一览表(据牛全福,2011)

研究机构和学者	灾害风险及表达式
Morgan & Henrion (1990)	风险就是可能受到灾害影响和损失的暴露性(Exposure)
UNDRO(1991)	风险=致灾因子×风险要素×脆弱性
UNDHA(1992)	在一定时间和区域内某一致灾因子可能导致的损失(死亡、受伤、财产损失、对经济的影响),可以通过数学方法,从致灾因子和脆弱性两方面计算
Adams(1995)	一种与可能性和不利影响大小相结合的综合度量
Smith(1996)	风险=致灾因子发生概率×损失
De La Cruz Reyna(1996)	风险=(风险因子×暴露性×脆弱性)/备灾准备
Helm(1996);Jones & Boer(2003)	风险=致灾因子发生概率×灾情
Stenchion(1997)	风险是不受欢迎(Undesired)时间出现的概率,或者某一致灾因子可能导致的灾难,以及对致灾因子脆弱性的考虑
Crichton(1999)	风险是损失的概率,取决于3个因素:致灾因子、脆弱性和暴露性
Wisner(2000)	风险=致灾因子×脆弱性−减缓(Mitigation)
Downing 等(2001)	在一定时间和区域内某一致灾因子可能导致的损失(死亡、受伤、财产损失、对经济的影响)。致灾因子:一定时间和区域内的一个危险事件,或者一个潜在的破坏性现象
IPCC(2001)	风险=发生概率×影响程度
Wisner(2001)	风险=致灾因子×脆弱性−应对能力(Coping Capacity)
UN(2002)	风险=(致灾因子×脆弱性)/恢复能力(Resilience)

一、地质灾害风险评估发展过程

国内外许多学者进行了滑坡灾害风险的研究,包括 Varnes(1984)、Einstein(1988)、Conroy(1992)、Finlay(1999)、Cardinali(2002)、唐越和方鸿琪(1992)、谢贤平和李怀宇(1994)、张业成和张梁(1996)、彭荣亮(1996)、黄崇福(1999)、向喜琼和黄润秋(2000)、刘希林等(2001)、汪敏和刘东燕(2001)、殷坤龙和朱良峰(2001)、殷坤龙等(2010)。

美国是开展滑坡风险研究最早的国家之一,代表性的研究有 UNDRO(1984)、Varnes(1984)、Conroy 等(1992)等,这些研究从早期的以滑坡敏感性制图、危险性区划、易损性研究、风险区划发展到风险估算、地理信息系统(GIS)技术的应用。1997 年,美国地质调查局制订了一个 5 年滑坡计划,计划对全美主要中心城市、交通干线进行滑坡灾害调查与分析,通过

GIS 技术开展滑坡灾害危险性评估,更新并数字化全国滑坡灾害分布图,完成重灾地区区域滑坡灾害风险评价工作。

Evans 对加拿大 1840—1996 年的历史滑坡灾害进行总结和分析,得出加拿大全国因滑坡灾害人口年均死亡率、$F-N$ 曲线(N 为因灾害造成的死亡人数;F 为相应死亡人数时的累积发生频率)、人口风险可接受水平标准,并将其应用于加拿大滑坡风险管理工作中。

2005 年在加拿大温哥华召开滑坡灾害风险管理国际会议,对滑坡风险管理的基本理论、方法、经验等进行了研究讨论。

2006 年国际滑坡协会在日本召开圆桌会议,建立了国际滑坡计划(International Programme of Landslide,IPL)框架,促进了灾害监测与预警、灾害区划图制作、易损性与风险评估、防灾制度、防灾宣传、风险转移及恢复等研究(殷坤龙等,2010)。

我国大陆对自然灾害风险评估的研究起步较晚,20 世纪 90 年代参与"国际减灾十年"活动以来,地质灾害风险评估研究才逐步得到重视,但是地质灾害风险管理一直没有被纳入到政府土地利用规划体系,仅限于学术界的研究。国土资源经济研究院从 20 世纪 90 年代起一直致力于地质灾害易损性分析、风险评价、经济评价的理论与方法研究。其中,张业成等(1994)在地质灾害灾情分析的基础上,评价了我国地质灾害的危害程度,进行了全国范围的危险性区划。张梁等(1998)在借鉴国外和国内其他领域研究成果的基础上,根据环境经济理论,对地质灾害评估和经济损失的理论基础进行了探讨。罗元华等(1998)所著《地质灾害风险评估方法》较为系统全面地阐述了我国各类地质灾害风险评估的理论和方法体系。向喜琼等(2000)在借鉴发达国家和地区,特别是香港地区边坡安全管理经验的基础上,提出从区域上对地质灾害进行风险评价和管理的基本构想。许强等(2000)、唐川等(2001)对地质灾害发生时间和空间的预测、预报作了研究。吴益平等(2001)、汪敏(2001)、彭满华等(2001)、朱良峰等(2002)、胡新丽等(2002)、殷坤龙等(2003)提出地质灾害风险评价和风险管理的体系和框架。张春山等(2003)对黄河上游地区的滑坡、崩塌、泥石流地质灾害作了区域性危险性评价。向喜琼(2005)对区域滑坡地质灾害危险性评价与风险管理作了较为系统的研究(唐亚明等,2015)。

2007 年 9 月,中国灾害防御协会风险分析专业委员会在上海组织召开了首届风险分析与危机反应国际学术研讨会,其中多个专题涉及到灾害风险评估与风险管理(宋强辉等,2008)。

关于地质灾害风险评估的著作有《Landslide Hazard and Risk》(Glade et al.,2004)、《Landslide Risk Management》(Hungr,2005)、《滑坡灾害风险分析》(殷坤龙等,2010)、《Landslide Risk Assessment》(Lee and Jones,2014)。《滑坡灾害风险分析》为国内首例系统阐述滑坡灾害风险评估与管理基本概念和理论体系的著作,通过开展不同尺度的滑坡灾害风险评估研究为国内学者提供了技术参考。

殷坤龙等(2010)在《滑坡灾害风险分析》一书中对滑坡危险性的定义为"特定地区范围内某种潜在的滑坡灾害现象在一定时期内发生的概率";对滑坡风险的定义为"在一定时期内,各类承灾体所可能受到滑坡灾害过程袭击而造成的直接和间接经济损失、人员伤亡、环境破坏等"。吴树仁等(2012)在《滑坡风险评估理论与技术》一书对滑坡危险性的定义为"一个地区具有一定规模和破坏性的滑坡在一定时间段内发生的概率";对滑坡风险的定义为"对生命、健康、财产或环境产生不利影响的概率和危害程度的度量,通常表达为滑坡发生概率和其危害的乘积"。张永双等(2016)在《地震扰动区重大滑坡泥石流灾害防治理论与实践》一书中对地质灾害危险性的定义为"可能导致潜在不良后果的状况,主要指地质灾害发生的时间概率、破坏力(强度)、速度、位移及其扩展影响范围";对地质灾害风险的定义为"对人类生命、健康、财产或生存环境产生危害的概率和严重程度的度量,通常表达为时空发生概率及其危害的乘积"。

可见,3本专著虽表述略有不同,但对滑坡风险评估研究的核心部分均为滑坡(或其他地质灾害)发生的时空概率、可能的影响范围、灾害强度、潜在承灾体及其价值等方面,体现出对地质灾害发生可能导致的损失的数学期望值定量计算的思想。

二、地质灾害风险管理发展过程

美国、英国、荷兰、澳大利亚、中国香港等国家或地区在地质灾害可接受风险原则、标准方面开展了很多工作,包括生命风险、经济风险、环境风险三大类。这些研究以英国健康与安全委员会(Health and Safety Commission,HSC)的生命可接受风险为代表,于2001年建立了可接受风险的总框架,如图1-1所示。对可接受风险、可忍受风险、不可接受风险进行了区分。可忍受风险符合"合理可行尽量低"(As Low As Reasonably Practicable,ALARP)原则,ALARP原则被许多国家所采用,也是国际地质科学联合会风险评价委员会的可接受风险原则之一。澳大利亚在滑坡灾害可接受风险上进行了持续并有效的研究,其成果集中体现在2007年澳大利亚地质力学学会(AGS)出版的《Landslide Risk Management Concept and Guidelines》中(尚志海,2012)。

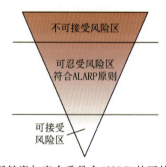

图 1-1　英国健康与安全委员会(HSC)的可接受风险框架

1. 地质灾害可接受风险分析方法

Jonkman等(2003)全面总结了可接受风险分析的方法,主要有风险等值线图、F-N曲线图、风险矩阵、成本效益分析4种方法。

1)风险等值线图

风险等值线图是用于描述个人风险的工具,个人风险取决于地理位置,并不是因人而异,而是针对不同地点而不同的,如图1-2所示。易受损的建筑可接受风险的最大值为$10^{-6}/a$(图1-2中A区),不易受损的建筑可接受风险的最大值为$10^{-5}/a$(图1-2中B区),只有不适用该标准的不易受损的建筑允许在 C 区。

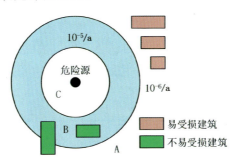

图 1-2　新建房屋个人风险可接受标准

2）$F-N$ 曲线图

$F-N$ 曲线图是用于表达社会风险的，最早由 Famer(1967) 提出并使用，是由死亡人数(N)及其累积频率(F)组成的平面图，如图 1-3 所示。$F-N$ 曲线图的建立有两种方法：根据过去事件频率的经验数据直接计算得出；通过建立和使用数学模型来分析其频率。也可以将两种方法结合使用。$F-N$ 曲线的缺点在于曲线中参数值的确定存在不少困难，需要收集大量数据，限制了其应用范围（尚志海，2012）。

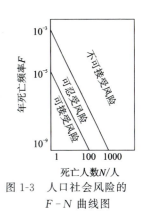

图 1-3　人口社会风险的 $F-N$ 曲线图

3）风险矩阵

风险矩阵是可接受风险研究中的定性方法，由发生频率（表 1-4）和后果（表 1-5）两部分组成，按照发生频率和后果的分级列于表 1-6 中。VH 和 H 为不可接受风险，M 属可忍受风险，L 和 VL 属可接受风险。该方法的优点在于当获取的数据有限时，这种方法可能更准确且便于交流，适用于灾害资料不齐全或编制不完整的地区（尚志海，2012）。

表 1-4　地质灾害发生频率的定性评价（据尚志海，2012，有修改）

年频率的指示值	暗含的滑坡复发间隔指示值/a	定性描述	描述项	等级
10^{-1}	10	预计将发生	几乎肯定	A
10^{-2}	100	在不利条件下很可能发生	很可能	B
10^{-3}	1000	在不利条件下可能发生	可能	C
10^{-4}	10^4	在非常不利条件下有可能发生	不太可能	D
10^{-5}	10^5	在特殊条件下才可想象发生	罕见	E
10^{-6}	10^6	这类事件不可思议或是不可想象的	几乎不可能	F

表 1-5　地质灾害财产后果的定性评价（据尚志海，2012，有修改）

损失费用的近似值	定性描述	描述项	等级
200%	建筑结构完全破坏或大规模损坏，至少造成附近1处财产发生重大破坏，需要重大工程建设	灾难	1
60%	对多数建筑结构造成重大损害，至少造成附近1处财产发生中等破坏，需要重大稳定工程	重	2
20%	对一些建筑结构造成中等损害，至少造成附近1处财产发生小破坏，需要大的稳定工程	中	3
5%	对建筑结构某些部分造成有限损害，需要一些恢复性的稳定工程	轻	4
0.5%	有限损害（几乎肯定发生的高概率事件）	微小	5

表 1-6　地质灾害财产风险矩阵（据 AGS，2007）

频率分级	后果分级				
	1 灾难	2 重	3 中	4 轻	5 微小
A	VH	VH	VH	H	M 或 L
B	VH	VH	H	M	L
C	VH	H	M	M	VL
D	H	M	L	L	VL
E	M	L	L	VL	VL
F	L	VL	VL	VL	VL

备注：VH. Very High；H. High；M. Middle；L. Low；VL. Very Low

4）成本效益分析

成本效益分析是从给定的风险管理措施出发，以金钱的形式比较成本和效益，只有当效益超过成本时才可以采用对应的风险管理措施。英国健康与安全委员会（HSC）提出：风险管理措施合理性的判断可以通过失调比例来衡量，就是成本和效益（包括经济效益和生命利益）的比例，如图 1-4 所示。图中不可接受风险区必须实施减轻风险措施，可忍受风险区的减轻风险措施需要继续实施，可接受风险区可以不再实施减轻风险措施。失调比例大于或等于 10 对应的生命损失概率为 $10^{-4}/a$，失调比例大于或等于 3 对应的生命损失概率为 $10^{-3}/a$，在制定减轻风险措施时，失调比例需要与其他相关信息综合起来考虑。成本效益分析是可接受风险研究最早也是最多的方法之一，一般包括评估潜在成本和效益的金钱价值。其中防灾减灾效益的衡量是一个难题，包括生命成本和经济效益的评估。相对来说，经济效益容易些，但是人员伤亡风险的金钱成本具有争议，因为它意味着给生命一个金钱价值。由于生命的经济价值衡量不可避免，因此妥善解决这一问题成为成本效益分析最大的障碍。解决了这一问题，才能为灾害可接受风险研究提供支持（尚志海，2012）。

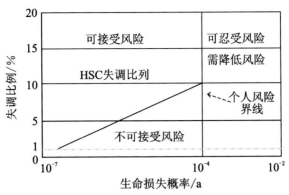

图 1-4　英国健康与安全委员会（HSC）的风险失调比例图

美国、日本、中国香港等国家或地区已形成较完善的地质灾害风险管理工作程序，主要从减灾立法、设立减灾机构、发展减灾措施、开展国土资源保护、加强减灾宣传及灾害管理演练、完善预警预报、制定灾后应急预案等方面进行地质灾害的风险管理工作。

中国香港 1977 年成立香港土木工程署（Geotechnical Engineering Office，GEO），建立了当时世界上最先进的边坡安全管理系统，包括一整套有效的政策、标准、管理措施、相应政府架构及完备的边坡数据库，根据风险评估结果制定加固措施、日常维护标准，取得了显著的效果（宋强辉等，2008）。

1997 年香港政府和 GEO 联合出版了《Landslides and Boulder Falls from Natural Terrain：Interim Risk Guidelines》的报告，其中对个人风险和社会风险都提出了建议标准。自然滑坡影响下的新建住宅区个人风险的最大允许值为 $10^{-5}/a$；现有住宅区的最大允许值为 $10^{-4}/a$。社会风险可接受标准是以 F-N 曲线图表示的，在报告中提出了两个社会风险可接受标准：一个是优先标准（图 1-5），一个是可选标准（图 1-6）。

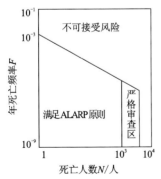 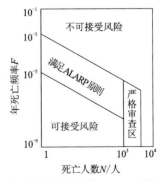

图 1-5　地质灾害社会风险 F-N 曲线图（优先）　　图 1-6　地质灾害社会风险 F-N 曲线图（可选）

我国自 1999 年 2 月国土资源部颁布《地质灾害防治管理办法》、1999 年 12 月 1 日施行《关于实行建设用地地质灾害危险性评价的通知》、2004 年 3 月 1 日实行《地质灾害防治条例》、2006 年 1 月 8 日国务院颁布《国家突发公共事件总体应急预案》等法规起，标志着我国地质灾害风险评估与管理工作正逐步向科学化、法制化发展，将为控制和减少人为诱发地质灾害起到决定性的作用（殷坤龙等，2010）。

此外,2011年6月13日颁布了《国务院关于加强地质灾害防治工作的决定》,从指导思想、基本原则、监测预警、规避灾害、综合防治、应急救援、全面保障、组织协调等方面做出规定,完善了地质灾害风险管理体系。我国对地质灾害风险管理主要从减灾防灾立法、县市地质灾害调查与区划、地质灾害群测群防体系、地质灾害气象预警等方面进行减灾防灾工作。

2. 国内地质灾害可接受风险标准的研究

我国许多学者近20年来对国内地质灾害风险评估与管理体系进行了许多探索。殷坤龙等(2001,2007,2010)通过对滑坡灾害空间区划、地质灾害风险评估及GIS制图的基本原理的研究,进行了基于GIS的滑坡灾害区划,开展了基于WebGIS的滑坡灾害预警预报方法与风险管理相结合进行地质灾害防灾减灾的工作,并将我国的地质灾害风险管理总结为防灾减灾立法、县市地质灾害调查与区划、地质灾害群测群防体系、地质灾害气象预警等几个方面,以此为理论依据开展了不同尺度的滑坡地质灾害风险评估与管理研究。乔建平(2010,2014)总结了国内外滑坡风险研究成果,将滑坡风险分为风险评价、风险区划、风险分析、分析评估与风险管理5类,建立了相互之间的层次关系,并对汶川地震极震区的大地震诱发滑坡的区域分布规律和破坏机理进行了系统研究,对地震滑坡的危险性、易损性、风险性区划进行了研究。王雁林等(2014)开展了陕西地区受汶川地震影响区地质灾害风险管理研究,并着重从地质灾害防治管理者的角度探讨了地质灾害风险管理方法。吴树仁等(2012)通过对国外大量研究成果的总结分析,将滑坡等地质灾害风险评估与管理工作分为滑坡调查编录、易发性评估、危险性评估、风险评估和风险管理5个层次,并开展了宝鸡市区不同层次的地质灾害风险评估与管理研究,编写了《突发地质灾害风险评估技术指南》。张永双等(2016)选取青藏高原东缘的龙门山地区和白龙江流域,开展地震扰动区重大滑坡泥石流灾害的风险评估与管理研究,并进行了典型防治工程案例分析。

中国地质调查局印发了《地质灾害调查技术要求(1:50 000)》(DD 2019-08),在该技术标准中提出开展地质灾害调查,深化早期识别、形成机理和规律认识,总结地质灾害成灾模式,建立地质灾害危险性、风险评价方法体系,建立综合防治对策,为地质灾害防治管理提供基础依据。

地质灾害的人口风险又分为个人风险和社会风险:个人风险是指受地质灾害影响最大的人口的年死亡率;社会风险是指所有受地质灾害影响的总人口的年死亡率(Hok et al.,2000)。尚志海(2012)将地质灾害的经济风险(建筑物风险等)分为个人风险和社会风险两部分进行讨论。

殷坤龙等(2010)通过统计我国1995—2005年间因地质灾害造成的人员死亡情况,得出我国地质灾害平均死亡率为$1.0 \times 10^{-6}/a$。结合巴东县自然灾害的特点,建议巴东县滑坡造成的可容忍个人风险为$1 \times 10^{-4}/a$。吴树仁等(2012)根据国际滑坡风险标准的建议,结合我国1995—2005年11年间地质灾害平均年死亡率,建议将全国地质灾害人口风险低于$1.0 \times 10^{-6}/a$作为可接受风险的区域,将高于$1.0 \times 10^{-4}/a$作为不可接受风险的区域,将$1.0 \times 10^{-6}/a \sim 1.0 \times 10^{-4}/a$作为可忍受风险的区域,进行地质灾害风险管理。陈伟(2011,2012)统计了我国2000—2010年间因地质灾害而死亡的人数,提出我国风险标准的上限值为$1\times10^{-6}/a$,可接受风险标准的下限值为$1\times10^{-7}/a$,以此确定我国地质灾害可接受风险水平$F-N$曲线。尚志海(2012)结合2004—2011年间我国因泥石流而死亡和失踪的人数,并结合可接受风险问卷调查结果,将泥石流灾害个人风险的可接受上限设为$2\times10^{-6}/a$,可忍受上限为$2\times10^{-4}/a$,当个人年死亡概率位于$2\times10^{-6}/a\sim2\times10^{-4}/a$之间时,属于可忍受风险。

徐继维(2017)认为地质灾害风险接受标准受国家经济发展水平、地域和时间的影响,不同国家经济发展水平决定其所能承受的经济损失程度,同一国家不同地区的地域差异决定其所能抵御灾害的能力,同一地区随着时间的推移对灾害风险的承受能力也会变化。徐继维(2016)根据我国2005—2014年间因地质灾害而死亡和失踪的人数统计资料,得到我国地质灾害可接受风险的平均值为$1.93\times10^{-5}/a$,建议我国地质灾害可接受风险水平$F-N$的上下限分别为$1.0\times10^{-4}/a$和$1.0\times10^{-5}/a$;徐继维(2017)根据我国2005—2016年间因地质灾害而死亡和失踪的人数,得到我国居民因地质灾害而死亡失踪率在$2.09\times10^{-7}/a\sim2.17\times10^{-6}/a$之间,建议我国地质灾害可接受风险水平$F-N$曲线的上限为$3.0\times10^{-4}/a$,下限为$3.0\times10^{-5}/a$。这体现了地质灾害风险标准因时而变的特征。

三、喜马拉雅山区地质灾害风险评估与管理研究现状

喜马拉雅山区目前未有完整的地质灾害风险评估与管理系统研究。欧阳华平(2010)以遥感解译为基础,结合GIS技术和层次分析法,开展了西藏自治区昌都县地质灾害调查和危险性区划评价研究。李晓乐(2012)以喜马拉雅中部地区(共6县)为研究对象,综合分析区内地质灾害形成条件和诱发因素,采用层次分析法、BP神经网络法两种方法,结合GIS技术,对研究区进行地质灾害危险性评价,得到地质灾害危险性区划图。李超(2014)以西藏自治区雅鲁藏布江河段街需水电站为例,从该侵入岩区的高陡边坡危岩体的形成环境、发育特征入手,找出危险性影响因子,建立基于数理方法下高陡侵入岩边坡危岩体危险性评价体系。

西藏自治区人民政府2006年根据《国家突发地质灾害应急预案》和《西藏自治区突发公共事件总体应急预案》,编制了《西藏自治区突发地质灾害应急预案》,经自治区人民政府批准,并以藏政办发〔2006〕56号公布。自治区各地、市按要求编制了所辖区域内的突发地质灾害应急预案,同时对完成的36个县(市)地质灾害调查与区划工作中发现的特大型和大型地质灾害隐患点,编制了重点地质灾害防灾预案,建立群测群防体系,落实防灾责任制,发放防灾工作明白卡和避险明白卡。

第三节 存在问题及发展趋势

(1)目前,喜马拉雅山区地质灾害的部分研究工作仍按照普通地区的研究模式进行,对高原峡谷区内特殊的地形、地质、构造、外界营力影响因素等条件考虑不够充分。为了更好地对高原峡谷区地质灾害进行客观合理的风险评估,需结合区内地质灾害的发育及分布特征,重点加强对高原峡谷特殊地质背景条件以及地震扰动、冻融风化等特殊营力条件的综合成灾机

理研究,从而为区内地质灾害的风险评估与管理提供更加科学的理论基础。

(2)喜马拉雅山区发育分布了包括崩塌、滑坡、泥石流等在内的多种地质灾害,灾害类型齐全。当前的大多数研究主要针对某一灾种进行,考虑所有灾种的综合研究成果较少。由于该地区地质背景条件复杂,影响因素多样且强烈,开展区内灾害链研究,考虑各灾种之间的相互影响,是区内防灾减灾工作的关键,如崩-滑-流灾害链、古滑坡次生灾害、冰湖溃决次生灾害等。但当前相关研究成果较少,综合多灾种或基于灾害链的地质灾害风险评估与管理研究仍需进一步加强。

(3)针对喜马拉雅山区内不同地质环境条件的研究较少,区内复杂多变的地形、地质、气象等因素导致该地区地质灾害极为发育,地质灾害种类多、分布广、致灾因素复杂。但在部分地区,地质灾害种类相对单一,致灾机理相对一致。如日喀则市定日县协格尔镇,位于高原宽缓峡谷区,区内以降雨型泥石流为主,其他灾种较少。因此,在喜马拉雅山区进行中小比例尺的区域性地质灾害相关研究时,可以基于地质环境条件及灾种的相似性,首先进行地质环境亚区的划分,其后再针对各个亚区开展地质灾害的相关研究工作,从而可提高研究成果的针对性及可靠性。

(4)喜马拉雅山区社会经济发展相对落后,研究所需的相关资料精度较差甚至缺乏。历史地质灾害点资料记录较少,大多数地质灾害点的发生时间未记录。地质环境背景条件资料精度相对较低,如气象站点数量少且大多数站点设立较晚,大比例尺地形资料和地质资料缺乏,所能收集到的相关资料精度较低,一定程度上影响研究的准确性。应增强喜马拉雅山区地质灾害和地质灾害相关的地质环境背景条件的调查研究工作,建立详细的地质灾害编录数据库,增加大比例尺的基础地质填图、地形测绘的投入,进一步提高地形地貌、基础地质、气象与水文等基础资料的精度,为地质灾害风险评估与管理进一步发展提供基础资料。

(5)目前,喜马拉雅山区地质灾害的监测预警主要为气象预警预报,每年汛期(5—9月)区气象台逐日发布《地质灾害预警预报信息》,但区内气象观测站点密度低,山区降雨分布极不均匀,难以满足预警需求(次旦巴桑,2014),区内地质灾害的监测预警工作仍有待加强。应通过加强区内自动气象站点建设,结合不同亚区的地质环境条件及灾害特点,提高地质灾害气象预警预报的准确性和及时性;同时重点关注地质灾害高风险区,对风险较大的地质灾害点进行单点监测预警,以避免重大地质灾害事件的发生。

(6)喜马拉雅山区地质灾害的风险评估与管理研究还相对缺乏,目前仅冰湖溃决型泥石流(冰湖溃决灾害)的风险评估与管理研究见有较多文献,其他地质灾害的相关研究多处于地质灾害易发性—危险性评价阶段。应加强基于多灾种(崩塌、滑坡、降雨型泥石流、冰湖溃决型泥石流等)/灾害链的地质灾害易发性、危险性及风险评价研究,从而构建适用于喜马拉雅山区的地质灾害风险评估与管理研究方法体系。

第二章 地质灾害风险评估与管理基本理论与方法

第一节 地质灾害风险评估与管理基本概念

1. 地质灾害（Geohazard）

地质灾害是指自然因素或人为活动引发的对人类生命、财产和生存环境造成破坏或损失的地质作用及现象。本书中主要指滑坡、崩塌、泥石流灾害。

2. 滑坡（Landslide）

滑坡是指斜坡上的岩土体在重力作用下沿一定的软弱面"整体"或局部保持结构完整向下运移的过程和现象及其形成的地貌形态。广义的滑坡是指斜坡岩土体失稳后向下运动的统称。

3. 崩塌（Rockfall）

崩塌是指高陡斜坡上的岩土体在重力作用下拉断或倾覆并脱离基岩母体，快速崩落、滚落或跳跃，最后堆积于坡脚形成倒石堆的过程和现象。

4. 危岩体（Dangerous Rockmass）

危岩体是指被多组不连续结构面切割分离，稳定性差，可能以滑移、倾倒或坠落等形式发生崩塌的危险岩体。

5. 泥石流（Debris Flow）

泥石流是指发生在山区中一种含大量泥沙、石块的介于洪水和土石滑动之间的暂时性流体，由固体（泥沙、石块）和液体（水）两相物质组成。喜马拉雅山区泥石流主要包括降雨型泥石流、冰湖溃决型泥石流和冰雪消融型泥石流。

6. 冰湖（Glacial Lake）

冰湖属于在洼地积水形成的自然湖泊的一种，一般把在冰川作用区内与冰川有着直接或间接联系的湖泊称为冰湖，是冰冻圈最为活跃的成员之一。

7. 地质灾害链（Geohazard Chain）

地质灾害链是指时间上有先后、空间上彼此相依，存在因果关系且依次延续出现而呈连锁反应的几种地质灾害组成的灾害系列。

8. 地质灾害编录（Geohazard Inventory）

地质灾害编录是指对地质灾害的位置、类型、规模、活动性和发生日期等数据信息进行登记和编目。常见的编录形式有编录图（Inventory Map）和编录数据库（Inventory Database）。

9. 地质灾害易发性（Geohazard Susceptibility）

地质灾害易发性是一个地区基础地质环境条件所决定的发生地质灾害的空间概率的度量，也即"什么地方容易发生地质灾害"。

10. 地质灾害危险性（Geohazard Probability）

地质灾害危险性是指在某种诱发因素作用下，一定区域内某一时间段发生特定规模和类型地质灾害的概率。地质灾害危险性的描述应包括地质灾害发生的空间概率、时间概率、规模（体积、面积、堆积物厚度等）、速度、位移距离、扩展影响范围以及形成灾害链的可能性及其强度。

11. 地质灾害危害性（Geohazard Consequence）

地质灾害危害性是指地质灾害发生所导致后果或潜在后果的严重程度，一般用财产损失价值、建筑物破坏价值及人员伤亡数等指标来表征。

12. 承灾体（Elements at Risk or Exposure）

承灾体是指某一地区内受地质灾害潜在影响的人员、建筑物、工程设施、基础设施、公共事业设备、经济活动和环境等承受灾害的对象。

13. 易损性（Vulnerability）

易损性是指地质灾害影响区内承灾体可能遭受地质灾害破坏的程度，用0（没有损失）到1（完全损失）之间的数字来表征。对于财产，是损坏的价值与财产总值的比率；对于人员，是在地质灾害影响范围内人的死亡概率。

14. 地质灾害风险（Geohazard Risk）

地质灾害风险是指生命、健康、财产或环境所遭受的不利影响的可能性和严重程度的大小。对于地质灾害人员死亡风险，一般以处于最大风险的人员死亡数量的年概率来表示，由地质灾害危险性、人员遭受地质灾害危险的时空概率和遭遇地质灾害时的易损性决定；对于地质灾害财产损失风险，一般以处于最大风险的财产损失价值的年概率来表示，由地质灾害危险性、财产遭受地质灾害的时空概率和遭遇地质灾害时的易损性决定。

$$R = H \times V \times E = H \times C \tag{2-1}$$

式中，R 为地质灾害风险；H 为地质灾害危险性；V 为易损性；E 为承灾体数量或价值；C 为致灾后果，即 $C = V \times E$。

15. 风险分析（Risk Analysis）

风险分析包括资料获取、分析方法选择、评价目的确定、风险和风险估算的过程。

16. 风险评估（Risk Assessment）

风险评估是指根据灾害影响范围内的经济和社会条件，判断风险分析结果对影响区的重要程度或影响程度，以此决定是否接受或容忍风险。

17. 个人风险（Individual Risk）

个人风险是指遭受地质灾害威胁的某特定群体（如某特定区域范围内或具有某特殊属性的人群）中，平均每个人出现某种程度伤亡的概率。例如，在一个有 1×10^6 人口的区域，由于滑坡灾害而导致的人口风险为 5 人/a，则个人风险为 5×10^{-6}/a。

18. 社会风险（Social Risk）

社会风险是指由地质灾害所导致的、由社会所承担的大规模风险总值。

19. 风险接受准则(Risk Acceptance Criteria)

风险接受准则表示在规定的时间内,或灾害发展的某个阶段内可接受的风险水平。它直接决定了各项风险所需采取的管理控制措施。

20. 风险处置(Risk Treatment)

风险处置是应对风险的选择,包括接受风险、回避风险、降低灾害发生概率或强度、减少灾害后果或转移风险。

21. 风险控制(Risk Control)

风险控制是指为了控制风险而采取的灾害防治、监测预警等措施。

22. 风险管理(Risk Management)

风险管理是指将管理政策、程序和经验系统地应用到风险评估、风险监测预警和风险控制的过程。

喜马拉雅山区重点城镇地质灾害风险评估与管理技术路线见图2-1。

第二节 地质灾害风险评估基础数据

地质灾害风险评估包括地质灾害的易发性、危险性和风险的评价,是一套完整的理论体系,因此需要大量的基础数据支撑,才能有效实现风险评估。通常所需的基础资料类型有:

(1)与地质灾害发育有关的地质环境条件及诱发因素资料,包括气象、水文、地形地貌、地层岩性、地质构造、地震、水文地质、工程地质、人类工程活动等。

(2)地质灾害历史、现状及防治资料,包括地质灾害历史发生数据,地质灾害基础数据库,最新调查评价资料,地质灾害发生的时间、类型、规模、灾情等基础信息和地质灾害勘察、监测、治理及抢险、救灾等工作资料。

(3)调查地区相关的社会、经济资料,包括人口现状、经济现状、重点基础设施分布情况、交通线路、工农业建设工程分布、土地利用现状与规划、自然资源分布及其开发现状与规划等。

(4)政府及有关部门制定的地质灾害相关指导规范、法规、规划、要求等资料,如中华人民共和国国土资源部《滑坡崩塌泥石流灾害调查规范(1:50 000)》(DZ/T 0261—2014),自然资源部中国地质调查局《地质灾害调查技术要求(1:50 000)》(DD 2019-08),西藏自治区国土资源厅2015年颁布的《地灾危险性评估技术要求(试行)》,《西藏自治区1:50 000地质灾害详细调查实施细则(试行)》。

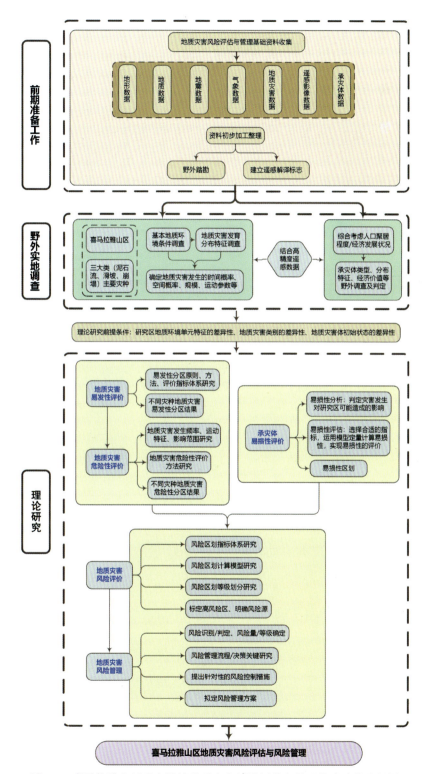

图 2-1 喜马拉雅山区重点城镇地质灾害风险评估与管理技术路线流程图

根据本书在西藏自治区日喀则市喜马拉雅山区所开展的"4·25"震后地质灾害风险评估与管理相关研究工作,所收集并使用到的基础资料可分为地形、地质、地震、气象、地质灾害、遥感影像和承灾体数据资料等。

一、地形数据与预处理

地形数据资料类型主要是数字高程模型(Digital Elevation Model,DEM),资料来源于西藏自治区测绘局,面积覆盖整个研究区及其临近区域。DEM 数据采取 CGCS2000 坐标系,栅格精度为 25m,满足喜马拉雅山区 1∶50 000 地质灾害风险评估的精度要求。本节以定日县研究区为例介绍 DEM 数据的样式及初步加工处理。

依据地质灾害风险评估的内容,基于 ArcGIS 平台的数据处理功能,将 DEM 数据生成高程、坡度、坡向图等基础图层(图 2-2、图 2-3)。

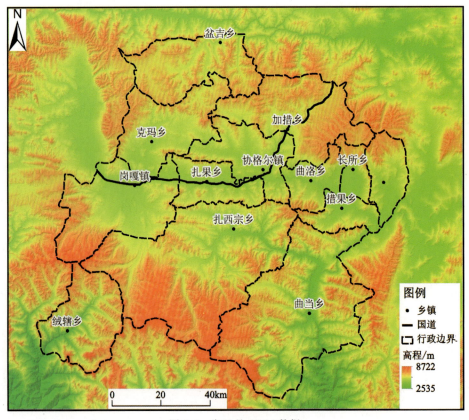

图 2-2　定日县 DEM 数据

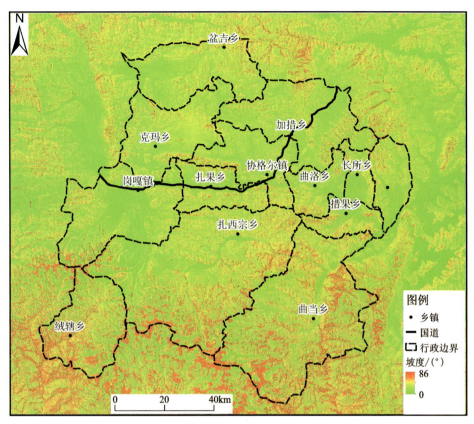

图 2-3 定日县坡度图

二、地质数据

地质灾害的发生是依附于地质体本身,不了解地质体内在的特征要素,难以深入研究地质灾害的形成机理,不能够从根本上解决问题。收集地质资料,探究地质体与地质灾害之间的关系,找出影响灾害易发程度的地质特征,为地质灾害易发性、危险性评价提供重要的理论依据。

目前,地质灾害风险评价常用的基础地质资料包括地形地貌、地层岩性、地质构造等,具体类型为相关的地质图件。定日县已经完成了 1∶25 万的基础地质调查(定结幅);由于西藏地区特殊的地理条件、人口分布、经济水平等条件所限制,定日县暂未开展大比例尺的基础地质调查。

为满足地质灾害风险评估的需求,对定日县研究区基础地质图件进行处理,包括基础图件的校正、矢量化、目标研究区范围的划定、重要信息的提取等,在随后地质灾害风险评价中根据具体需求作进一步加工处理(图 2-4)。

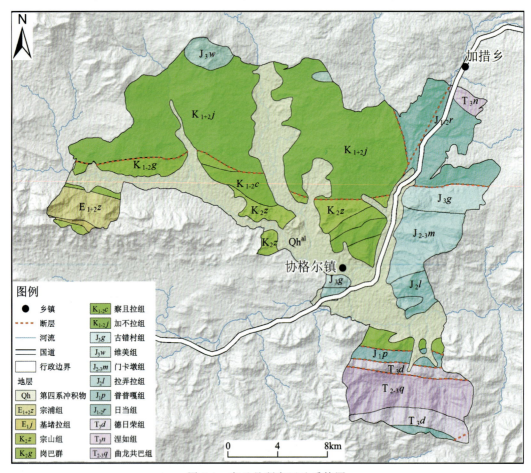

图 2-4 定日县研究区地质简图

三、地震数据

地质灾害的发生除了与其所处的内部地质条件有关外,外部影响因素也起到重要作用。地震是诱发地质灾害的主要方式之一,其带来的后果也是巨大的。喜马拉雅山区处于印度洋板块与欧亚大陆板块的构造活跃地区,地震频发,滑坡、崩塌等地质灾害发育较强。研究地震与地质灾害之间的关系,是地质灾害风险评估中必不可少的环节,同时也是政府部门制定风险管理方案的重要理论支持。

1800 年以来喜马拉雅山地区的地震记录主要集中在喜马拉雅南坡的区域。喜马拉雅地震带是一个以 $M_S 7 \sim 8$ 级地震为标志的强地震带,潜在地震带活动水平将维持在 $M_S 7.5$ 级以上,最大地震可达 $M_S 7.7 \sim 8.3$。喜马拉雅山区及周边地区 1505 年以来高于 6.0 级地震时间及震中位置记录见表 2-1。

表 2-1　1505 年以来喜马拉雅山区部分历史地震记录（据杜方等，2016 修改）

序号	发震日期			震中位置		震级	参考地点
	年	月	日	北纬/(°)	东经/(°)		
1	1505	6	6	29.5	83.0	8.6	尼泊尔罗木斯塘
2	1555	9	1	33.5	75.5	7.6	印度斯利那加
3	1713	3	1	27.5	93.0	7.0	印度伪阿鲁纳恰尔邦
4	1803	9	1	31.0	79.0	8.1	印度北方邦
5	1833	5	30	29.4	80.1	7.5	印度赫尔德瓦
6	1833	8	26	28.3	85.5	8.0	尼泊尔加德满都
7	1834	6	17	28.0	86.3	6.3	印度阿萨姆
8	1846	12	10	26.0	93.0	7.5	中国西藏定日
9	1866	5	23	27.7	85.3	7.6	尼泊尔加德满都
10	1869	7	7	27.7	85.3	7.4	尼泊尔加德满都
11	1885	5	30	33.5	75.0	7.0	印度斯利那加
12	1897	6	12	26.0	91.0	8.7	印度阿萨姆邦
13	1905	4	4	33.0	76.0	8.0	印度喜马偕尔邦
14	1906	2	27	31.5	77.5	7.0	印度喜马偕尔邦
15	1934	1	5	26.5	86.5	8.1	尼泊尔—印度
16	1936	2	11	27.5	83.5	7.0	尼泊尔博克拉
17	1936	5	7	28.5	83.3	7.0	尼泊尔道拉吉里区
18	1947	7	29	28.6	93.6	7.9	印度阿萨姆
19	1950	8	15	25.8	96.5	8.6	中国西藏察隅
20	1974	3	24	27.9	86.1	6.1	中国西藏聂拉木
21	1988	8	21	26.8	86.6	7.2	中国西藏聂拉木南境外
22	1993	3	20	29.1	87.4	6.4	中国西藏拉孜
23	2005	10	8	34.5	73.8	7.8	巴基斯坦穆扎法拉巴德
24	2015	4	25	28.2	84.7	8.1	尼泊尔博克拉

邓起东等（2014）认为 1900 年以来对西藏地区大地震的记录较为完整，故选取 1900 年之后 7 级及以上地震进行地震时序研究，如图 2-5 所示。1900 年至今青藏高原经历了 3 次地震活动高潮，分别为 1920—1937 年，主体在青藏高原北部地区；1947—1976 年，主体在青藏高原南部地区；1995 年至今，主体在青藏高原中部的巴颜喀喇断块。青藏高原活动构造与大地震分布见图 2-6。

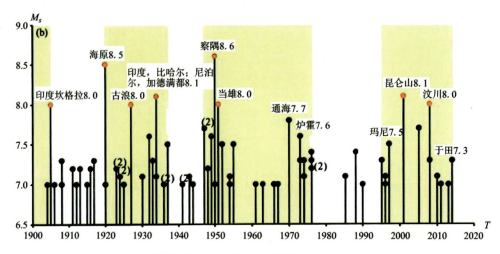

图 2-5　青藏高原 7 级及以上地震时序图(据邓起东等,2014)

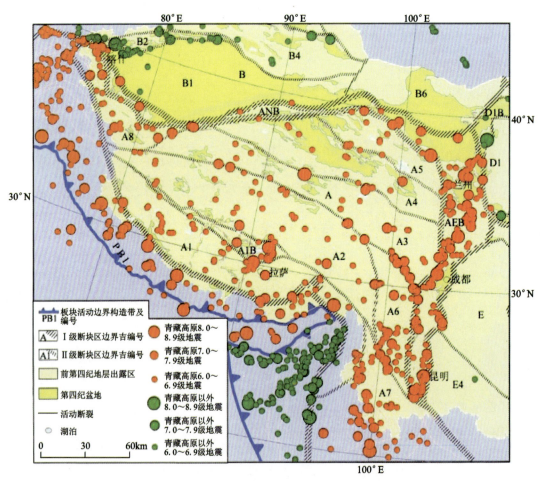

图 2-6　青藏高原活动构造分区与大地震震中位置(据邓起东等,2014)

据中国地震烈度区划图(第三代,1990),喜马拉雅山区主要位于7~9度地震烈度区。该地震烈度是指在50年内,一般场地条件下,可能遭遇超越概率为10%的烈度值,该烈度值称为地震基本烈度。

2015年出版的《中国地震动参数区划图》(GB 18306—2015)中,不再以地震烈度作为分区依据。分区依据改为在50年内,工程场地可能遭遇超越概率为10%的地震动参数值,地震动参数值包括地震动峰值加速度(PGA)和地震动加速度反应谱特征周期两类。喜马拉雅山区大部分地区地震动峰值加速度在0.05~0.40g(g为重力加速度)之间,地震动加速度反应谱特征周期在0.35~0.45s之间。在《中国地震动参数区划图》(GB 18306—2015)中附录C(规范性附录)的表C.26内可查阅西藏自治区城镇Ⅱ类场地基本地震动峰值加速度和基本地震动加速度反应谱特征周期值(以乡镇为单位)。

四、气象数据

气象资料对于地质灾害风险评估起到了重要的作用。除了地震外,降雨也是诱发喜马拉雅山区滑坡、崩塌、泥石流等地质灾害的重要因素。强降雨可破坏岩土体的结构,降低其稳定性,导致滑坡、崩塌发生,同时降雨为泥石流的发生提供了水动力条件。

地表温度也是影响地质灾害发生的因素之一,喜马拉雅山区海拔高差大,不同海拔高度温度不同,因此造成的差异性风化冻融现象比较明显,岩土体的内部结构发生变化,进而引发地质灾害。

气象资料来源于西藏自治区气象局,收集到了研究区内的气象站点资料,以定日县为例具体介绍所收集到的气象资料的基本信息类型。

定日县位于喜马拉雅山主脉北翼,由于横贯东西的喜马拉雅山脉阻挡了印度洋暖湿气流的北进,造成山脊两侧气候各异,差别明显,以喜马拉雅山脉主脊线为界,形成南北两个气候类型区:北部高原亚寒带半干旱气候区(定日县所在区域)和南部山地亚热带湿润气候区(表2-2,图2-7)。

表2-2 定日县气象站基本信息

区站号	站名	位置	海拔
1	定日县气象站	28.3°N,87.1°E	4300m
气象站类型	数据时间	数据类型	监测间隔
基层气象站	1987-9-1—2017-9-30	气温、降雨、降雪	1987-9-1—2007-5-1(6小时间隔) 2007-5-1—2017-9-30(1小时间隔)

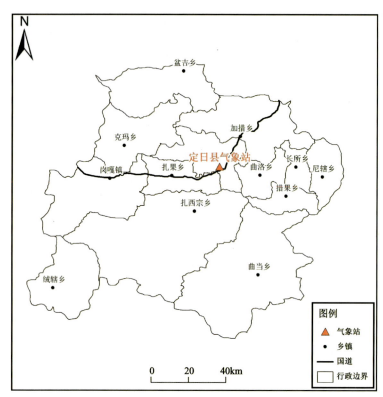

图 2-7　定日县气象站位置

定日县降雨主要集中在每年的 7、8 月，也是地质灾害易发的主要集中时间段，表 2-3 是定日县研究区气象站 2017 年 8 月部分时间的记录信息。

表 2-3　定日县 2017 年 8 月部分气象资料记录

日期	日平均气温/℃	降雪/mm	日降雨量/mm	记录时次及方式
2017-8-18	12.1	0	3.5	
2017-8-19	7.7	0	22.4	
2017-8-20	11.4	0	1.5	1 小时/次，定时自记降水
2017-8-21	11.7	0	3.1	
2017-8-22	10.9	0	2.1	
2017-8-23	11	0	0	

要充分反映研究区气候特征，一般需要统计分析多年历史时间段的气象数据，根据统计结果，归纳总结，得出规律（表 2-4、图 2-8、图 2-9）。

表 2-4　定日县研究区多年月均降水量、月最大降水量及温度

月份	月均降雨量/mm	月最大降雨量/mm	月最高气温/℃
1	1.0	5.6	3.5
2	0.8	5.7	4.6
3	0.6	3.3	8.0
4	1.2	7.1	10.3
5	9.5	20.3	13.9
6	23.6	42.4	16.0
7	108.6	38.2	16.2
8	118.2	48.9	15.5
9	28.7	33.9	13.7
10	2.7	18.8	10.6
11	0.9	16.1	5.2
12	0.5	5.0	2.9

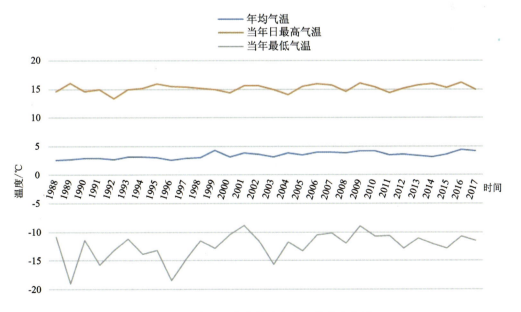

图 2-8　定日县气象站多年气温数据变化图

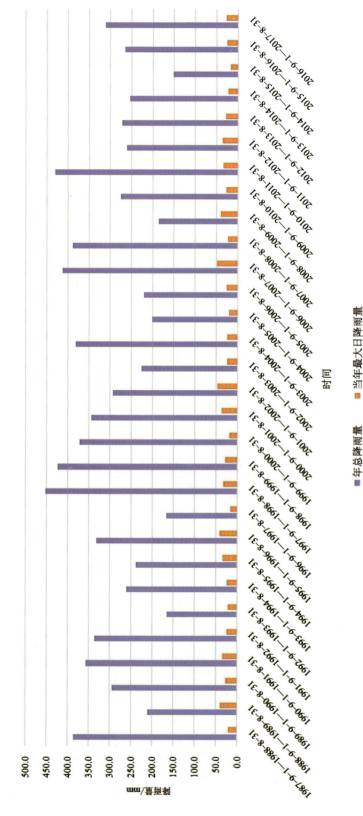

图 2-9 1987-9-1—2017-8-31年总降水量与当年最大日降雨量

2017年8月19日(图2-10)降雨持续时间长,且一开始降雨较大,属于前锋型降雨过程。对降雨过程分析,研究两者之间的关系,为地质灾害风险评估提供重要的数据支撑。

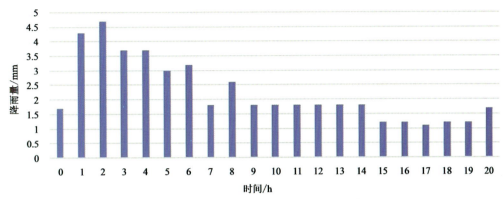

图2-10 定日县协格尔镇2007年8月19日降雨过程

五、地质灾害数据

2015年4月25日发生于尼泊尔的8.1级特大地震及其后续余震,引起地质灾害频发,主要有崩塌(雪崩)、滑坡、泥石流(冰湖溃决型泥石流)等。震前地质灾害点总数3046处,灾害类型主要为泥石流、崩塌、滑坡,主要分布我国西藏聂拉木、定日、萨迦、康马等县。震后应急排查共发现新增地质灾害点994处,加上震前地质灾害点,目前共有4040处。其中滑坡216处,崩塌607处,泥石流2990处,不稳定斜坡223处,其他4处。地质灾害数据主要来源于"4·25"地震后的日喀则市国土资源局地质灾害应急排查图、报告、震后灾点排查一点一卡表、部分研究区及附近区域地质灾害点详细工程勘察报告等。

收集图件及报告资料详见表2-5、表2-6、图2-11~图2-13。

表2-5 定日县及聂拉木县地质应急排查相关资料

编号	名称	制作时间
1	"4·25"地震西藏灾区灾后应急排查地质灾害分布图——聂拉木县	2015年6月
2	"4·25"地震西藏灾区灾后应急排查地质灾害分布图——定日县	
3	"4·25"地震西藏灾区灾后地质灾害分布与地震烈度关系图	2015年5月
4	"4·25"地震西藏灾区灾后地质灾害分布与构造关系图	2015年6月
5	"4·25"地震西藏灾区灾后地质灾害分布与降雨关系图	2015年6月
6	"4·25"地震西藏灾区灾后地质灾害分布与城镇交通干道关系图	2015年6月
7	"4·25"地震西藏灾区灾后应急排查地质灾害基础数据表	2015年6月
8	"4·25"地震西藏灾区震后地质灾害基础数据汇总表	
9	"4·25"地震西藏灾区定日县部分地区灾后恢复重建地质灾害危险性评估报告	2015年6月
10	"4·25"地震西藏灾区聂拉木县部分地区灾后恢复重建地质灾害危险性评估报告	2015年6月

表 2-6　定日县及聂拉木县地质灾害勘察资料

编号	报告名称	制作时间
1	"4·25"地震日喀则市定日县岗嘎镇古龙普沟泥石流应急排危除险勘察治理方案设计报告	2017 年 1 月
2	"4·25"地震日喀则市定日县岗嘎镇乃琼村贡巴沟泥石流勘察治理方案设计	2016 年 12 月
3	定日县岗嘎镇下多村卓布沟泥石流勘察报告	2016 年 12 月
4	"4·25"地震日喀则市第二批地质灾害排除危险项目定日县协格尔镇除西村兴卓布沟泥石流勘察治理方案设计报告	2016 年 12 月
5	"4·25"地震灾区日喀则市定日县协格尔镇朗嘎村朗嘎布沟泥石流排危除险勘察治理方案设计报告	2016 年 7 月
6	"4·25"地震灾区日喀则市聂拉木县门布乡小学背后泥石流应急排危除险勘察治理方案设计报告	2016 年 7 月

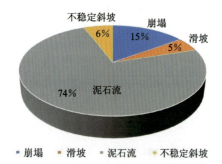

图 2-11　日喀则地区"4·25"震后各类地质灾害占比统计图

图 2-12　定日县坡面碎屑流灾害点

图 2-13　聂拉木县滑坡灾害点

六、遥感影像数据

随着航空航天遥感技术的迅速发展,其运用领域越来越广,目前广泛应用于各种地质灾害的监测和评估研究中,遥感是获取地质灾害信息最有效的手段之一,遥感技术在地震地质灾害调查中发挥着重要的作用,遥感影像数据资料是地质灾害风险评估中必不可少的数据。传统地质灾害调查方法具有较大的局限性,调查范围有限,对于大区域评估研究数据支撑不足,遥感手段可以帮助调查难以达到的区域,使调查基础数据更加充分,同时增强了地面调查工作的预见性和目的性,提高了地质灾害调查工作的质量和效率(王军等,2015)。

遥感数据主要来源于中国地质调查局国土资源航空物探遥感中心,以国产高分一号、高分二号卫星数据为主,数据覆盖研究区,满足地质灾害风险评估工作要求。每一景遥感数据包括两类:多光谱遥感数据和全色波段数据。数据时间包括2015年尼泊尔"4·25"地震前和地震后。同时,以谷歌地球的历史影像作为辅助。

收集到定日县的遥感影像资料见表2-7。

表2-7 定日县遥感影像数据表

型号	影像景数/景		分辨率/m		幅宽/km	重复周期/d
	震前	震后	全色	多光谱		
高分一号	4	4	2	8	60	4
高分二号	0	10	1	4	45	5

遥感影像数据量大,影像效果良莠不齐,根据实际需要初步筛选出其中最符合要求的部分数据进行一系列遥感影像的处理,为后续评估工作作准备。遥感影像数据处理步骤严格按照《中国地质调查局地质调查技术标准 DD 2013—12 多光谱遥感数据处理技术规程》进行。

高分一号卫星全色影像分辨率2m,多光谱影像分辨率8m;高分二号全色影像分辨率1m,多光谱影像分辨率4m。对所有高分数据,以高分一号高分辨率遥感影像为主,高分二号高分辨率遥感影像为辅,利用ENVI软件进行相关的遥感影像校正处理。

遥感影像处理主要包括以下几个部分:①辐射定标;②大气校正;③正射校正;④图像融合;⑤图像镶嵌;⑥几何校正;⑦图像裁剪(图2-14)。通过这一系列处理之后的遥感影像,可作为遥感解译的底图、后期图件制作等基础资料。

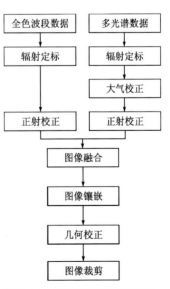

图2-14 遥感影像处理流程图

经上述流程,对高分一号、高分二号数据进行处理,部分数据处理结果如图2-15、图2-16所示。

 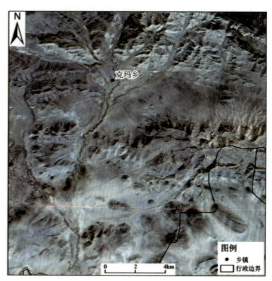

图 2-15　高分一号数据(定日县)　　　　图 2-16　高分二号数据(定日县)

利用制作出的遥感影像,可在初步踏勘的基础上,建立地质灾害、承灾体的解译标志,开展室内遥感解译工作,为野外详查工作提供基础数据。

七、承灾体数据

地质灾害风险评估与风险管理的目的是为了避免或者降低地质灾害发生对承灾体的损失。地质灾害所造成的损失一方面与灾害本身的属性特征相关,像崩塌发生时落石的规模、体积、运动速度等,滑坡的规模、速度、位置等,泥石流的流体性质、规模、强度等,另一方面与受灾区的承灾体类型、属性特征等因素有关。相同规模大小的地质灾害发生在人迹罕至的偏远地区与发生在人口聚集的城镇村庄地区,其造成的生命和财产损失具有很大差异。本次研究收集了承灾体资料,了解了主要承灾体的基本类型、属性、分布情况等特征要素,进行风险评估与风险管理研究。

本次研究在聂拉木研究区内收集到的承灾体资料见表 2-8。

表 2-8　承灾体等资料来源及类型

资料来源	数据类型
发展改革委	2011—2014 年人口数、国民经济、GDP 等统计数据
公安部门	半年以上暂住人员统计数据
国土部门	土地现状利用调查、分析资料,土地利用总体规划数据
环保部门	环境承载评价报告、环保基础资料
交通运输部门	道路分布情况、交通规划
民政部门	受灾群众详细资料
水利部门	重要水源地分布数据、资源环境承灾评价数据
住房和城乡建设部门	建筑面积、城镇常住人口数据

1. 建筑物与人口数据

建筑物资料主要包括解建筑物的分布情况、建筑面积、楼层、年限等基本属性，人口数据主要包括总数、性别比例、受教育程度等基本特征要素。本书在研究过程中收集到的资料有限，此部分数据处于动态变化中，还需实地详细调查，目前收集到的资料主要有建筑区面积、城镇人口数、农牧业结构比、劳动力人数等。

2014年底聂拉木县乡镇面积及城镇常住人口统计资料见表2-9，图2-17～图2-19。

表2-9 2014年底聂拉木县乡镇面积及城镇常住人口资料

序号	乡镇	面积/hm²	常住人口/人
1	亚来乡	15.80	1637
2	门布乡	38.96	3969
3	波绒乡	32.48	2603
4	琐作乡	35	3532
5	乃龙乡	19.41	1440
6	聂拉木镇、樟木镇	69.21	6254

图2-17 2011—2014年农牧业产业结构人数变化

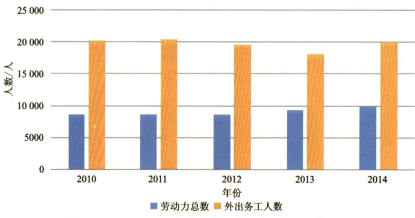

图 2-18　2010—2014 年劳动力总数及外出务工人数变化

图 2-19　2010—2014 年第一、二、三产业人数变化

2. 道路交通数据

喜马拉雅山区交通地质灾害风险是重点城镇地质灾害风险评估与管理的重要组成部分。公路及车辆是地质灾害威胁的重要承灾体。

以聂拉木县为例，截至 2015 年，聂拉木全县可通车里程达 655.2km。其中，乡道 3 条 112.1km，四级公路；村道 30 条 220.8km，四级公路；专用公路 11 条 37.5km，四级公路；等外公路 46 条 284.8km。灾后所有公路均受到不同程度影响，受损桥梁 23 座，受损涵洞 183 个，受灾客运站 2 个。

交通流量信息的获取可通过西藏自治区交通局获得主要道路具体时间段内的车流量信息，同时根据边防检查点、当地交通部门记录数据获取信息（表 2-10）。

表 2-10　聂拉木县十五工区 318 国道 2017 年 10—12 月车流量统计资料

观测站名称	观测里程/km	技术等级	路面宽度/m	观测时间	汽车/(辆·日$^{-1}$)							摩托车(辆/日)	拖拉机小计(辆/日)	机动车合计(辆/日)
					小型货车	中型货车	大型货车	特大货车	集装箱车	中小客车	大客车	汽车小计			
318国道聂拉木十五工区	138.5	三级公路	7	2017年10月	9	6	32	0	0	54	6	107	12	4	123
				2017年11月	17	27	7	0	0	58	6	115	14	8	137
				2017年12月	24	9	16	2	0	55	6	112	10	4	126

3. 土地利用资料

土地利用现状是风险评估与风险管理的重要基础数据,同时研究结果又指导着土地使用的规划,符合社会经济发展战略的要求,有利于促进当地社会经济协调、产业结构优化、资源利用可持续发展。

以聂拉木县为例,该县地处边境地区,位置偏远,土地利用存在以下特点:
(1)土地利用率较低(59.74%),土地资源质量较差。
(2)土地利用对自然依赖性强,抗风险能力较差。
(3)土地资源开发利用结构不合理,基础设施用地较少。
(4)土地利用粗放低效,土地使用效率较低。

聂拉木县人民政府 2006—2020 年土地利用总体规划为本书在风险评估管理中提供了数据支撑(表 2-11)。

4. 承灾体价值分析

研究区内的建筑物可分为钢混、砖混、砖木、土木、板房 5 种类型,依据当地经济水平与特殊地理环境,同时向当地政府及居民询问造价,综合分析得到不同建筑物类型的单位造价。利用实地调查,记录房屋的具体楼层数,结合遥感影像,对建筑物进行矢量化得到具体平面面积,结合两者结果大致估算每个建筑物的总面积,一些特殊的建筑物,如医院、学校、重要基础建筑物具有特殊的属性价值,难以进行直接总价值核算,以相关单位提供的单位总资产作为此类建筑的总价值,对于一些普通建筑将得到的平面面积与单位造价相乘即可得到建筑的价值。

目前,我国公路等级按照行政级别划分为国道、省道、县道、乡道。不同等级的公路,其建造成本、使用年限都不相同,行政级别较高的公路,其价值就越高。对于道路价值分析,可以通过实地调查并结合影像进行道路矢量化,计算出研究区内受灾道路总长度;同时,野外调查时向当地交通管理部门咨询,得到不同公路的单位造价,即可得到道路的总价值。

表 2-11 聂拉木县 2006—2020 年土地利用结构调整表

土地利用类型			2005 年		2015 年			2020 年			2006—2020 年
			面积/km²	占总面积比例/%	面积/km²	占总面积比例/%	2006—2015 年面积增减/km²	面积/km²	占总面积比例/%	2006—2020 年面积增减/km²
农用地		耕地	1 500.37	0.19	1 492.99	0.19	−7.38	1 489.30	0.19	−11.07
		园地	0.00	0.00	0.00	0.00	0.00	0.00	0.00	0.00
		林地	32 859.89	4.18	32 869.42	4.18	9.53	32 874.18	4.18	14.29
		牧草地	434 577.04	55.26	436 643.77	55.52	2 066.73	437 677.14	55.66	3 100.10
		其他农用地	379.67	0.05	358.06	0.05	−21.61	347.26	0.04	−32.41
		小计	469 316.97	59.68	471 364.24	59.94	2 047.27	472 387.88	60.07	3 070.91
建设用地	城乡建设用地	城镇用地	27.01	0.00	37.17	0.00	10.17	42.26	0.01	15.25
		农村居民点用地	226.69	0.03	231.86	0.03	5.17	234.44	0.03	7.75
		采矿用地	0.04	0.00	2.04	0.00	2.00	3.04	0.00	3.00
		其他独立建设用地	0.00	0.00	0.67	0.00	0.67	1.00	0.00	1.00
		小计	253.74	0.03	271.74	0.03	18.01	280.74	0.04	27.00
	交通水利建设用地		234.63	0.03	346.58	0.05	111.95	402.56	0.05	167.93
	其他建设用地		0.94	0.00	6.99	0.00	6.05	10.01	0.00	9.07
	小计		489.31	0.06	625.31	0.08	136.01	693.31	0.09	204.00
其他土地			316 585.52	40.26	314 402.25	39.98	−2 183.27	313 310.61	39.84	−3 274.91
合计			786 391.80	100.00	786 391.80	100.00		786 391.80	100.00	

第三节 地质灾害易发性评价方法

地质灾害易发性评价,即地质灾害敏感性评价,是一个地区地质环境条件所决定发生灾害的空间概率的度量,是一个地区系列地质环境条件的函数,主要关注"什么地方易于发生地质灾害",而不考虑如"什么时候"或"什么频率"等灾害时间概率问题和潜在发生灾害的规模、强度问题,强调静态灾害易发条件和灾害发生的空间概率统计分析评价,是地质灾害危险性评价和风险评价的基础(吴树仁,2012)。根据地质灾害发生的地质环境背景条件来分析预测一定区域地质灾害发生的可能性大小,而不考虑降雨、地震等外界诱发因素的影响,成果以地质灾害易发性分区图的形式呈现。

不同地区经济发展、地质灾害历史资料和研究程度存在很大差异。根据收集和调查的灾点资料和基础地质环境要素资料的精度,选择不同的评价方法进行评价。当区内基础资料精度及研究程度较低时,多选用定性评价为主的方法;对资料精度和研究程度相对较高的研究区,可采用定量评价方法。

殷坤龙等(2010)针对滑坡灾害,将滑坡灾害的空间预测模型方法分为:信息模型、统计模型、专家系统模型、灰色系统模型、模式识别模型、非线性模型等几种。吴树仁等(2012)将地质灾害易发性评价的方法分为:基于地质灾害编录的概率分析方法、知识驱动的定性方法、数据驱动模型的半定量方法、物理力学建模方法等。为了使地质灾害易发性评价更好地应用于风险评估与管理中,所选取的评价方法应科学、合理,定性评价与定量评价相结合,适用于所对应的数据精度。在具体评价工作中,一般可选用多种方法进行评价,将不同评价方法所获得的结果进行比较、验证,使评价结果充分体现研究区地质环境背景条件。

以下重点介绍本书所涉及的几种评价方法,包括层次分析法、信息量法、证据权法、事件树模型法等,其他评价方法读者可查阅相关文献和专著进行了解。

一、层次分析法

层次分析法(Analytic Hierarchy Process,AHP),由美国数学家 Saaty 教授于 20 世纪 70 年代提出。在实际应用中,主要分为 4 个步骤:建立层次结构模型、构造判断矩阵、层次分析模型一致性检验和易发性结果计算。

1. 建立层次结构模型

将包含多个要素的复杂问题视为一个具有多层结构的系统,将所需解决的问题划分为目标层、准则层、方案层,如图 2-20 所示。最高层为目标层(O):即所需解决的问题或理想的结果,只有一个元素。中间层为准则层(C):为要解决目标层问题所涉及的中间各环节的准则,一般可用目标层的主要特征作为该层。最低层为方案层(P):为解决目标层的问题而设置的各项具体决策方案,一般为中间层的具体细化。

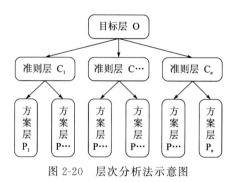

图 2-20 层次分析法示意图

  层次分析法常用于崩塌、滑坡、泥石流等地质灾害的易发性评价，通过将可能导致地质灾害发生的各项地质环境背景要素划分为不同的层次，构造成一个层次分明的树状结构的评价模型。

  如目标层是滑坡易发性评价，则地形地貌条件、地质条件、气象水文条件等可作为其中间准则层。根据具体的地质灾害类型，将各准则层细化为所需的方案层，如滑坡易发性评价中，可选取坡度、坡向、地形曲率（坡面形态）等相关要素作为其地形地貌条件的方案层。有时，可舍弃中间准则层，将目标层 O（某种地质灾害的易发性程度）作为方案层 P 中所有地质环境要素综合影响的结果。

2. 构造判断矩阵

  建立地质灾害易发性评价的层次结构模型后，对评价模型的方案层，即地质灾害易发性评价因子，构建各评价因子之间的判断矩阵，比较矩阵中不同因子之间的重要程度，按照因子间的相对重要性引入 1～9 比例标度，各标度含义如表 2-12 所示。

表 2-12 判断矩阵标度及含义（据 Saaty，1980）

标度	含义
1	表示 i 因子和 j 因子一样重要
3	表示 i 因子比 j 因子稍微重要
5	表示 i 因子比 j 因子明显重要
7	表示 i 因子比 j 因子强烈重要
9	表示 i 因子比 j 因子极端重要
2、4、6、8	介于以上两相邻重要性中值
1、1/2、…、1/9	表示 i 因子比 j 因子的重要性与上述对应相反

  比较 n 项滑坡因子之间的重要性，用 A_{ij} 表示比较的结果，即 m_i 与 m_j 之间的重要性，将结果存入判断矩阵 A 中，得到层次分析法在滑坡易发性预测中的判定矩阵（表 2-13）。

表 2-13　判断矩阵 A 的赋值

A_{11}	A_{12}	A_{13}	A_{14}	…	A_{1n}
A_{21}	A_{22}	A_{23}	A_{24}	…	A_{2n}
A_{31}	A_{32}	A_{33}	A_{34}	…	A_{3n}
…	…	…	…	…	…
A_{n1}	A_{n2}	A_{n3}	A_{n4}	…	A_{nn}

3. 层次分析模型一致性检验

得到判断矩阵,采用求和法求解最大特征值和权向量。具体操作步骤如下。

对判断矩阵 A 每一列进行归一化,得到

$$w'_{ij} = a_{ij} / \sum_{i=1}^{n} a_{ij} \tag{2-2}$$

对构建的新矩阵 B 按每行求和,得

$$w'_i = \sum_{i=1}^{n} w'_{ij} \tag{2-3}$$

将 w'_i 归一化,所得 $w=(w_1,w_2,\cdots,w_n)^T$ 作为各易发性评价因子的权重;

计算最大特征值 $\lambda_{\max}$。

层次分析法要求矩阵具有一致性,以确保各地质灾害易发性评价因子的重要性正确,计算一致性指标 I_C,其计算公式如下:

$$I_C = (\lambda_{\max} - n)/(n-1) \tag{2-4}$$

由于层次分析模型的一致性检验受因子数量 n 影响,故引入随机一致性指标 I_R,见表 2-14。

表 2-14　随机一致性指标 I_R 值(据 Saaty,1980)

n	1	2	3	4	5	6	7	8	9
I_R	0	0	0.58	0.90	1.12	1.24	1.32	1.41	1.45

层次分析模型的一致性比例 R_C 计算公式如下:

$$R_C = I_C / I_R \tag{2-5}$$

其中当 R_C 的值小于 0.1 时,即可认为判断矩阵的一致性满足要求。

4. 易发性结果计算

通过一致性检验后,设地质灾害易发性评价模型方案层有 n 个指标,将 n 个评价指标进行量化,表示为单一要素图层 $p_i(i=1,2,3,\cdots,n)$。将各评价因子要素图层进行归一化处理,得到的各图层表示为 $p_i^1(i=1,2,3,\cdots,n)$,其计算权重为 $w_i(i=1,2,3,\cdots,n)$,则易发性评价指数 O 表达式为:

$$O = \sum_{i=1}^{n} w_i \times p_i^1 \tag{2-6}$$

可采用自然断点法或其他方法,将易发性评价指数 O 分为 5 类(根据需要确定分类数),将研究区的易发性程度从低到高依次分为:极低易发区、低易发区、中易发区、高易发区、极高易发区 5 个。层次分析法的应用流程图基本步骤见图 2-21。

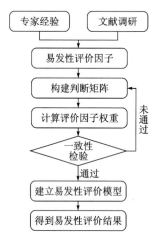

2-21 层次分析法在地质灾害易发性评价中的应用流程图

二、信息量法

信息量法的"信息量"一词源自 20 世纪 40 年代末香农(Shannon)所创的信息科学,香农把信息定义为"随机事件不确定性的减少",并把数学统计方法移植到通信领域,提出了信息量的概念和信息熵的数学公式,之后在各学科领域得到广泛的应用。

信息量法常用于崩塌、滑坡的易发性评价,晏同珍、殷坤龙自 1985 年起,探索了信息量法在区域性滑坡灾害空间预测分区中的应用(殷坤龙,2004)。近年来,信息量法已成为地质灾害空间预测的一种重要方法,得到越来越广泛的应用。

信息量法认为,某种地质环境因素所提供的发生地质灾害的可能性,可以通过计算该因素的信息量来度量。用该因素信息量的大小来评价这一因素对地质灾害发生的影响。一般地质灾害发生与多种因素有关,综合这些因素的信息量值,得到"最佳因素组合"下,地质灾害发生的可能性大小,实现对一定区域地质灾害发生可能性的客观评价,具有科学性。

根据信息预测的观点,滑坡灾害产生与否与预测过程中所获取的信息的数量和质量有关,用信息量衡量为(殷坤龙,2010):

$$I(y, x_1 x_2 \cdots x_n) = \log_2 \frac{P(y \mid x_1 x_2 \cdots x_n)}{P(y)} \tag{2-7}$$

也可写成下式

$$I(y, x_1\ x_2 \cdots x_n) = I(y, x_1) + I_{x_1}(y, x_2) + \cdots + I_{x_1 x_2 \cdots x_{n-1}}(y, x_n) \tag{2-8}$$

式中,$I(y, x_1 x_2 \cdots x_n)$ 表示具体因素组合 $x_1 x_2 \cdots x_n$ 对地质灾害的发生所提供的信息量(bit);

$P(y|x_1 x_2 \cdots x_n)$ 表示因素 $x_1 x_2 \cdots x_n$ 组合条件下地质灾害发生的概率;$P(y)$ 表示地质灾害发生的概率;$I_{x_1}(y, x_2)$ 表示在因素 x_1 存在条件下,因素 x_2 对地质灾害的发生提供的信息量(bit)。

式(2-8)意为因素组合 $x_1 x_2 \cdots x_n$ 对地质灾害所提供的信息量等于地质灾害 x_1 提供的信息量,加上 x_1 确定后 x_1 对滑坡提供的信息量,直至 x_1、x_2、$\cdots$、x_{n-1} 确定后 x_n 对地质灾害提供的信息量。

进行某地区基于信息量法的地质灾害易发性评价时,一般将研究区划分为一定大小的栅格单元,具体评价过程如图 2-22 所示,各步骤简述如下:

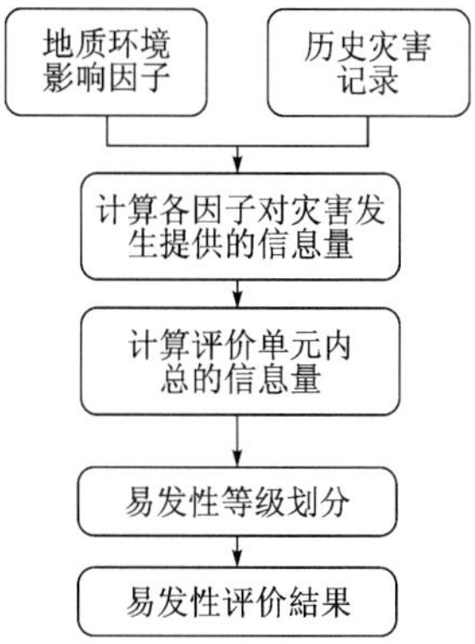

(1)详细收集已发生的地质灾害资料和与地质灾害发生有关的基础地质环境资料,如地质灾害分布图、地质图、工程地质岩组分类图、地形图/DEM 数据、坡度图、坡向图、土地利用分类图等。

(2)分析研究区主要地质灾害类型及地质环境特点,选取可以代表研究区地质环境背景条件,对某种地质灾害的发生具有决定性作用的影响因素作为评价指标,如对于中等比例尺的滑坡易发性评价而言,可选取坡度、坡向、工程地质岩组分类、距断层距离等。

图 2-22 信息量法评价地质灾害易发性流程图

(3)通过统计分析,将已发生的地质灾害与各项评价指标的关系量化为这些因素指标对灾害发生提供的信息量值。实际计算时,各因素 x_i 对地质灾害发生事件(y)提供的信息量 $I(y, x_i)$,可运用频率来进行条件概率的估算,如公式(2-9):

$$I(y, x_1 x_2 \cdots x_n) = \log_2 \frac{S_0/S}{A_0/A} \tag{2-9}$$

式中,A 指区域内单元总面积;A_0 指已经发生崩滑灾害的单元面积之和;S 指具有相同因素 $x_1 x_2 \cdots x_n$ 组合的单元总面积;S_0 指具有相同因素 $x_1 x_2 \cdots x_n$ 组合单元中发生崩滑灾害的单元面积之和。

(4)综合所有因素指标对灾害发生提供的信息量值,得到某栅格单元的总的信息量,计算公式为:

$$I = \sum_{i=1}^{n} I_i = \sum_{i=1}^{n} \log_2 \frac{S_0^i/S^i}{A_0/A} \tag{2-10}$$

式中,I 指区域内某栅格单元总信息量;S^i 指因素 x_i 所占单元面积;S_0^i 指因素 x_i 单元中发生某种地质灾害的单元面积之和(殷坤龙等,2004,2010)。

(5)计算研究区所划分的所有栅格单元的总信息量值 I,反映区域内所对应的栅格处地质灾害发生的可能性大小,值越大反映地质灾害易发性越高,采用自然断点法将区域内所有栅格单元的总信息量进行分类,分成不同的易发性等级,即可得到该区域某地质灾害的易发性分区成果。

三、证据权法

证据权模型是一种以贝叶斯统计模型为基础的定量分析模型,最早由加拿大数学地质学家 Agterberg 提出。近年来,通过对一些与地质有关的地学信息(即地质环境因素)的叠加复合分析,应用于地质灾害易发性分区中。将每种地质环境因素视为地质灾害易发性分区的一个证据因子,每一个证据因子对地质灾害(崩塌、滑坡、泥石流等)易发性分区的贡献由该因子的权重确定(吴树仁等,2012)。

在具体应用中,通过分析某一区域内已发生地质灾害处各地质环境因素之间的空间关系。如对于中—大比例尺滑坡而言,分析已发生滑坡处的地形高差、坡度、地层岩性、人工开挖边坡、距水系距离、距断层距离等因素,确定各因素对滑坡发生的贡献权重,以此权重推广到整个研究区,得到全区范围内滑坡易发性。基于证据权法的地质灾害易发性评价方法流程见图 2-23,具体评价的各步骤简述如下。

(1)收集详细的已发生的地质灾害资料和地质灾害发生有关的基础地质环境资料。选取可以代表研究区地质环境背景条件,对某种地质灾害的发生具有决定性作用的影响因素作为证据因子。

图 2-23 证据权模型评价地质灾害易发性流程图

(2)进行研究区评价单元划分,一般也划分为一定大小的栅格单元,如将某研究区划分为 S 个评价栅格单元,其中 M 个栅格单元内有地质灾害发生,$\overline{M}$ 个单元内没有地质灾害发生。在某一个证据因子范围内(如地层岩性中坚硬-较硬岩组区内),发生地质灾害的单元数为 N 个,没有发生地质灾害的单元数为 $\overline{N}$ 个。则对该预测因子给予一个积极权重和消极权重(W_+ 和 W_-),计算公式如下:

$$W_+ = \ln\left(\frac{N/M}{\overline{N}/\overline{M}}\right); W_- = \ln\left[\frac{(M-N)/M}{(\overline{M}-\overline{N})}\right] \quad (2-11)$$

积极权重(W_+)和消极权重(W_-)分别为证据因子存在区和不存在区的权重。证据层与地质灾害点正相关表示为 $W_+ > 0, W_- < 0$;负相关表示为 $W_+ < 0, W_- > 0$;不相关或数据缺失时权重为 0。最终证据权重贡献值为积极权重(W_+)和消极权重(W_-)的综合,表示为:$W = W_+ - W_-$。

(3)地质灾害通常受到多个权重因子的共同作用,在实际计算中,证据权法应用几率对数表示贝叶斯法则,将计算模型线性化为:

$$\ln O[D/(B_1^{K(1)} B_2^{K(2)} \cdots B_n K^{(n)})] = W_0 + W_1^{+/-} + \cdots + W_n^{+/-} = \sum_{i=0}^{n} W_i^K \quad (2-12)$$

式中,O 是几率,$O = P/(1-P)$;D 为存在滑坡的单元网格数;B_j 代表第 j 个证据层,$K(j)$ 在第 j 个证据层存在时为 +,不存在时为 −,W_j 是第 j 个预测变量存在或不存在的权重(吴树仁等,2012)。

根据计算确定的权重,将各证据因子按式(2-12)相加,得到全区综合权重值,将综合权重值归一化,并采用自然断点法划分为所需要的等级,即得到研究区基于证据权法的易发性分区成果。

四、事件树模型法

事件树分析法是一种时空逻辑分析方法,按事件的发生发展顺序,分成 n 个阶段,一步一步地进行分析,直至最终结果。其理论基础是马尔可夫随机过程中的马尔可夫链(具有马尔可夫性质的一系列随机过程)(王欣等,2016)。事件树模型法是事件树分析法在地质灾害易发性评价中的具体应用,将地质灾害的发生过程分解为若干因果环节(状态),综合所有可能导致灾害发生的环节(状态),即可得到灾害发生的易发性等级。

如运用事件树模型法进行冰湖溃决型泥石流易发性评价中冰湖溃决概率的计算,分为以下 3 个步骤(王欣,2009,2016)。

(1)计算某一荷载状态下每一溃决模式发生的概率为:

$$P(i,j) = \prod_{k=1}^{s} P(i,j,k) \tag{2-13}$$

式中,$P(i,j)$ 为第 i 种气候荷载下第 j 种溃决模式下冰湖溃决的概率;i 为气候荷载,$i=1,2,\cdots,n$;j 为破坏模式,$j=1,2,\cdots,m$;k 为各环节,$k=1,2,\cdots,s$。

(2)同一荷载状态下的各种破坏模式一般不是互斥的,因此,同一荷载状态下的各种溃决模式发生的概率可采用 de Morgan 定律计算。设第 i 个荷载状态下有 m 个溃决模式 A_1、A_2、A_3、$\cdots$、A_m,其概率为 $P(i,1)$、$P(i,2)$、$\cdots$、$P(i,n)$,则 n 个溃决事件发生的概率 $P(A_1+A_2+\cdots+A_m)$ 为:

$$P(A_{1i}+A_{2i}+\cdots+A_{mi}) = 1 - \prod_{k=1}^{s}[1-P(i,j)] \tag{2-14}$$

de Morgan 定律就是上式中事件并集概率的上限。$P(A_1+A_2+\cdots+A_m)$ 即为第 i 种荷载下的冰湖溃决的概率 $P(i)$。

(3)对可能导致冰湖溃决的气候背景逐一重复上述步骤,则可以得到"所有可能荷载"下的所有可能溃决途径和溃决概率。由于不同荷载状态是互斥的,因此冰湖溃决概率等于各种荷载状态下溃决概率之和。即:

$$P = \sum_{i=1}^{m} P(A_{1i}+A_{2i}+\cdots+A_{mi}) + E \tag{2-15}$$

式中,E 为常数,其取值反映非气候荷载模式下冰湖溃决的概率。

五、其他方法

地质灾害易发性评价方法还有很多,这些方法为地质灾害的易发性评价提供了很多思路。逻辑回归模型法属于多元非线性的统计分析模型,在一个因变量和多个自变量之间建立回归关系,具体应用中将与地质灾害发生相关的地质环境背景因子作为自变量,灾害的发生与否的状态作为因变量,预测某研究区地质灾害发生的概率。模糊聚类法以模糊数学理论为基础，包括模糊综合评判法、模糊可靠度分析法和模糊层次综合评判法等，地质灾害系统具有不确定性，模糊聚类法为这类不确定性问题提供了很好的解决途径。灰色聚类综合评估法以灰色系统理论为基础，通过灰色关联分析，评估各地质环境背景因素对地质灾害发育的影响程度，得到多种地质环境背景因素下灾害的易发性程度；或通过灰色聚类中灰类白化权函数聚类，结合已发生的地质灾害与灾害相关地质环境因素聚类组合关系，进行易发性评价（董颖等，2009）。人工神经网络模型以自然神经细胞工作方式为原型，建立人工神经元组成的结构网络。根据对生物神经系统的不同组织层次和抽象层次的模拟可分为不同的类型，其中BP神经网络模型（误差反向传播多层前馈神经网络）应用最广泛，通过构建BP神经网络模型，选取研究区典型地质灾害点作为训练样本，训练得到合适的神经网络模型进行区域地质灾害发生的智能化预测（曾斌，2009），进而实现地质灾害的易发性评价。分形理论法以分形理论为基础，用分形理论的数学模型分析地质灾害的发生与灾害相关的地质环境背景因素之间的非线性关系，进行地质灾害易发性评价（裴申洲，2018）。

第四节　地质灾害危险性评价方法

一、崩塌及滑坡危险性评价

根据评价精度的不同，崩塌及滑坡的危险性评价可分为定性评价、定量评价两大类。评价方法主要分为4类：

(1)基于主观推断分析的方法，如基于专家经验的赋权值方法等，属于定性评价。

(2)基于知识分析的方法（或基于数据挖掘的方法），如聚类分析、决策树等，属于半定量评价。

(3)基于统计分析的方法，如信息量、证据权、判别分析、逻辑回归等，属于半定量-定量评价。

(4)基于力学模型的确定性方法，如坡体极限平衡、Newmark位移分析、数值模拟等，属于定量评价。这也是当前和未来国内外崩塌、滑坡危险性评价的主流研究趋势（张永双等，2016）。

笔者认为统计法、Newmark法是喜马拉雅山区地震诱发崩塌、滑坡区域危险性定量评价较为适用的两种方法。在崩塌、滑坡灾害发生时间记录不完善的地区，统计法评价危险性较为受限，采用Newmark法更为合适。

1. 统计法

按照地震危险性中的定义方法，滑坡（崩塌）危险性预测则可以定义为某一研究范围内未来一定时间内（T年）发生体积超过某一范围（m^3）的滑坡（崩塌）概率，即超越概率。滑坡（崩塌)危险性预测模型分析基于两个基本假设：

(1)滑坡(崩塌)的发生可以用稳态泊松过程来描述。

(2)每个危险性单元中滑坡(崩塌)年发生概率 $N(v \geqslant m)$ 与滑坡(崩塌)规模之间满足古登堡-里克特(Gutenberg – Richter)关系：

$$\lg N(v \geqslant m) = a - bm \tag{2-16}$$

式中，a、b 为经验常数。

对于某一研究区内，假设有 N 处潜在滑坡(崩塌)(或高危险性预测单元)，分别为 $x_i(i=1,2,\cdots,N)$。在各潜在滑坡(崩塌)彼此独立的前提下，$P_s(M \geqslant m)$ 与 $P_i(M \geqslant m_i)$ 的关系为：

$$P_s(M \geqslant m) = 1 - \prod_{i=1}^{N}[1 - P_i(m \geqslant m_i)] \tag{2-17}$$

式中，$P_s(M \geqslant m)$ 为在研究区内滑坡(崩塌)规模大于或等于 m 的超越概率；$P_i(M \geqslant m_i)$ 为在 x_i 处的潜在滑坡(崩塌)发生大于或等于 m_i 的超越概率。

在假设条件(1)下，每年发生滑坡(崩塌)体积大于或等于 m 的概率 $P_i(M \geqslant m)$ 与年发生率 $n_i(v_i \geqslant m)$ 的关系为：

$$P_i(M \geqslant m_i) = 1 - \exp[-n_i(v_i \geqslant m)] \tag{2-18}$$

将式(2-18)代入式(2-17)，得：

$$P_s(M \geqslant m) = 1 - \exp\left[-\sum_{i=1}^{n} n_i(v_i \geqslant m)\right] \tag{2-19}$$

如果时间间隔是 T 年，则 T 年内发生规模大于或等于 m 的概率 $P_T(M \geqslant m)$ 为：

$$P_T(M \geqslant m) = 1 - [1 - P_s(M \geqslant m)]^T = 1 - \exp\left[-\sum_{i=1}^{n} n_i(v_i \geqslant m)\right]^T \tag{2-20}$$

滑坡(崩塌)的年发生率 $n_i(v_i \geqslant m)$ 定义为：

$$n_i(v_i \geqslant m) = \lim_{T \to \infty} \frac{N_i(\geqslant m)}{T} \tag{2-21}$$

式中，$N_i(\geqslant m)$ 为研究区内滑坡(崩塌)规模大于或等于 m 的滑坡(崩塌)个数；T 为滑坡(崩塌)记录长度。但实际情况下，T 不可能无限长，这时，式(2-21)近似地写为：

$$n_i(v_i \geqslant m) \approx N_i(\geqslant m)/T \tag{2-22}$$

由式(2-22)可知，若能求出研究区滑坡(崩塌)的年发生率 $n_i(v_i \geqslant m)$，则研究区未来 T 年时间内滑坡(崩塌)发生的超越概率即可求出(殷坤龙等,2010)。

2. Newmark 模型

区域地震诱发的滑坡危险性评估由浅入深包含两个方面：其一，根据区域岩土体的力学强度和斜坡的几何形态，通过计算斜坡体的稳定性评估其自身固有属性而导致的滑坡易发性高低；其二，基于斜坡体的稳定性结果，考虑地震产生的惯性力对斜坡施加的外力作用，评估斜坡产生位移趋势的强弱，并评判研究区滑坡相对危险性高低。该模型适用于浅层脆性岩石滑动、崩塌及碎屑流。

Newmark 模型(Newmark,1965)的理论基础是极限平衡理论,提出滑块的永久变形是由于在地震荷载作用下,滑动块沿着最危险滑动面发生瞬时失稳后位移不断累积所致。Newmark 模型认为,当施加于最危险滑动面处的加速度超过临界加速度时,块体即沿破坏面发生滑动,且对外力加速度与临界加速度的插值部分进行二次积分即可得到永久位移量,位移量越大越危险。Newmark 模型的基本假设如下:

(1) 滑动块体为理想的刚塑性体,滑块内部不产生变形。
(2) 忽略块体滑动时岩土体抗剪强度的降低。
(3) 不考虑竖向地震力的作用。
(4) 仅当施加于块体的加速度超越临界加速度时,块体发生位移。
(5) 坡体失稳时会产生明显的破坏面。
(6) 滑块仅沿下坡方向产生位移。

Newmark 模型经过不断的发展与改进,在地震诱发的滑坡风险评估中得到了广泛的应用,它通过比较自然静力和地震动力条件下滑块的受力状态(图 2-24),利用无限斜坡法计算斜坡的安全系数 F_s 间接求解危险性大小,其计算公式如下:

$$F_s = \frac{c}{\gamma t \sin a} + \frac{\tan\varphi}{\tan a} - \frac{m\gamma_w \tan\varphi}{\gamma \tan a} \quad (2\text{-}23)$$

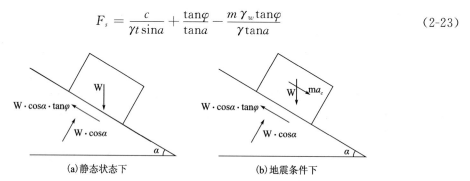

图 2-24 Newmark 模型滑块受力图

式中,F_s 为斜坡体静态安全系数;c 为有效内聚力(kPa);γ 为岩土体重度(kN/m³);t 为潜在滑体厚度(m);a 为潜在滑面倾角(°);φ 为有效内摩擦角(°);m 为潜在滑体中饱和部分占总滑体厚度的比例(%);γ_w 为地下水的重度(kN/m³)。F_s 结果大小由有效内聚力和有效内摩擦力的抗滑作用,以及地下水对岩土体抗滑作用的削弱程度控制。

临界加速度 a_c 是指滑块的下滑动力与斜坡内部的抗滑力相等时(极限平衡状态下)的地震动临界加速度,当外界地震施加斜坡体一个动力值,产生超过 a_c 值的加速度,斜坡体即会发生位移。将水平地震动加速度简化为沿平行于滑动面下坡方向输入,从而便于滑动面处的临界加速度 a_c 计算,计算公式如下:

$$a_c = (F_s - 1)g \times \sin a \quad (2\text{-}24)$$

式中,g 为重力加速度(m/s²);a 为滑动面倾角(°),在式中近似取斜坡的坡度值。利用临界加速度 a_c 计算滑块累积位移,还需要地震动加速时程曲线数据,加速度值小于等于 a_c 的部分对滑块不产生位移,而将加速度大于 a_c 的部分按照公式(2-24)对 t 进行二次积分求出滑体累积位移时程曲线:

$$D_N = \int_0^t \int_0^t [a(t) - a_c] \mathrm{d}t \quad (2-25)$$

在实际地震事件中,同一研究区不同空间位置的地震加速度在同一时刻存在多样性,且获取大范围的地震加速度在实际操作中并不现实,尤其是不能对未来的地震诱发情况进行预测。Newmark 模型基于大量统计分析表明,区域地震诱发滑坡产生的位移与临界加速度 a_c 和地震强度存在函数关系,相应的回归公式可以用来对区域地震滑坡进行有效的滑坡危险性评估。Jibson 等(1998)通过大量的研究数据模拟了计算累计位移 D_N 值的经验回归方程如下:

$$\lg D_N = 1.521 \times \lg I_a - 1.993 \times \lg a_c - 1.546 \quad (2-26)$$

其中 D_N 是 Newmark 模型累计位移值(m);I_a 即 Arias 强度,是 1970 年 Arias 以单位质量弹性体系的总滞回耗能作为结构地震响应参数提出的一个地震强度指标(m/s),与地震的震级、场地及震源之间的距离有关。

Wilson 和 Keefer(1985)根据统计结果提出经验公式:

$$\lg I_a = M_W - 2\lg R - 4.1 \quad (2-27)$$

Wilson 和 Keefer(1989)又提出经验公式:

$$\lg I_a = 0.75 M_W - 2\lg R - 2.35 \quad (2-28)$$

式中,M_W 为矩震级;R 为场地与震源之间的距离(km)。式(2-28)适用于矩震级 M_W 大于 7 级的地震。

也有根据区域 50 年超越概率 10% 的地震动峰值加速度(PGA)分布来计算研究区相应的 I_a 强度分布。Roberto.R(2002)根据实测的 190 条加速度过程通过 PGA 值计算地震强度 I_a,其拟合的经验公式如下:

$$I_a = 0.04 \times (\text{PGA})^{1.668} \quad R^2 = 0.83 \quad (2-29)$$

式中,I_a 为地震强度(cm/s);PGA 为地震动峰值加速度(cm/s²)。

公式(2-29)虽然是近似的回归模拟关系,但它在区域地震诱发的滑坡危险性评价中存在一定的合理性,允许从地震强度、岩土属性以及斜坡体的形态结构中计算 Newmark 的累计位移值。

地震发生时,会对斜坡体产生影响并诱发其产生一定位移量的移动,但发生位移并不一定导致滑坡灾害的发生。一次地震诱发产生的位移量没有突破最大承受值时,在斜坡体自身的平衡作用下,会逐渐恢复稳定,危险性也相对较小。只有当斜坡的位移量累积到一定值时,斜坡体才会失稳并沿着产生位移的面滑动发生滑坡灾害。因此,Newmark 模型计算的累积位移值 D_N 与边坡失稳发生滑坡之间不是直接一次线性关系,Jibson(1998)等根据大量地震诱发的滑坡的历史数据建立发生滑坡的概率 P 与累积位移 D_N 之间的回归方程,如公式(2-30),并通过发生滑坡概率 P 进行危险性分区。

$$P(f) = k \times [1 - \exp(a \times D_N)^b] \quad (2-30)$$

式中,P 表示斜坡在一定条件的地震作用下产生位移 D_N 时可能发生滑坡概率;系数 k 表示发生滑坡概率的最大值；a 和 b 是常量参数，根据研究区实际情况确定。

二、泥石流危险性评价

我国对于泥石流危险性定量化研究始于20世纪80年代，谭炳炎（1986）应用数量化理论提出了对泥石流沟严重程度的数量化综合评判法则，并对全国86条泥石流沟进行了验证。1990年，随着全国性泥石流灾害评价研究的全面展开，专家打分法、层次分析法、分形理论（易顺民，1994）、神经网络分析（张春山，1995）、信息量法（殷坤龙，2004；赵鹏大，2004）等数学模型及评价方法被引入到泥石流评价中来，泥石流危险性评价也由初始的定性评价转变为半定性-定量评价。

数值模拟软件的使用很大程度解答了泥石流灾害的发生时间概率、影响范围以及规模等问题，使得泥石流危险性评价的程度再次上升了一个高度。为了实现高精度定量化单沟泥石流危险性评价，本书使用FLO-2D二维模拟软件，对单沟泥石流的形成过程、运动状态进行模拟。结合相关部门提供的雨量、数字地形图数据与野外实际调查，反复进行模拟和数据拟合，模拟出泥石流爆发时的流动深度、速度、堆积范围、破坏程度等情况。

1. FLO-2D模型概述

FLO-2D模型起源于1988年由美国联邦紧急事务管理局（FEMA）发起的城市冲积扇洪水保险研究项目，其主要目的是提出一种可能适用于模拟泥石流的洪水演进模型，初始版本称作MUDFLOW。经过30余年的软件开发及完善，FLO-2D模型（FLO-2D Model，2009）演化为基于有限差分法求解流体运动的洪水及泥石流演进模型，既可以模拟由洪水灾害引起的河流涌浪问题，也可以模拟由泥石流灾害诱发的复杂冲积扇地形上泥石流的无侧限流动问题。

FLO-2D模型的核心理论是结合中央有限差分方法和流体流动的本构模型，以流体体积守恒为基础，演算流体运动方程，从而实现洪水或泥石流的二维演进。FLO-2D模型将计算域离散为均匀、规则的网格，并赋予网格唯一的高程值、曼宁系数（糙率系数）、流动面积与宽度的折减因子等参数，由此计算8个潜在流向上每个边界的流量。在求解过程中，取每两个网格单元之间的曼宁系数、坡度、湿周等水力参数的平均值，以流体运动模式的动力波模式或扩散波模式进行流速的计算，进而通过流速乘以平均流动面积来确定每个时间步长下的流体流量。

目前，FLO-2D模型已广泛用于泥石流数值模拟；Luna等（2011）针对意大利阿尔卑斯山区泥石流，利用FLO-2D模型提出了以流深和流速为基础的泥石流易损性评价模型；台湾是FLO-2D模型使用较早、也较成熟的地区（Li et al.，2011；Lin et al.，2011；Peng and Lu，2013）；在汶川震区，大量科研人员利用FLO-2D模型进行了震区泥石流的模拟（黄勋等，2018，张鹏等，2014，王纳纳，2014）。此外，FLO-2D还是联邦紧急事务管理局（FEMA）推荐使用的泥石流计算模型(Jakob et al.,2013)。

2. 控制方程

FLO-2D模型的基本方程包括连续方程和动量方程。

1)连续方程

一维连续方程：

$$\frac{\partial h}{\partial t} + \frac{\partial hV}{\partial x} = i \tag{2-31}$$

二维连续方程：

$$\frac{\partial h}{\partial t} + \frac{\partial (hU_x)}{\partial x} + \frac{\partial (hU_y)}{\partial y} = i \tag{2-32}$$

式中,h 为流动深度；V 为 8 个流向中某一方向上的平均流速；t 为运动时间；U_x 代表二维平面上 x 轴方向上的平均流速；U_y 代表二维平面上 y 轴方向上的平均流速；i 为降雨强度。

2)运动方程

一维方向上的流体运动方程为：

$$S_f = S_o - \frac{\partial h}{\partial x} - \frac{V}{g}\frac{\partial V}{\partial x} - \frac{l}{g}\frac{\partial V}{\partial t} \tag{2-33}$$

式中,S_f 为曼宁方程中的摩擦坡降(The friction Slope Component)；S_o 代表底床坡降(Bed Slope)。

流体二维运动模式包括动力波模式、扩散波模式、运动波模式。

(1)动力波模式。

$$S_{fx} = S_{bx} - \frac{\partial h}{\partial x} - \frac{\partial U_x}{g\partial t} - U_x\frac{\partial U_x}{g\partial x} U_y\frac{\partial U_y}{g\partial y} \tag{2-34}$$

$$S_{fy} = S_{by} - \frac{\partial h}{\partial x} - \frac{\partial U_y}{g\partial t} - U_x\frac{\partial U_y}{g\partial x} U_y\frac{\partial U_y}{g\partial y} \tag{2-35}$$

(2)扩散波模式。

$$S_{fx} = S_{bx} - \frac{\partial h}{\partial x} \tag{2-36}$$

$$S_{fy} = S_{by} - \frac{\partial h}{\partial x} \tag{2-37}$$

(3)运动波模式。

$$S_{fx} = S_{bx} \tag{2-38}$$

$$S_{fy} = S_{by} \tag{2-39}$$

式中,S_{fx}、S_{bx}、S_{fy}、S_{by} 分别代表不同坐标轴方向上的坡降及底床坡降；g 为重力加速度。

由式(2-33)~式(2-39)不难看出,流体的二维运动模式均由一维方向上的流体方程推导而来,区别在于是否考虑在不同方向的压力梯度、惯性力中的加速度项及局部加速度项。

Henderson(1966)计算了中等坡度的冲积河道和快速上升水流模式下的运动方程中各个参数项的相对大小,实现了运动波模式(即 $S_o = S_f$)在相对稳定、流场均匀的中陡坡上的应用,其数值模拟过程足以模拟洪波的发展过程,压力梯度和加速度项对流体运动的贡献则可以忽略。增加了压力梯度项而建立的扩散波模式方程,将增强复杂地形下的地表流场模拟,可以用来预测洪水的衰减和洪泛区水量的变化。而动力波模式方程则对于平坡、逆坡、陡坡或非定常条件下的泥石流演进具有重要意义。

FLO-2D 软件可以使用动力波和扩散波模式对泥石流运动过程进行模拟。据美国陆军兵工团(US Army Corps of Engineers)(1996)的研究结论,泥石流堆积扇适合以扩散波模式来模拟。FLO-2D 在 2007 年以后版本皆以动力波模式来模拟洪水及泥石流问题。

3. 流变模型

泥石流的流动过程涉及层流与紊流运动、流体与泥沙颗粒动量交换,以及泥沙颗粒之间的碰撞和非牛顿体的黏性剪切(Viscous Shear)等复杂物理过程。FLO-2D 模型使用 O'Brien 和 Julien 提出的二项式流变模型(O'Brien,1985),采用黏性应力和屈服应力作为泥沙浓度的函数,非常适用于泥沙含量高的洪水或泥石流的运动过程。在 FLO-2D 模型中,泥石流流体的总应力 τ 由以下 5 项应力构成:

$$\tau = \tau_c + \tau_{mc} + \tau_v + \tau_t + \tau_d \tag{2-40}$$

式中,τ_c 为凝聚性屈服应力;τ_{mc} 为莫尔-库仑剪应力;τ_v 为黏滞剪应力;τ_t 为紊流剪应力;τ_d 为扩散剪应力。

当采用剪切速率(dv/dy)的概念时,上述应力方程即为 O'Brien 和 Julien 提出的二项式流变模型(据 O'Brien,1985):

$$\tau = \tau_y + \eta\left(\frac{\mathrm{d}v}{\mathrm{d}y}\right) + C\left(\frac{\mathrm{d}v}{\mathrm{d}y}\right)^2 \tag{2-41}$$

$$\tau = \tau_c + \tau_{mc} \tag{2-42}$$

$$C = \rho_m l^2 + f(\rho_m, C_v) d_s^2 \tag{2-43}$$

式中,η 是动态黏度;τ_c 是有凝聚力的屈服强度;莫尔-库仑应力 $\tau_{mc} = \rho_s \tan\varphi$,取决于晶间压力 ρ_s 和休止角 φ;C 表示惯性剪切应力系数,取决于 ρ_m 混合物的质量密度;d_s 为颗粒粒径。

二次流变模型中的前两个剪切应力项称为宾汉剪切应力,屈服应力和黏性应力之和决定黏性泥流的总剪应力;最后一项为弥散剪切应力(Dispersive Shear Stresses)和湍流剪切应力(Turbulent Shear Stresses)之和,定义了泥石流的惯性流态(Inertial Flow Regime)。泥石流流动过程中,泥石流流态由湍流剪切应力和弥散剪切应力共同决定。当弥散剪切应力较大时,即黏度应力与屈服应力之和较大时,泥石流流速较大,反之,流速较小。

O'Brien 等讨论了上述应力在泥石流流动中的作用,认为在即便高含沙量、高体积浓度下的黏度和屈服应力与湍流应力相比仍然相对较小,泥石流的流动也可能是湍流(O'Brien,1987,1993);黏性非常大的泥石流具有较高的泥沙浓度和相应的高屈服应力,可能导致层流状态。

因此,运用 FLO-2D 模型模拟泥石流时,选取恰当的泥石流特征参数是模拟结果是否准确的关键因素。

4.模型参数

1)高程参数

地形条件对泥石流流动方向的确定、运动模式的影响及流体特性的改变意义巨大。高程数据获取方式多种多样,本书不再赘述。FLO-2D软件中通过输入ASCII格式的高程点,实现地形模型的搭建。同时,高程数据的精度与剖分网格的密度关系紧密,对泥石流模拟精度影响很大,读者需要考虑精度要求与计算效率之间的平衡,选取恰当的网格密度。

2)曼宁系数

曼宁系数(n)是沟床底部与岸壁对流体运动阻力影响的综合表征,其值与地表覆被类型及覆盖率密切相关,取值可以参考FLO-2D用户手册(表2-15)。在FLO-2D软件的GDS模块中,通过Assign Parameters to Selection - Manning Coefficient,以实现不同地物类型区域的曼宁系数赋值。

表2-15 曼宁系数建议取值表(据FLO-2D手册,2009)

地表条件	n值
极为茂密草地	0.17～0.80
茂密草地	0.17～0.48
牧场	0.30～0.40
一般草地	0.20～0.40
覆盖较差的粗糙地	0.20～0.30
矮草原	0.10～0.20
稀疏植被地	0.05～0.13
无植被覆盖、有块石分布的稀疏植被地	0.09～0.34
20%植被覆盖、有块石分布的稀疏植被地	0.05～0.25
无农作物的休耕地	0.008～0.012
传统耕地	0.06～0.22
已修整农地	0.06～0.16
梯田	0.30～0.50
无耕作、无上期农作物	0.04～0.10
无耕作、上期农作物存有20%～40%	0.07～0.17
无耕作、上期农作物存有60%～100%	0.17～0.47
有块石分布的开阔地	0.10～0.20
沥青或混凝土地(20～80cm植被覆盖)	0.10～0.15
休耕地	0.08～0.12
无块石开阔地	0.04～0.10
沥青或混凝土地	0.02～0.05

3）体积浓度

体积浓度（C_v）是指流体中固体物质体积与流体总体积的比值，$C_v>0.5$ 且黏粒含量＞3%，泥石流性质为黏性；$C_v<0.5$ 且黏粒含量＜3%，则为稀性泥石流。对于大多数泥石流研究，需要通过清水体积和膨胀因子（放大因子 BF）来估计泥石流流量，以描述泥石流的规模。放大系数（BF）可由体积浓度得出：

$$BF = \frac{1}{(1-C_v)} \tag{2-44}$$

4）泥石流清水流量过程线

流量过程线是指一次泥石流流动过程中，泥石流流量随时间的变化而改变。FLO-2D 软件中通过输入清水量过程线，与放大系数（BF）相乘，进而得到泥石流的流量。因此，一次泥石流过程流量与输入的清水流量过程线和对应每个时间节点上的流体体积浓度（C_v）密切相关。

泥石流清水流量过程线可以通过 FLO-2D 软件自带的 Rain 模块获取，也可以考虑通过水文学上的一个流域范围在一定时间内的汇水流量的计算方法获取（如五边形法），还可以使用专业的水文计算软件得到，如 HEC-HMC 软件。

5）入流点位置

FLO-2D 模型假定下伏沟床固定，即在入流点下游，不再考虑有任何固体物质参与流体活动中。关于入流点位置的确定，对整个数值模拟结果影响巨大，但却一直未有科学的解决办法（黄勋，2016）。本书通过 HEC-HMC 软件模拟的流域范围内，由地形得到的汇水点来确定泥石流的入流点。

6）黏度应力与屈服应力

黏度应力 η 与屈服应力 τ_y 是描述泥石流流动的二次流变模型中的重要参数，与泥石流的体积浓度密切相关，二者的相对大小一定程度上控制了泥石流流动状态。黏度应力 η 与屈服应力 τ_y 的确定可以通过对泥石流堆积物做流变学分析由野外试验得出，也可以通过以下经验公式计算。FLO-2D 软件给出了黏度应力 η 与屈服应力 τ_y 的参考值，见表 2-16。

$$\eta = \alpha_1 e^{\beta_1 C_v} \qquad \tau_y = \alpha_2 e^{\beta_2 C_v} \tag{2-45}$$

表 2-16　流变参数建议取值表（据 O'Brien，1986）

数据来源	$\tau_y = \alpha_2 e^{\beta_2 C_v}$		$\eta = \alpha_1 e^{\beta_1 C_v}$	
	α	β	α	β
野外资料				
Aspen Pit1	0.181	25.7	0.036	22.1
Aspen Pit2	2.72	10.4	0.053 8	14.5
Aspen Natural Soil	0.152	18.7	0.001 36	28.4
Aspen Mine Fill	0.047 3	21.1	0.128	12
Aspen Watershed	0.038 3	19.6	0.000 495	27.1

续表 2-16

数据来源	$\tau_y = \alpha_2 e^{\beta_2 C_v}$		$\eta = \alpha_1 e^{\beta_1 C_v}$	
	α	β	α	β
野外资料				
Aspen Mine Source Area	0.291	14.3	0.000 201	33.1
Glenwood1	0.034 5	20.1	0.002 83	23
Glenwood2	0.076 5	16.9	0.064 8	6.2
Glenwood3	0.000 707	29.8	0.006 32	19.9
Glenwood4	0.001 72	29.5	0.000 602	33.1
相关文献				
Iida(1938)	—	—	0.000 037 3	36.6
Dai et al. (1980)	2.6	17.48	0.007 5	14.39
Kang and Zhang(1980)	1.75	7.82	0.040 5	8.29
Qian et al. (1980)	0.001 36	21.2	—	—
	0.05	15.48	—	—
Chien and Ma(1958)	0.058 8	19.1~32.7		
Fei(1981)	0.166	25.6	—	—
	0.004 7	22.2	—	—

5. 基于 FLO-2D 模型的单沟泥石流危险性评价

本书借助 FLO-2D 数值模拟软件实现单沟泥石流危险性评价,结合实际情况,通过数值模拟来重现或是预测一场泥石流的爆发过程。依据 FLO-2D 数值模拟结果,选取泥石流流深和流速指标,来表征泥石流影响范围内不同区域的危险程度。

由上述两项泥石流基本指标(流深 h 和流速 v)可衍生出单因素分区法、双因素分区法和综合分区法 3 种单沟泥石流危险性等级划分方法(程思,2015)。不同的危险性等级标准所得到的泥石流危险性不同,可结合泥石流灾害的具体情况,相应地调整危险性等级划分的阈值,部分等级划分标准见表 2-17。

表 2-17 泥石流危险性分区划分标准(据程思,2015)

危险性等级	施邦筑	奥地利州政府	瑞士联邦政府	美国 OFEE	Rickenmann
高危险	$h' \geq 3$	$h \geq 1.5$	$h \geq 1$	$h \geq 1$ 或 $vh \geq 1$	$h \geq 1.5$ 或 $v \geq 1.5$
中危险	$h' < 3$	$h < 1.5$	$h < 1$	$h < 1$ 和 $vh < 1$	$0.5 \leq h < 1.5$ 和 $0.5 < v < 1.5$
低危险	—	—	—	—	$h < 0.5$ 和 $v < 0.5$

注:h' 为泥石流堆积深度(m),h 为泥石流流动深度(m),v 代表泥石流流动速度(m/s),vh 代表单位厚度泥石流的动量(m²/s)。

第五节　地质灾害易损性评价方法

易损性(Vulnerability),指在某一区域内,承灾体(主要是人口、建筑和公共基础设施)在地质灾害(滑坡、崩塌、泥石流)影响下发生损失的程度。易损性的量化值介于0～1之间,0表示无损毁,1表示完全损毁。

从20世纪90年代至今,越来越多的学者重视对易损性的研究,到了21世纪,易损性的研究正被提升到前所未有的高度,国际社会对易损性的认识日益明显(乔建平,2010)。1992年、1993年联合国两次公布自然灾害易损性的定义。在2001年,国际减灾日的主题是"抵御灾害,减轻易损性",由此可见易损性已经成了国际关注的问题。

国内对于易损性的研究起步较晚,伴随着自然灾害风险评价的兴起,灾害易损性的研究也开始起步(乔建平,2010)。国内的学者对于滑坡、泥石流等自然灾害的评价取得了很大的成果,易损性的研究也有了深入的研究。刘希林(2003)针对泥石流风险评价研究时,提出了人与财产的易损性计算公式。唐川(2004)在对红河流域滑坡进行风险图编制时,选取了适宜的评价因子构建易损性评价体系。吴益平(2004)等在巴东新县城滑坡灾害风险研究中,选取了房屋建筑物的分布、道路工程、生命线工程、人口分布、土地利用类型作为易损性的评价因子。

目前,易损性的研究包含内容、评价指标、评价模型等问题。区域范围上的承灾体易损性评价工作存在一定难度,承灾体的属性难以统计获取,大量的建筑物、人口、基础设施的属性要素编录工作多,尤其是人口数量、年龄结构、受教育程度、对灾害意识程度等难以准确统计,一定程度上制约了易损性评价的实施。易损性定量评价是地质灾害风险研究中一个重要的环节,对于制定风险管理方案起到了巨大作用。针对不同的地质灾害,对定量分析灾害强度与承灾体的破坏特征之间的关系分析认识尚浅,难以准确刻画两者之间具体的数值关系。易损性一般是通过灾害历史事件统计、分析计算获得,也可以利用模型方法获得,但历史事件的统计分析依赖于大量难以获取的灾害事件的记录,模型方法获得的易损性结果在实践中难以得到有效验证(吴树仁,2012)。

根据定义,易损性除了与承灾体自身有关,还与地质灾害有关,不同类型的地质灾害规模、类型、速度都存在着差异,产生的破坏强度也有很大差异,因此在对承灾体易损性分析评价时要针对不同类型的灾害分别展开研究。故本书在研究中对滑坡、崩塌、泥石流分别进行易损性评价。

一、滑坡易损性

1. 易损性分析

易损性的定义表明易损性主要表现在致灾强度和承灾体抗灾能力,是承灾体在面对特定强度滑坡灾害时抗灾能力的度量,是滑坡强度和承灾能力的函数,即认为易损性由滑坡强度与承灾体的脆弱性共同决定。

吴树仁(2012)认为滑坡的易损性是建立在承灾体、空间交叉特性和损失函数的基础上的,也即从历史灾害编录的案例研究和详细分析、或者基于易损性模型方法和经验关系中得出易损性函数,其认为物理易损性评估的模型为:

$$V = IS \tag{2-46}$$

式中,V 代表物理易损性;I 代表滑坡强度;S 代表承灾体的抗灾能力。

本书认为滑坡易损性是由崩滑灾害强度与承灾体的脆弱性共同决定的。滑坡易损性可采用以下公式进行定量计算:

$$V = f(I,R) = \begin{cases} 2\dfrac{I^2}{R^2} & \dfrac{I}{R} \leqslant 0.5 \\ 1.0 - 2\left(1 - \dfrac{I}{R}\right)^2 & 0.5 < \dfrac{I}{R} \leqslant 1.0 \\ 1.0 & \dfrac{I}{R} > 1.0 \end{cases} \tag{2-47}$$

式中,V 为承灾体的易损性;I 为灾害强度;R 为承灾体的抗灾能力。这 3 个参数的取值范围均为 0~1(Zhihong Li et al., 2010),均为无量纲系数。

易损性与灾害强度和抗灾能力呈非线性关系,当 I/R 小于或等于 0.5 时,即灾害强度小于抗灾能力时,易损性随着 I/R 值的增大而缓慢变大。当 I/R 为 0.5~1.0 时,即灾害强度越来越接近抗灾能力时,易损性随着 I/R 值的增大而急剧变大。当 I/R 大于 1.0 时,即灾害强度大于抗灾能力时,则易损性为 1,即承灾体完全损失(Zhihong Li et al., 2010)。

根据以上公式,将灾害强度和承灾体抗灾能力等级量化值代入计算,得到具体易损性量值。以下对灾害强度和承灾体的抗灾能力进行分析。

2. 灾害强度分析

滑坡的灾害强度由滑坡的类型(土质滑坡、岩质滑坡等)、滑坡规模(体积、面积、厚度等)、滑坡运动特征(滑移速度、滑移距离等)等指标决定。目前,国内外对区域尺度滑坡灾害强度的定量化评判处于发展阶段,还没有明确的分级标准。本书中区域尺度的滑坡强度定量化研究采用以下经验公式进行计算:

$$I = \frac{1}{n}\sum_{i=1}^{n} a_i \tag{2-48}$$

式中,I 表示滑坡灾害强度;a_i 表示滑坡强度的各项指标,如滑坡体积、滑移距离、滑移速度等;n 表示指标个数,其中各项指标 a_i 均在 0~1 之间取值(表 2-18)。

表 2-18 滑坡灾害强度评价指标体系

评价指标	指标分级	指标值	评价指标	指标分级	指标值
滑动距离/m	(0,100]	0.1	地形坡度/(°)	(0,15]	0.1
	(100,120]	0.3		(15,30]	0.3
	(120,150]	0.5		(30,45]	0.7
	(150,200]	0.7		(45,90]	0.9
	(200,∞]	0.9	滑动面深度/m	(0,8]	0.2
滑坡类型	土质	0.5		(8,12]	0.4
	岩质	0.6		(12,16]	0.6
滑体厚度/m	(0,6]	0.1	滑坡体积/m³	(0,10^5]	0.1
	(6,20]	0.3		(10^5,10^6]	0.3
	(20,50]	0.6		(10^6,10^7]	0.7
	>50	0.9		>10^7	0.9

综合上述灾害强度评价指标及其对应量化值,得到滑坡灾害强度赋值。

3. 承灾体抗灾能力分析

承灾体抗灾能力,是指承灾体抵抗滑坡等地质灾害的能力强弱,它反映了承灾体在一定灾害强度条件下保持自身完整性的能力。

本书承灾体抗灾能力计算采用如下公式计算:

$$R = (\prod_{i=1}^{n} \beta_i)^{\frac{1}{n}} \qquad (2\text{-}49)$$

式中,R 表示承灾体的抗灾能力,是 0~1 之间的一个值;β_i 表示承灾体第 i 种指标的量化值,也是 0~1 之间的无量纲常数,值越大表示抗灾能力越强。

1) 建筑物

对于建筑物,最常见的分类方法是按建筑物主要承重构建(基础、墙体、柱、梁、楼板、屋架等)所用的材料分类(杜娟,2012)。建筑物脆弱性由自身的结构类型、新旧程度、楼层数等因素决定。根据野外房屋实际调查的情况,分析研究选取合适指标为建筑物脆弱性的评价指标,并根据经验量化指标值,其值在 0~1 之间,值越接近 1 表示建筑物的抗灾能力越强,将各个评价指标带入抗灾能力计算公式中得到建筑物的抗灾能力。

2) 人口

人口是一个动态的承灾体,其脆弱性分析较为复杂,涉及因素包括年龄结构、人口密度、空间位置、对灾害意识程度、知识水平等。当人具有地质灾害的基础认知能力时,受灾人口观察到滑坡发生的前兆信息或在滑坡刚刚启动变形的初期阶段,能够及时确认危险性的存在,而考虑如何逃离;其次是及时逃离灾害威胁范围的可能性,与人的身体素质和逃离路线的正确性相关。老人、儿童或残障人员逃离的难度较大,完善的灾害应急系统及沿正确的撤离路线的安全逃离对降低人口易损性是非常重要的。依据实际现场的调查结果,选取合适指标量,建立计算模型,得到人口的抗灾能力值。

3) 道路

道路分为不同的等级,等级越高其建造时质量等级就越高,在遇到地质灾害发生时,其抗灾能力相应越强;在同等地质灾害强度下,道路等级越高受到的破坏就相对越小。根据地质灾害发生的规模强度,共同决定道路的抗灾能力大小。

二、崩塌易损性

崩塌易损性与崩塌灾害强度和承灾体类型有关。崩塌产生的落石运动范围、弹跳高度、冲击力、冲击速度、冲击能量等不同,对承灾体的破坏结果也不同。影响崩塌易损性计算的因素众多,结果也会因评价方法、评价指标的不同产生较大的差异。

赵绪涛(2007)认为易损性评价的基本目标是获取各方面易损性要素参数,从易损性的构成来看,评价的主要内容包括:划分承灾体类型;调查统计各类承灾体数量及分布情况;核算承灾体价值;分析承灾体在遭受不同种类、不同强度危害时的破坏程度及其价值损失率。

许强等(2009)对四川省丹巴县危岩崩塌体风险评价中崩塌影响范围内的承灾体类型、数量进行现场实际调查和室内统计分析,采用分类统计方法按照以下评估模型对崩塌灾害易损性进行评价。

$$V(u) = \sum_{i=1}^{n} W_i \times F(s)_i \qquad (2-50)$$

式中,$V(u)$ 为崩塌灾害承灾体的总易损性;W_i 为第 i 类易损体的平均单价;$F(s)_i$ 为第 i 类易损体的实际面积;i 为承灾体的类型。

高买燕(2012)将承灾体分为人口承灾体、物质承灾体、社会环境承灾体,并研究崩塌灾害强度与承灾体之间的函数关系,建立了函数模型进行崩塌灾害承灾体的易损性分析:

$$V = \begin{cases} 1 - \dfrac{Q}{I} & Q \leqslant I \\ 0 & Q > I \end{cases} \qquad (2-51)$$

式中，V 为易损性；I 为崩塌灾害强度；Q 为承灾体抗灾性能。

高永才（2014）在对云台山景区危岩体灾害的易损性评价中根据历史危岩体的灾害资料，分析承灾体在不同程度危岩体影响下的损失情况，建立危岩体灾害与承灾体易损性的经验相关关系；并通过全面调查，分析统计所有承灾体类型、数量以及分布特征，计算所有承灾体在危岩体灾害情况下可能损失的价值。以此为基础进行定性分析分级，并根据分级结果定量计算，赋予无量纲值。

崔晓光（2015）在对汶马高速公路崩塌易损性评价中认为崩塌落石与承灾体的关系与落石的运动范围、弹跳高度、冲击能、冲击力等密不可分。由于弹跳点坡度、下垫面性质和落石碎裂等因素难以确定，滑动、转动、滚动等运动方式并存，导致了运动范围、弹跳高度、速度、冲击能、冲击力的计算公式较多，但尚不成熟，结果差异较大。同时，落石运动轨迹好似一个混沌系统，每一个弹跳点特征的变化将造成后续运动轨迹的巨大变化，进行精确的计算几乎是很难达成的，所以，简化条件进行近似计算仍然适合。

三、泥石流易损性

泥石流对于承灾体的影响不同于滑坡，两者灾害强度表达形式不同，滑坡灾害强度与滑坡类型、滑体厚度、滑体体积、滑动距离、地形坡度等有关，而泥石流灾害强度与泥石流的类型、流速、流深有关，对于承灾体的破坏方式也不同。

一些研究学者通过灾害历史数据反演建立了特定建筑物易损性与泥石流流深、流速的经验公式和曲线，提出了泥石流冲击力数值计算方法，并初步开展了砌体建筑物的冲击破坏试验（曾超等，2012）。

1997 年奥地利阿尔卑斯山区因暴雨诱发泥石流堆积扇，约 2 万 m^3 冲出物严重淤积了泥石流堆积扇范围内的 16 间房屋。Fuchs 等（2007）通过分析此次泥石流灾害的调查资料，选取流深作为强度指标，以建筑物损失与重建所花费的比值作为易损性，建立了该地区典型砖混结构建筑物的易损性曲线，并进一步确定了不同流深的影响范围。

曾超（2012）指出以流速、流深和建筑物经济损失数据为基础的统计学方法虽然易展开且较实用，但是由于泥石流灾害中影响建筑物易损性的因素众多，使用该方法时需要对易损性指标选取的合理性以及不同泥石流性质和建筑物类型的适用性做进一步分析验证，而且统计方法往往忽略了泥石流和建筑物相互作用的力学机制。

研究区范围内，受过泥石流灾害影响的建筑物保存较少，很难通过统计方法得到研究区建筑物易损性的函数。本书研究区受地区条件限制，不适用于使用统计方法，所采用评价方法如下。

1. 建筑物易损性评价

泥石流危险性评价中流深是重要的评价依据。根据流深所建立的建筑物物理易损性函数,不仅体现建筑物受泥石流淤埋冲毁的易损程度,也间接反映对建筑物内的财产和居民的威胁,借鉴 Quan Luna(2013)的建筑物物理易损性-流深公式作为研究区建筑物物理易损性评判标准:

$$v = \frac{1.49 \times |h/2.513|^{|-1.938|}}{1 + |h/2.513|^{|-1.938|}} \quad h \leqslant 3.63 \text{ m} \tag{2-52}$$

$$v = 1 \quad h > 3.63 \text{ m} \tag{2-53}$$

泥石流影响范围内,流深高于 3.63m 时,建筑物易损性为 1;流深低于 3.63m 时,代入公式(2-52)中,得到 0~1 之间的建筑物在泥石流相应位置处的易损性值,建筑物易损性曲线如图 2-25 所示。

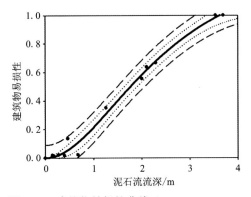

图 2-25 建筑物易损性曲线(据 Quan Luna,2013)

2. 人口易损性评价

研究区内人口密度低,数据有限,人口易损性所涉及的年龄结构、人口密度、空间位置、对灾害意识程度等因素无法详细考虑,故采用经验法依建筑物易损性推算确定,以建筑物的空间位置表示其人口存在的位置,以建筑物面积大小和楼层数估算建筑物内居住的人口。根据建筑物类型和建筑物物理易损性,赋予一定的人口易损性值。表 2-19 为泥石流人口易损性计算赋值表。

表 2-19　定日县协格尔镇泥石流人口易损性值

建筑类型	建筑物易损性				
	0～0.1	0.1～0.25	0.25～0.5	0.5～0.75	0.75～1
钢混	0	0.2	0.4	0.5	1
砖混	0	0.3	0.6	0.7	1
砖木	0	0.3	0.7	0.9	1
土木	0.2	0.5	0.7	1	1
板房	0.3	0.5	0.7	1	1

第六节　地质灾害风险评价与管理

本书对于地质灾害风险评价采用的表达形式为：

建筑物风险(R)＝危险性(H)×建筑物易损性(V)×建筑物价值(E)

人口风险(R)＝危险性(H)×人口易损性(V)×人口数(E)

以危险性和易损性为基础，结合承灾体的经济价值，计算地质灾害风险。其中泥石流危险性评价中危险性概念与风险计算公式中危险性(H)概念有些许差别。泥石流危险性评价中的危险性着重于泥石流灾害发生后的泥石流强度分布(I)，在泥石流风险计算中的危险性(H)指泥石流灾害发生的概率(P)，这里P指极端降雨工况出现的概率，等于1/重现期。

根据评价结果过进行风险等级划分，便于对地质灾害风险高的地方进行针对性管理。本书中风险等级划分为：极高风险区、高风险区、中风险区、低风险区、极低风险区5个等级。

目前，针对地质灾害风险管理流程的内容，不同学者及组织提出了不同的理论框架。2000年和2007年澳大利亚地质力学学会提出了风险管理的框架，把地质灾害风险管理的流程分为风险分析、风险评价和风险控制3个部分。2005年国际学术会议Landslide Risk Management指出地质灾害风险管理是风险分析、风险评估和风险管理3个互为关联和部分重叠的过程，并将风险管理的流程划分为危险特征、危险性分析、风险分析、风险评价、风险减缓和控制5个部分。徐继雄(2017)认为风险管理是指从风险评估到风险控制的完整过程，通过相关政策、程序以及经验的系统运用来对地质灾害风险进行识别、分析、评价、减缓和监测。王芳(2017)提出地质灾害风险管理是一个连续而动态的过程，包括风险管理目标建立、风险分析、风险评估、风险处理。尚志海(2012)探讨了基于可接受风险的风险管理研究，分析了可接受风险与风险管理的关系，提出要用可接受风险标准连接风险评估与风险管理，认为接受风险、减轻风险、风险规避、风险转移是风险管理的基本方法(图2-26、图2-27)。

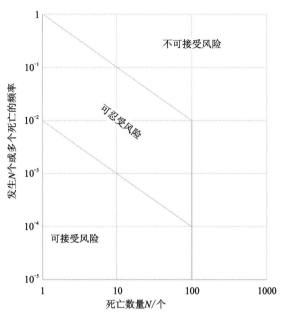

图 2-26　泥石流灾害社会生命风险准则(据尚志海,2012)

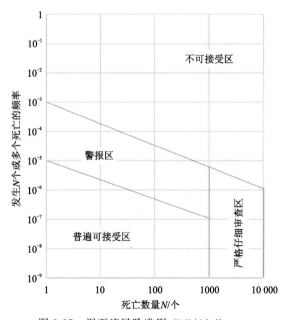

图 2-27　泥石流风险准则(据吴树仁等,2012)

本书中,将地质灾害风险管理流程分为日常管理、应急处理和灾后重建(图 2-28)。

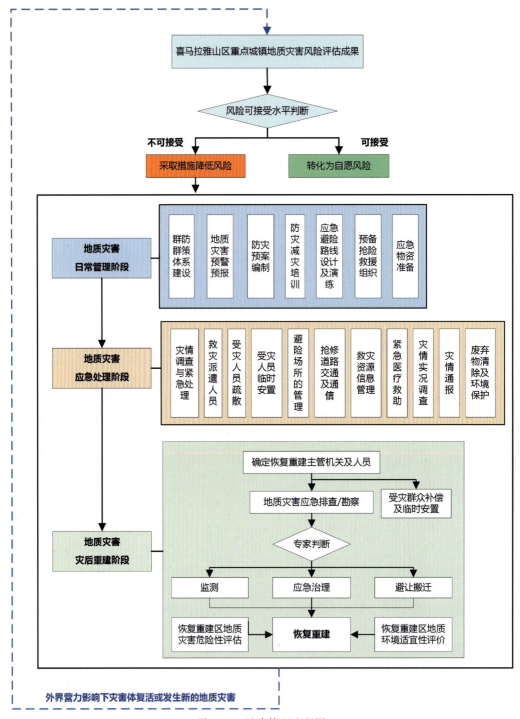

图 2-28 风险管理流程图

风险管理的内容是根据室内与野外相结合对评价区进行调查,通过风险分析与计算,掌握研究区内各类地质灾害引起的风险大小和性质,判断风险可接受水平,并结合风险的大小和性质,确定采取不同的风险控制措施,最大限度调控和降低风险。

依据对研究区内现有风险水平进行分析判断,在地质灾害发生的不同时期,风险管理方法也不尽相同,根据地质灾害不同阶段,风险管理方法可分为地质灾害日常管理阶段、地质灾害应急处理阶段、地质灾害灾后重建阶段。3个阶段环环相扣,关系密切,严格按照3个阶段的风险管理方法实施每个阶段每个环节的风险管理控制技术措施,有效发挥地质灾害管理的功效,调控和降低风险,最终达到保障人民群众生命财产安全的目标。

一、日常管理阶段

"凡遇事则立,不预则废",只要有风险的地方,就应做到防患于未然,这是地质灾害风险管理的原则。此阶段重点在于根据现有地质灾害的风险评价结果,对地质灾害的潜在影响范围和高风险区,制订降低地质灾害风险的计划与建立预警预报系统。此阶段的风险管理方法有以下内容。

1. 群测群防体系建设与地质灾害预警预报

地质灾害群测群防体系是具有中国特色的地质灾害防治体系,是当前社会经济发展阶段,山区人民群众为应对地质灾害,在政府领导下进行风险管理的有效手段(王芳,2017)。群测群防体系由有关职能部门的专业队伍指导,由县(市)、乡(镇)以及村(组)三级监测网组成,由专业队伍确定存在影响的地质灾害隐患点,制定监测方案,三级监测网组织实施(表2-20)。

表 2-20 群测群防三级监测网(据陈伟,2010)

序号	名称	组织结构层次	主要工作内容
1	县(市)级监测网	群测群防一级网	负责县(市)域内重大地质灾害隐患点的监测预警,监测预警系统的建设与管理等
2	乡(镇)级监测网	群测群防二级网	负责乡(镇)区域内较大地质灾害隐患点的监测预警等
3	村(组)级监测网	群测群防三级网	负责村(组)(或临时安置区)地域内的地质灾害隐患点的监测预警等

县(市)一级要负责好群策群防具体建设工作,具体地质灾害隐患点监测、负责要落实到人。定期进行巡查,不断进行隐患点的动态更新,增进或减少隐患点,上报上级部门,由专业队伍定期评估,以便及时采取措施和进行下一步工作的部署。

通过风险评估与风险分析,建立重点区域的地质灾害隐患点监测网络及预警预报系统,成立专门灾害险情通报系统网络,并根据监测网络实际监测情况定期研讨,结合专业监测数据与预警阈值,预测地质灾害可能发生的概率和空间位置,及时发出预警,在地质灾害来临前及时疏散,减少人民群众生命财产损失。

2. 防灾预案编制

防灾预案对于一个地区在一定时间段内地质灾害的防治工作具有指导意义,是更好推进地区地质灾害防治工作顺利进行,保障人民群众财产安全、地区经济建设、稳定发展的重要措施。

地质灾害防灾预案编制可以根据灾害类型以及行政主管部门的不同,分为两类:按地质灾害点编制、按行政区编制(陈伟,2010)。依据地区地质灾害的特点,有针对性地制订符合研究区的防灾预案,确保研究区内地质灾害防灾工作长期有效开展。

3. 防灾减灾培训

防灾减灾培训是风险管理控制体系日常管理阶段中一个重要的环节。通过减灾防灾教育与宣传的实行,在群众中建立正确的防灾减灾观念,进一步提升防灾的意识,教导群众如何认识灾害、判断灾害,并建立正确的风险观念,借此提高居民的危机意识,并训练居民自救与救人,提升应急应变能力(陈伟,2010)。着重于推广防灾救灾教育、制订防灾救灾训练计划、成立紧急应变组织、进行危机管理等。

减灾防灾教育与宣传实行可以划分为教育及宣传内容规划阶段、教育宣传及训练阶段,以及评估与总结阶段(图 2-29)。

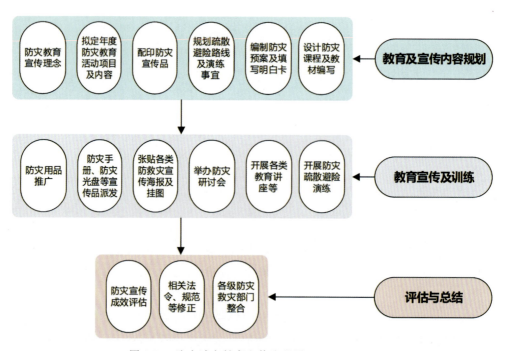

图 2-29　防灾减灾教育宣传流程图(据陈伟,2010)

4. 应急避险路线设计及演练

在地质灾害发生之时或发生之前,通过及时疏散避险,来确保人民生命及财产安全,以及防止地质灾害危害的扩大,是地质灾害防灾减灾非常有效的办法及手段之一。主要包括以下几方面的主要内容(陈伟,2010)。

1)综合防灾训练

针对通讯、动员、灾害应急响应中心的开设、消防、灾害警备、交通管理控制、避险、救助、紧急修复等各式各样的形态进行综合防灾训练,以作为未来遭遇地质灾害时紧急应急响应的基础。

2)紧急召集训练

为能在假日、夜间等非办公时间遭遇地质灾害时,迅速动员灾害防救组织(包括成员及配备),必须定期地实施包括灾情收集、通报、联系、紧急召集等训练。

3)紧急通讯训练

在地质灾害发生时,通信可能会被中断,为了顺利地完成常规通讯失效时的替代方案的运作,在平时须针对这些替代的通讯方法及实际的操作与测试,进行紧急通讯的训练。

4)避险训练的实施

为了在遭遇地质灾害时,居民能迅速且正确地开展自救行动,要进行受灾群众的救出救护、避险等正确的灾害防救行动,重点是进行避险疏散的训练。同时必须考虑弱势群体的困难及自身条件的限制,安排提供协助照顾的志愿者或邻居就近协助(图2-30)。

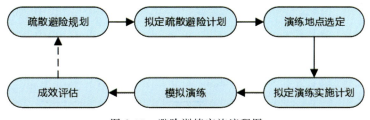

图2-30 避险训练实施流程图

5. 预备抢险救援组织与应急物资准备

地质灾害多发区域多属于交通不便区域,进出道路数量有限,一旦地质灾害发生,交通容易造成阻断,给应急抢险救援工作和应急救援物资运输造成很大困难。所以,需要培训人民群众进行抢险自救。政府部门应组织协调居民群众,建立基层应急抢险队伍,由专业救援队伍进行系统培训、定期演练,保障在地质灾害发生的第一时间能够自行进行抢险救援,最大限度降低地质灾害带来的生命财产损失,并在专业救援队伍到来之后,协同合作,共同完成抢险救援工作。

在地质灾害易发、交通不便的重点区,设立应急救援物资储备库,能够提供专业救援队伍到来前的基本生存保障(表 2-21)。

表 2-21　地质灾害救灾物质配备(据陈伟,2010)

分项	内容
民生用品	米、面、饮用水
	方便面、饼干、食用油、盐、酱油、棉被、毛毯等
基本配备	救生衣、救生圈、广播器、扩音器、灭火器、探照灯、手电筒、救生用绳索、手持切割机、铁铲等
	紧急医疗药品、担架和氧气器具等
	发电机、照明设备、睡袋、净水器等
	警戒牌、警戒灯、警戒绳等
地区资源配备	挖土机、推土机、吊车、电钻、千斤顶、大型塑胶布

二、应急处理阶段

地质灾害应急处理的具体工作内容(图 2-31)有(陈伟,2010):

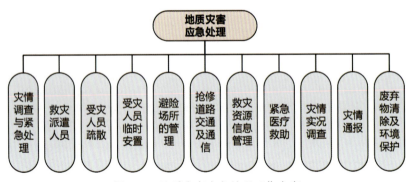

图 2-31　地质灾害应急处理工作内容

(1)灾情调查与紧急处理:灾害发生后,政府应立即组织专业人员前往受灾区域进行后续调查,并报回市级应急响应中心等。

(2)救灾派遣人员:依据灾情通报系统及主动灾情调查系统的信息,派遣医护人员、搜救人员、救灾或工程人员进行紧急灾情抢救等。

(3)受灾人员疏散:乡镇及村级干部立即组织受灾群众疏散,设置清晰的避险位置以及避险路线的方向标志灯。

(4)受灾人员临时安置:及时有效地将人员疏散到预定的避险场所,并依据灾情将灾民安置至适当的避险场所。

(5)避险场所的管理:防灾工作人员以及避险收容的民众,应共同协作并遵照避险场所内的各项管理事项,协调各小组间及组内的工作分配。

(6)抢修道路交通及通信:迅速组织抢修道路交通、水利水电、邮政通讯等设施,努力把灾害损失降到最低程度,尽快地恢复与外界的联系。

(7)救灾资源信息管理:为救灾人员提供抢险时有效的救灾资源信息,确保信息通畅。

(8)紧急医疗救助:在灾害后提供紧急医疗救助体系的信息管理。

(9)灾情实况调查:安排专业人员或队伍到灾害现场进行灾情现场调查。

(10)灾情通报:通过地方防救灾人员及民众通报的实时灾情数据进行分析统计,将最新的灾情信息传输至防灾中心。

(11)废弃物清除与环境保护:派遣人员进行废弃物清除与环境环保工作,使灾区废弃物及环境消毒清理工作及时有效地开展。

三、灾后重建阶段

恢复重建阶段是地质灾害风险管理与控制体系中一个相当重要的环节。该阶段的主要任务是在地质灾害发生过后,通过合理有效的重建与修复工作,恢复灾区的平常状态,并为受灾群众提供适合的支持系统与策略,避免二次受灾。故灾后恢复重建的工作内容,应包括灾区灾情勘查与紧急处理、灾民慰助及补助措施、灾民生活安置、灾后环境复原、基础与公共设施复建、受灾民众生活复建等(图2-32)(陈伟,2010)。

在地质灾害恢复重建阶段中,救援工作已经完成,虽然地质灾害已经得到初步控制,但其初期仍处于不稳定状态,往往因为外界因素(降雨、地震)的影响,再次产生滑坡、崩塌或泥石流,所以应该在地质灾害发生后尽快进行二次灾害的防治工作(陈伟,2010)。

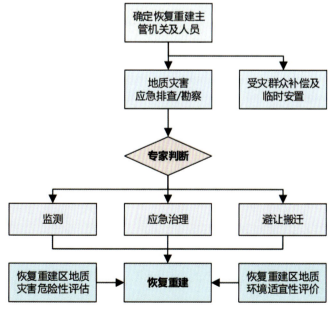

图2-32 地质灾害灾后重建工作流程图

第三章　喜马拉雅山区地质环境背景及地质灾害特征

第一节　喜马拉雅山区地质环境背景

喜马拉雅山脉（以下本节简称"山脉"）为东亚大陆与南亚次大陆的天然界山，位于中国西藏自治区南部。山脉北面为青藏高原，南面为印度、尼泊尔、不丹、巴基斯坦等国。本书中喜马拉雅山区指喜马拉雅山脉以及周边一定范围内的高原地区，包括喜马拉雅山南坡、喜马拉雅山北坡的深切峡谷区，以及与北坡相邻的宽缓峡谷区。

一、地形地貌

喜马拉雅山区（以下简称"山区"）西起克什米尔地区的南迦-帕尔巴特峰，东至雅鲁藏布江的南迦巴瓦峰，全长约2400km，宽200~350km。山区整体地势具有中、西部较高，东部较低的特点。山区内海拔超过8000m的山峰共11座，其中7座位于山区中部地区，4座位于山区西部地区。山区中部地形起伏相对较小，西、东部地形起伏相对较大。由地理空间数据云下载的SRTM数据（全称Shuttle Radar Topography Mission，90m精度）DEM生成图3-1、图3-2。由图3-1可知，山区南坡海拔较低，最低处在恒河平原附近，海拔不超过500m，山区从南往北至山脊线区域内海拔迅速上升至超过5000m；山区北坡及周边地区海拔较高，普遍高于4000m，属于典型的高原地区。由图3-2可知，山区坡度普遍较大，许多地区平均坡度大于30°，由于DEM精度较低，故实际坡度常大于图3-2显示坡度，且实际坡度越大则误差通常越大。

山区内许多地区属于典型的高原峡谷地貌，具有明显的海拔高、坡度大、切割深等特点。其中山区南坡切割深度、坡度普遍大于北坡，山脊线以北总体上具有从深切峡谷至宽缓峡谷的变化趋势，切割深度、坡度逐渐减小。深切峡谷区平均海拔超过3000m，多形成高差1000~3000m的大峡谷，河谷具有横剖面狭长的特征（图3-3）；宽缓峡谷区平均海拔超过4000m，地形起伏较小，相对高差多在200~500m范围内，河谷具有横剖面宽阔的特征（图3-4）。

二、气象水文

喜马拉雅山区南坡地区，从南至北地势快速上升，气温下降较快，出现从热带或亚热带气候到温带、寒温带、寒带气候的垂直变化现象，植被变化依次为常绿阔叶林带、针叶林带、灌木带、高山草甸带、高山荒漠带、高山永久积雪带。北坡地区，地势较高，地形切割相对较小，以寒温带、寒带气候为主，植被多为灌木带、高山草甸带、高山荒漠带、高山永久积雪带。

第三章 喜马拉雅山区地质环境背景及地质灾害特征

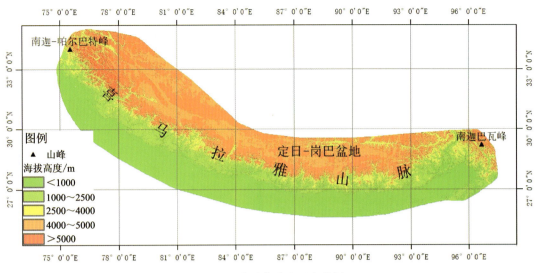

图 3-1 喜马拉雅山区高程图

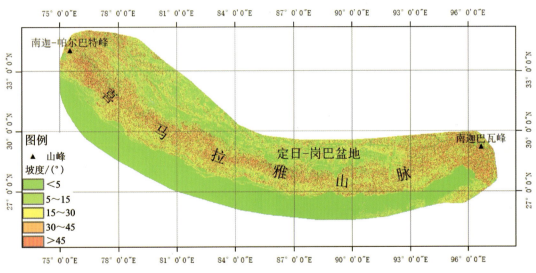

图 3-2 喜马拉雅山区坡度图

图 3-3 深切峡谷区地貌(吉隆县)

图 3-4　宽缓峡谷区地貌(定日县)

喜马拉雅山区南北坡地形分布迥异,南坡陡峭而北坡相对平缓。受地形和大气环流的影响,南坡雨量充沛、除高海拔区域外植被茂盛;北坡雨量较少、植被稀疏。随着海拔的增加,山区的温度和降水也不断变化,导致自然景观随海拔的增加出现明显变化。受恶劣气候和环境的影响,山区内气象站观测精度较低、持续时间较短,卫星资料可弥补地面观测资料不足的情况。许多学者采用 1997 年发射的热带降雨观测卫星(Tropical Rainfall Measuring Mission, TRMM)对喜马拉雅山区的降水进行研究,需要强调的是,TRMM 卫星只能观测到降雨,无法反映以冬季降雪为主的山区西部的降水情况。

喜马拉雅山区降水分布极其复杂,与不同尺度的热力作用和地形导致的风场密切相关。高海拔地形地貌和地表加热导致的复杂风场使得该地区的地气间物质能量交换强度高。喜马拉雅山脉南坡的春季地表感热加强了爬升气流,促使南亚夏季风爆发,为喜马拉雅山区和青藏高原带来大量降水。同时,受地形影响,该地区还形成了包括山谷风和冰川风在内的独特的局部地区环流系统,致使降水随海拔和地形而强烈改变。降水是高原冰川物质平衡的补给源,随着气候变暖,喜马拉雅山区降水明显减少。从 20 世纪 80 年代到 21 世纪初,喜马拉雅山区中部和东部冰川面积不断减少,20 世纪 90 年代冰川退化速率明显大于 80 年代,与季风、降水减少密切相关。

在喜马拉雅山区的北坡,降水量较少,大致为 500mm;在南坡,降水量明显增加,但空间分布差异较大。从东往西,降水逐步减少,最大降水存在于喜马拉雅山区东段和藏东南地区。在地表气温小于 0℃时,降水全部表现为固态降水;在地表气温大于 0℃时,随温度升高固态降水比例逐渐减少。在部分地区,背风坡冬半年(11 月—次年 4 月)受西风气流影响产生的降水占了该地区全年降水量的 60%;而在迎风坡,夏半年(5—10 月)受印度夏季风影响产生的降水占主要地位,约为全年降水总量的 80%。大部分地区强降水天数均占该季总降水天数的 10%~20%,强降水产生的降水量均占了该季节降水总量的 40% 左右。

总体而言,喜马拉雅山区南坡在 600m 左右和 2000m 左右海拔存在两个降水量峰值;2500m 以下,降水大致随海拔升高而增加;超过 2500m,降水随海拔升高而减少;极高海拔地区的降水变化尚不明确。无论是地面观测还是卫星资料都显示喜马拉雅山区南坡低海拔地区以夜间降水为主。另一方面,高原主体的降水峰值发生在傍晚,与南坡的降水日变化截然不同(欧阳琳等,2017)。

喜马拉雅山区由 19 条主要河流排水,其中以印度河与布拉马普特拉河为最大,在其他河流中,有 5 条属于印度河水系,9 条属于恒河水系,3 条属于布拉马普特拉河水系。

三、地质概况

自 20 世纪 60 年代开始出现的板块构造学说,多数学者认为喜马拉雅山脉是由印度板块向北漂移同欧亚板块发生碰撞和俯冲作用而形成的。在山脉升起以前,欧亚大陆和位于南半球的印度次大陆之间是一片广阔的海洋,成为特提斯海(古地中海的一部分)。随着印度板块不断向北漂移,海洋的面积逐渐减小。大致在中生代时期,印度板块的海洋型地壳沿着当时的深海沟(雅鲁藏布江南侧藏南分水岭一带)俯冲到欧亚板块之下。其结果是北面的冈底斯—拉萨—波密一线燕山晚期褶皱带的形成和隆起,以及大规模花岗岩侵入,地壳深处的基性、超基性岩浆被挤出地表,整个藏南地区地壳逐渐抬升,至始新世晚期(4000 万年前),海水便最后从喜马拉雅山区退出去了。印度板块继续不断地向北移动,终于使它和欧亚板块发生直接碰撞。这个运动在中新世中期(1000 多万年前)达到高潮,两大板块的碰撞和俯冲不仅在雅鲁藏布江地缝合线一带造成地壳的缩短、挤失、混杂和蛇绿岩套,而且由于喜马拉雅山区存在脆弱面,造成了喜马拉雅山区的强烈褶皱和断裂,如著名的主中央断层和北坡沉积岩系与变质岩系之间的逆掩断层组都在这时形成,强烈的构造运动还造成了地壳深部岩石的部分熔融,产生了大规模花岗岩浆活动和混合化作用。这个复杂的深部热力-物理化学过程,加上地壳因压缩增厚使得山脉越升越高,这就是地质历史上的喜马拉雅造山运动。根据杨理华、刘东生的研究,第三纪末,珠穆朗玛峰北坡一些地区只有海拔 2000m 左右。因欧亚板块的强烈阻挡,印度板块的俯冲作用越来越弱,印度板块向北漂移的强大力量只得借助于喜马拉雅山区基底断块的逆冲运动才得以消耗,其结果是导致了第三纪晚期以来喜马拉雅山脉的快速上升(郑锡澜等,1979)。

新生代的喜马拉雅造山作用发生在印度板块北缘和亚洲板块南缘。在我国境内,喜马拉雅造山带出露的主要构造单元,从北至南依次为:特提斯喜马拉雅岩系(Tethyan Himalayan Sequence,THS)、大喜马拉雅结晶杂岩(Greater Himalayan Crystalline Complex,GHC)和小喜马拉雅岩系(Lesser Himalayan Sequence,LHS)。3 个构造单元之间依次以藏南拆离断裂(South Tibet Detachment,STD)和主中央逆冲断裂(Main Central Trust,MCT)为界。

特提斯喜马拉雅岩系(THS)主要由元古宙—始新世的硅质碎屑岩和碳酸盐沉积岩组成,并夹杂古生代和中生代的火山岩。在尼泊尔北部和西藏中南部地区,部分 THS 底部岩石发生了低级变质作用。大喜马拉雅结晶杂岩(GHC)通常由中、高级变质岩组成,原岩主要为新元古代—奥陶纪的沉积岩和寒武纪的花岗岩,其普遍经历了巴罗型区域变质作用。同时,在 GHC 顶部,经常广泛存在早中新世—中中新世变形和未变形的淡色花岗岩。小喜马拉雅岩系(LHS)主要由原岩为元古宙的浅变质沉积岩、变质火山岩和眼球状片麻岩组成(董昕等,2017)。

藏南拆离断裂（STD）是世界上规模最大的正断层体系,沿喜马拉雅北坡绵延展布2000km以上,该断层系将低级变质的THS（板岩及千枚岩等）直接叠置于高级变质的GHC之上,从而形成了喜马拉雅造山带重要的地质界线之一。STD的运动性质为上盘相对于下盘向北的下滑运动。已有的年代学研究证实其与主中央逆冲断裂（MCT）的活动时代一致（张进江,2007）。

喜马拉雅山脉北坡相邻的定日-岗巴盆地,是著名的特提斯-喜马拉雅构造带的重要组成部分。盆地北界为定日-扎洛断裂,东与雅鲁藏布江缝合带毗邻,西至我国与尼泊尔边境一带。盆地东西长大于400km,南北宽仅30～50km,面积约1.5万km²,是西藏特提斯海最后关闭的残留海盆地,也是中国大陆上最年轻的海相盆地（罗小平,1996;王剑,2004;张义,2008）。

在盆地沉积演化上,定日-岗巴盆地历经4个阶段:盆地结晶基地形成—古大陆边缘海盆地演化—特提斯演化3个阶段后,在始新世末,结束盆地海侵,进入陆内造山阶段。印度与亚欧板块发生全面陆-陆碰撞造山,盆地在区域南北向强烈挤压-碰撞作用下,盆地南北宽度大规模缩短,在强烈的构造变形和隆升作用下,形成褶皱-冲断构造。并随着地壳增厚,发生拆沉,形成拆离构造,定结隆起带随之隆起,晚期在拆沉作用下盆地进一步整体隆升,形成盆地走滑断层和正断层,与早期褶皱-冲断构造叠加,最终造就盆地现今构造面貌（张义,2008）。

山区各构造单元平面分布见图3-5、图3-6,剖面示意图见图3-7。深切峡谷区横跨THS、GHC、LHS、STD、MCT地质单元,宽缓峡谷区位于定日-岗巴盆地内。

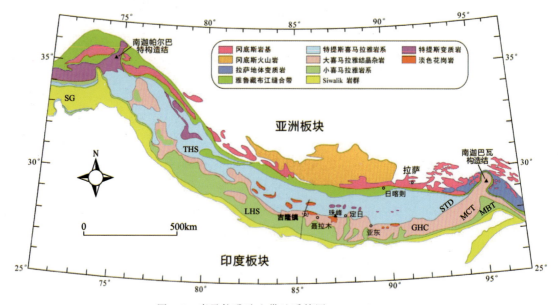

图3-5 喜马拉雅造山带地质简图（据董昕等,2017）
THS.特提斯喜马拉雅岩系;GHC.大喜马拉雅结晶杂岩;LHS.小喜马拉雅岩系;SG.Siwalik群;
STD.藏南拆离断裂;MCT.主中央逆冲断裂;MBT.主边界断裂

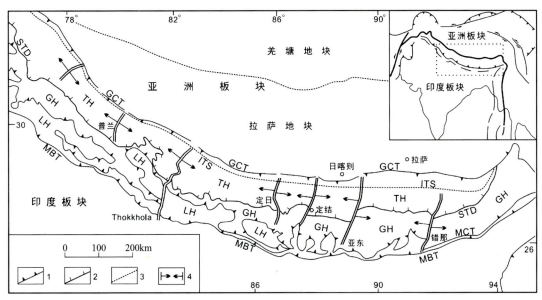

图 3-6　喜马拉雅造山带南北向断裂示意图(据刘才泽等,2017)
1.冲断层;2.拆离断层;3.缝合带;4.收缩方向及南北向裂谷边界

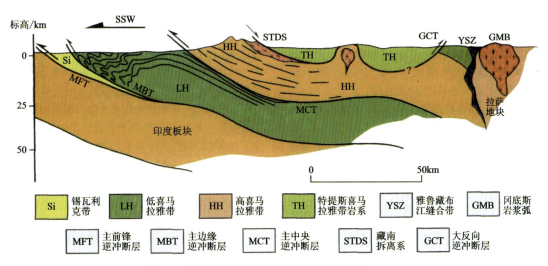

图 3-7　喜马拉雅造山带剖面示意图(据张进江,2007)

喜马拉雅山区具有高寒山区所特有的地质环境背景,区内岩体风化作用以物理风化为主,具体分为冰劈作用和温差风化两种,如图3-8所示。

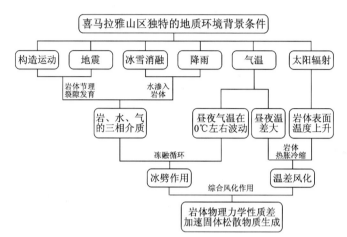

图 3-8　喜马拉雅山区风化作用对地质灾害发育影响示意图

冰劈作用又称为"寒冻风化",是喜马拉雅山区岩体主要的风化形式之一。区内受构造作用、地震等诸多因素影响,岩体表面发育有深浅不同、长短不一的节理或裂隙。区内高峰林立,部分山顶常年积雪覆盖,每年秋、冬季节,大部分地区平均气温在 0℃ 以下,冰雪积累;次年春、夏季,气温回暖,平均气温在 0℃ 以上,冰雪开始融化,冰雪融水和大气降雨沿斜坡和沟谷流动,水渗入岩体裂隙中。每年部分季节以及靠近雪线的寒冻区域,出现气温在 0℃ 左右波动的情况,气温在 0℃ 以下时,岩土体节理或裂隙中的水冻结成冰,体积膨胀而对其两壁产生很大的压力,加深加宽节理或裂隙;气温上升,水沿扩大的裂隙更深地渗入岩石内部(黄定华等,2004)。岩体的节理和裂隙在这样的循环作用下,逐渐崩解为岩屑,加速了区内松散堆积物的形成。

温差风化是喜马拉雅山区另一种风化形式,区内白天太阳辐射强烈,气温上升快,夜晚温度迅速降低,昼夜温差大。岩体具有热膨胀性,在温度高时体积膨胀、温度低时体积收缩。同时,岩体热传导性较差,一般为热的不良导体,在强烈的太阳辐射下,岩体表面温度甚至可以高出气温 10~15℃(黄勇,2012)。在昼夜温差和太阳辐射的综合作用下,白天,岩体温度上升,核部温度缓慢上升;夜晚,岩体表面温度骤降,核部依然处于高温膨胀状态,在长期的冷热循环作用下,岩体表面产生大致平行和垂直表面的裂隙,岩体出现由表及里的层状剥蚀现象(黄定华,2004)。

喜马拉雅山区高峰林立,峰顶常年积雪覆盖、冰川发育,冰雪消融水和大气降雨是区内主要水源;巨大的昼夜温差,强烈的太阳辐射,以及气温在 0℃ 左右波动的季节性情况等;加之以构造运动活跃、地震频繁等背景条件,区内岩土体的物理力学性质差,风化速度快。同时,受长期的风化作用,区内积累了大量的固体松散物质。

第二节 喜马拉雅山区地质灾害发育特征

一、宽缓峡谷区地质灾害发育特征

宽缓峡谷区大致位于喜马拉雅山区北部的定日-岗巴盆地及其周边的构造单元区,虽然在构造作用下持续隆升,但区内河流下切作用有限,大片河谷以沉积作用为主,实际调查发现,河流两岸分布有较厚的第四系松散物质,如图3-9、图3-10所示。在新构造运动和外力剥蚀的共同作用下,形成了特有的高原宽缓峡谷区。

图3-9 地壳抬升后河流阶地出露(定日)　　图3-10 风化形成的岩屑型残积物(定日)

高原宽缓峡谷区属于构造盆地,盆地沟谷内第四系冰碛、冰水沉积和风化壳较厚,松散物质的储备量极其丰富,是泥石流形成的有利地段,但因降雨较少水量有限,仅小至中等规模的降雨型泥石流发育(陈宁生等,2002)。野外实地调查发现,区内地质灾害类型相对单一,主要为降雨型泥石流,其他地质灾害分布较少。根据区内泥石流的水动力特征和发育形态等,结合实地调查及前人泥石流分类研究成果,将研究区内的泥石流分为两类:沟谷型泥石流以及冲蚀型坡面泥石流。

1. 沟谷型泥石流

沟谷型泥石流有一定的流域边界,受流域分水岭范围限制,有明显的物源区、流通区和堆积区。如图3-11、图3-12所示,泥石流具有明显的主沟道,流域范围内的降雨汇集成地表径流沿其流动,通过进一步调查,可以分出清水段和主沟物源补给段。清水段主要汇集流域内各子流域的地表径流,汇集径流水动力较小,主沟物源补给段多在流域中下游,沟道内和两岸有大量固体松散物质,当水动力条件足够大时,会启动形成泥石流。

图 3-11　沟谷型泥石流全景(萨迦)　　　　图 3-12　沟谷型泥石流流通区沟道(萨迦)

2. 冲蚀型坡面泥石流

除沟谷型泥石流外,研究区还常见一种发育于斜坡上、流域范围和主沟不明显的泥石流。根据相关研究成果,将这种泥石流定名为"冲蚀型坡面泥石流",将其作为坡面型泥石流的一个亚类。

姚一江(1991)通过总结成昆铁路线部分区段中发育的坡面型泥石流的发育特征,根据固体物质补给方式的不同,将坡面型泥石流分为溜坍型坡面泥石流、冲蚀型坡面泥石流和崩塌、滑坡型坡面泥石流。其中冲蚀型坡面泥石流描述特征与研究区内泥石流发育特征类似,由暴雨冲刷斜坡体上的松散物质形成,发育地区山坡坡面多分布有较厚的土体和破碎风化岩体,多为槽形浅沟,极似小涧。倪化勇(2015)结合暂时性流水作用下的斜坡地貌演化特征中侵蚀沟(又称冲沟)的发展过程,将具有类似特征的泥石流定名为冲沟型泥石流。斜坡上的侵蚀沟在坡面水流作用下,在斜坡沟谷地貌的演化过程中,侵蚀沟按照一定的发展过程演化,大致分为 4 个阶段:细沟阶段、切沟阶段、冲沟阶段、坳沟阶段,对各阶段描述如下(曹伯勋等,1995)。

(1)细沟阶段。水流在斜坡上由片流逐渐汇集成细小的股流,在地表形成大致平行的细沟,宽和深在 1m 以内,长数米。

(2)切沟阶段。细沟进一步下切加深形成了切沟,同细沟相比,切沟更宽更深,宽、深可达 1~2m,已有了明显的沟缘,沟口形成小陡坎,横剖面为"V"字形,在沟床的纵剖面上,局部出现了下凹与斜坡地形线的形态不一致。

(3)冲沟阶段。切沟再进一步下蚀加深和拓宽,就形成了冲沟。冲沟的沟头有了明显的陡坎,沟边经常发生崩塌、滑坡,使沟槽不断加宽,冲沟的深度可大于 1m,不同冲沟差别较大。沟床纵剖面下凹,与斜坡地形线不一致,沟床比降大,沟壁陡峻,横剖面为"V"字形,是对斜坡破坏性最强的一个阶段,常将斜坡切割得"支离破碎"。

(4)坳沟阶段。冲沟进一步发展,沟坡由崩塌逐渐变得平缓,沟底填充碎屑物,形成宽而浅的干谷,称为坳沟。

冲蚀型坡面泥石流集水范围一般在 0.5km² 以内,各发展阶段的侵蚀沟存在于同一斜坡上,斜坡顶部发育有密集的细沟,呈现为"猫爪抓痕"状,自细沟往下依次为切沟、冲沟和坳沟,如图 3-13、图 3-14 所示。结合该类型泥石流发育的地貌特征,将其划归为坡面型泥石流的一种亚类——冲蚀型坡面泥石流。

图 3-13 冲蚀型坡面泥石流全景(定日)

图 3-14 冲蚀型坡面泥石流侵蚀沟(定日)

二、深切峡谷区地质灾害发育特征

1. 深切峡谷区地质灾害基本特征

喜马拉雅山脉气候上跨越高原亚热带(南坡)、高原亚寒带(北坡)。南坡年均降水量可超过 800~1200mm,北坡年均降水量 300~700mm。降水时空分配不均,集中在 7—9 月,降雨强度大,多以暴雨形式出现。分布地层主要为不同时代的各类坚硬、半坚硬岩类和松散土状堆积,该区新构造运动强烈,活动断裂发育。区内矿产、水力、森林、土地等资源丰富,由于不合理开发利用山地斜坡、森林植被等资源,使地质环境日趋恶化,导致泥石流、滑坡、崩塌、水土流失等山地地质灾害频繁发生,灾害损失十分严重。在本区内,由内动力和外动力地质作用引起的突发性地质灾害最为发育,以自然动力和人类活动相互叠加而形成的山地地质灾害广泛分布。

由于本章第一节所述地势和气候条件的制约,山脉内多年冻土、季节冻土均很发育,寒冻和冻融冰缘地质作用均甚发育,冻融循环作用可产生严重的冻融地质灾害,造成建筑物变形破坏和道路翻浆、滑塌等。山脉内地质灾害多分布于道路两侧,地质灾害地域分布不均、地形地貌分布散中有聚、地层岩性及高程分布相对集中、年内具有明显的季节性发育特点,且与人类工程活动密切相关。道路沿线岩质崩塌以节理裂隙切割型为主(图 3-15),土质崩塌以坡面堆积滑塌型(图 3-16)和高陡阶地滚落型为主,大型滑坡主要以堆积层土质滑坡为主(图 3-17),中小型滑坡主要以岩质风化卸荷型为主(图 3-18),泥石流主要为降雨诱发型和冰湖溃决诱发型。

图 3-15　岩质节理裂隙切割型崩塌

图 3-16　坡面堆积滑塌型崩塌

图 3-17　堆积层土质滑坡

图 3-18　潜在岩质滑坡防治工程

与其他地区有明显区别的是,喜马拉雅山脉内存在许多冰湖,历史上发生过多次冰湖溃决灾害,据相关研究统计,喜马拉雅山区冰湖溃决灾害次数占西藏自治区一半以上,近年来喜马拉雅山区爆发了至少 7 次冰湖溃决灾害,造成巨大的人员伤亡和财产损失(王欣等,2016;王世金等,2017)。强大的水动力将松散岩土体携带至中下游,许多携带物沿途堆积。这些堆积物多为块径不大的块石或细小的土体颗粒,沿途堆积后成为不稳定斜坡体,在地震、降雨、人工切坡等外部条件突变时,极易形成滑坡、崩塌、泥石流等地质灾害。山脉内冰湖溃决引发的次生地质灾害现象较为普遍。

冰湖溃决型泥石流具有发生频率低,灾害后果严重,预测难度大的特点,是区域内重大安全灾害隐患。然而,冰湖一般分布于高海拔地区,如图 3-19、图 3-20 所示,环境条件恶劣,冰湖的详细资料难以获取,目前主要借助遥感影像结合相关文献和专著进行研究。近代以来,随着温室效应不断积累,全球变暖持续并呈现加剧趋势,喜马拉雅山区的冰湖溃决灾害也日渐严重。

图 3-19　冰湖全貌(据庄树裕,2010)

图 3-20　冰湖后缘冰川(据庄树裕,2010)

危险性冰湖形成之后,"何时何地何种情况下可能溃决"是冰湖研究的关键问题。根据西藏现有冰湖溃决事件记录,几乎所有已溃决冰湖都发生在海洋性冰川向大陆性冰川过渡地带,仅贡日嘎布山脉北坡的海洋性冰川区光谢错于1988年发生溃决(李吉均,1975,1977)。几乎所有冰湖溃决时间都在每年的5—9月,并与气候背景的"干、湿、冷、暖"等条件紧密相关。在一定的诱发因素的组合下,冰湖溃决洪水形成,带动冰碛物以及冰湖下游的松散物质,冰湖溃决型泥石流就发生了。

2. 地震对深切峡谷区地质灾害发育的影响

地震是一种极具破坏力的灾害,地震引起的山体震动可引起斜坡体在垂直方向和水平方向上的急剧、反复的应力变化,破坏坡体内部和临空面原有的脆弱力学平衡,导致局部山体开裂,危岩体失去重心,岩石被挤压变形破坏,斜坡发生变形,诱发其他地质灾害发生。地震震动使得山体结构或者斜坡结构发生改变,降低了岩体强度和斜坡稳定性,使其易于发生地质灾害。

自16世纪以来,喜马拉雅山区有记录的6.0级以上地震震级、震中、时间见表2-1。

喜马拉雅山深切峡谷区母岩遭受长期构造动力作用,呈碎裂岩体,后期被强烈风化,岩体极为破碎,为崩滑流等地质灾害的发生埋下隐患。

国内众多学者对2008年汶川地震引发的地质灾害进行过详细的研究,喜马拉雅山区与汶川地区均属板块边缘,地震现象极为活跃,地震对地质灾害发育的影响也相似,故以下引用国内部分学者对汶川地震地质灾害的研究成果说明地震对喜马拉雅山区地质灾害发育的影响。

地震力作用下滑坡、崩塌灾害往往发生于山体斜坡陡峭部分,变形部位往往容易形成滑动面,如上凸下凹坡和上凹下凸坡突起的部分,以及凹坡上部陡峭部分。坡形变化较大处地震加速度放大效应显著。其中上凸下凹坡在地震动作用影响下稳定性最差,凹坡相对稳定性较好(乔建平等,2014)。缓倾的蠕滑型坡积物滑坡与震前差异不大,地震对该类滑坡稳定性影响较小(张永双等,2016)。

在地震力作用下,几乎所有斜坡变形初期,都产生不同程度的下沉固结,随着振动的持续,坡体平台处或变坡处将产生横向变形裂缝,而且与重力作用下的斜坡变形不同,失稳前,这些裂缝并没有出现闭合的现象;伴随着振动的持续,斜坡变形裂缝快速向下扩展,并产生一条纵向控制性贯穿裂缝,形成滑移面,独立不稳定性坡体形成;在持续的水平惯性力作用下,不稳定坡体逐步沿着坡体表面滑移,由于滑动面的摩擦力,滑体下部与上部的速度不一致,因此滑体表面产生崩解破碎。当崩解破坏体形成的前缘堆积体阻碍滑体继续滑动时,坡体保持稳定(乔建平等,2014)。

地震崩塌类型分为振动倾倒式、振动错落式、振动流动式、振动弹射式、振动抛射式共5类崩塌(崔鹏等,2011)。地震滑坡类型分为振动助推式、振动碎裂式、振动加载式、振动错断式、振动错落转移式共5类滑坡(崔鹏等,2011;殷跃平等,2013)。

地震竖向力作用对滑坡的诱发非常明显。地震区滑坡具明显的"抛掷效应",位于地震断裂带或附近,垂直加速度大于水平加速度,强地面运动持续时间长,岩体发生振胀和抛掷;"碰撞效应",上部滑坡体发生高位剪出和高位撞击,致使岩体碎屑化;"铲刮效应",撞击作用导致下部山体被铲刮,形成次级滑坡,为碎屑流提供足够展翼和抛洒物源体积;"气垫效应",碎屑化岩体快速抛掷导致下部沟谷空气迅速产生谷状圈闭和向下紊流,形成气垫效应,或在下部地形开阔地带压缩空气呈层流状态,致使滑体凌空飞行(殷跃平等,2013)。

震后强降雨对崩滑流灾害的诱发也是非常明显的。地震产生的高位滑坡在坡肩或高平台形成松散块石堆积体,在降雨作用下,这些松散块石堆积体易顺坡滚落,对下方公路构成严重威胁。地震作用导致边坡中上部岩体结构损伤(震松岩体),常形成危岩体。在随后的余震或降雨作用下,易出现崩塌、滑坡灾害,该类致灾过程通常具有一定的滞后性。当断裂带从软弱岩体斜坡中部通过时,在断裂和降水联合作用下,易出现推移式滑坡,即滑坡从断裂带处启动,滑体向下依次重叠,而不表现为前端启动的牵引式。此外,地震滑坡形成的大量松散堆积体,在震后交通恢复重建时多为路堤填方,也是路堤边坡易产生滑坡或坍岸的因素之一(张永双等,2016)。

震后泥石流分为坡面型、冲沟型、沟谷型共3类。高海拔地震区高位泥石流比较多见,地震在沟谷斜坡形成的大量坡面碎屑流以滑坡和崩塌堆积物为主,遇暴雨时,从高处向沟道汇聚,形成与一般泥石流不同的高位泥石流(张永双等,2016)。

第四章　喜马拉雅山区重点城镇地质灾害风险调查

地质灾害风险调查分为室内工作和野外调查工作。室内工作主要是对已经收集到的基础资料进行初步加工和整理，包括分析研究区的主要地层岩性、构造特性、地形地貌、气象水文等，以及遥感影像的前期处理、后期解译及建立遥感解译成果数据库。野外调查工作包括建立地质灾害体及承灾体的解译标志，解译结果的野外验证，崩塌、滑坡、泥石流等地质灾害的详细调查，建筑物、人口、道路等承灾体的调查。

第一节　遥感解译

遥感解译是指从遥感图像中识别和提取某种影像特征，赋予特定的属性内涵，并加以专业语言化的过程。遥感影像是获取地质灾害信息的重要数据。地质灾害遥感调查是以遥感数据为信息源，以地质灾害体地质环境条件、承灾体等对不同波段光谱响应的影像特征为依据，通过图像解译分析，提取与地质灾害相关的各种地质信息（王军等，2015）。

一、遥感解译目的

遥感解译目的是在实地踏勘之前或进行初勘之后，对研究区的相关条件有了基本掌握的基础上，通过遥感解译将地质灾害类型及属性做深入的归纳分析，为后续开展深入研究工作提供数据支撑。遥感解译通过辅助地面调查工作，提高地质灾害调查工作的质量和效率。

为有效节省野外调查时间并了解地质灾害发育以及承灾体分布情况，笔者在初步野外踏勘后，结合收集的地质、地形、地质灾害、承灾体等资料，建立不同遥感信息源、不同类型地质灾害、地形地貌及承灾体的遥感解译标志。然后，利用高清遥感影像对地质灾害体和承灾体（类型、大小、位置等）信息进行遥感解译；利用遥感技术对土地利用类型、地温等影响地质灾害发育的生态环境因子、气象因子进行遥感解译，为地质灾害易发性、危险性评价提供精确的数据支撑。

二、遥感解译方法

地质灾害遥感解译一般采用多种遥感数据源、多种比例尺相结合，计算机自动解译、人机交互解译与目视解译相结合，平面影像与立体影像交互解译相结合，初步解译与详细解译相结合，室内解译研究与野外调查验证相结合等工作方法，并遵循从地质研究程度高、地质灾害资料丰富的地区，逐渐向地质工作程度低、资料匮乏的地质微观问题研究过渡，从区域到局部、从总体到个体、从定性到定量，循序渐进，不断反馈，逐步深化和提高对地质灾害的认识（王军等，2015）。

目前,常用的解译方法有计算机自动解译、人机交互解译和目视解译等,结合解译区域的地质概况、地质灾害资料、遥感综合资料等定量、半定量的综合分析方法开展研究。

1. 计算机自动解译

计算机自动解译,是指通过遥感解译人员对解译目标的特点进行区分,采用计算机图像处理技术,如傅里叶变换、卷积变换、空间滤波或主成分分析等,实现地物特征信息的计算机自动提取。

2. 人机交互解译

人机交互式解译,指解译人员利用计算机鼠标,直接在计算机荧光屏上对遥感图像进行地物特征的判释,或是在计算机荧光屏上对边界不清楚的地物特征进行放大或采用其他的波段组合图像、单波段图像、比值图像解译,必要时进行局部的图像处理(如边缘增强处理),并将解译成果集成在相应图层上。由于遥感图像在计算机荧光屏上显示的信息和信息层次较遥感图片中相应信息和信息层次丰富,所以人机交互式方法的解译效果较目视解译好,可以提高地物特征遥感解译的质量和精度。另外,计算机直接成图,减少了编图程序。

3. 目视解译

目视解译,常用的目视解译方法有直判法、对比法、逻辑推理法和邻比法 4 种。

(1)直判法。根据不同性质地质体光谱影像特征与遥感影像色彩的对应关系建立起来各自的遥感解译标志,通过对其色彩、形态、影纹特征以及与周围环境的相关关系分析,能够直接勾绘出地质灾害的边界和特征,实现快速地识别地质灾害。

(2)对比法。在解译过程中通常会遇到一些解译比较困难、资料相对较少的区域,因此可以将解译地区的遥感影像展现出的一些地物特征和自然现象与已知的遥感影像相比较进行解译,从已知到未知,从一般到特殊,逐步进行解译。同时需要注意,在进行遥感影像对比时,必须在条件相同的情况下进行,如地形地貌、气候条件、地质环境条件等应基本相同,同时遥感图像的类型、成像条件(时间、天气、比例尺等)、波段组合等也应相同(王军等,2015)。

(3)逻辑推理法。根据解译人员的经验,分析遥感影像上不同地物的特征,间接判断出不同地物的位置和属性。对于解译难度较大的地质灾害,可根据地形地貌、地层岩性、水系分布、海拔高度等地质环境条件,结合解译人员经验进行分析,逻辑推断确定地质灾害的类型及属性。

(4)邻比法。在同一张或相邻较近的遥感影像上,进行邻近比较,从而区分出两种不同目标。这种方法通常只能将不同类型地质灾害的界线区分出来,但不一定能鉴别出地质灾害的属性。使用邻比法时,要求遥感图像的色彩保持正常,最好在同一张图像上进行。

本书中研究区遥感影像数据资料及其他数据综合分析表明,采用计算机自动解译难以达到精度要求,故采用人机交互解译与目视解译。喜马拉雅山区地形条件复杂,有宽缓峡谷和深切峡谷,部分区域遥感影像成像效果一般,尤其是在深切峡谷区由于遥感卫星拍摄角度影响,山谷地区、山体背阴面在遥感影像上影纹不清晰、颜色偏暗,而且山谷区是地质灾害易发区域,采用计算机自动解译其结果,精度不是很理想,地质灾害、承灾体容易被忽略或解译结果不够准确,因此在本书研究中采取人机交互式解译和目视解译,依据专业人员的解译水平与丰富的地质知识进行解译,工作量较大但是解译精度较高、结果准确,能够为风险评估提供可靠的数据支撑。

三、遥感解译标志

在遥感解译之前,要先确定遥感解译标志。本书中遥感解译标志分别涉及崩塌、滑坡、泥石流、冰湖等地质灾害遥感解译标志和房屋、道路、农田等承灾体遥感解译标志。

1. 崩塌解译标志

基于ArcGIS平台,根据已有地质资料及已知崩塌灾害点的影像特征,建立崩塌解译标志,具体如表4-1所示。

表4-1 崩塌遥感解译标志

直接解译标志	色调	遥感影像上呈现浅色调或白色;尚在发展或刚发生不久的崩塌,由于岩块崩落,基岩出露部分具有新鲜结构面,对光谱反射能力较强,在影像上呈浅色调;已经发生的崩塌或趋于稳定的崩塌,色调相对灰暗,但整体上仍以浅色调为主
	平面形态	多为块状、线状、细长的扇形、齿形或新月形等
	坡面形态	发生崩塌的陡坡地段其坡面形态为上陡下缓
	崩塌壁	呈浅色调或灰白色,边界呈弧形锯齿状细线;崖壁凹凸不平,有粗糙感,有明显的麻斑状影像特征
	崩塌体	堆积在平缓斜坡地段或谷底,常形成锥形或细长扇形的倒石碓;表面粗糙不平,有时可出现巨大石块影像,呈浅色调不规则斑块影像
间接解译标志	地形地貌	崩塌一般发生在高差较大的陡峻山坡与峡谷陡岸上,较易在坡度较大的陡坡地段发生
	地质构造	易发生在岩性较为坚硬、节理发育的地区;大型崩塌体常常发生在活动构造(如断裂构造)或地震区等
	植被特征	崩塌壁一般无植被生长;新生崩塌植被较少,老崩塌体植被覆盖往往因遭破坏而呈丛状
	其他特征	崩塌体有时会堵塞河道,且在崩塌处上游形成堰塞湖;或崩落的巨石滚落至河道中,影像上可见崩塌体下方的河流出现异常水花

如图 4-1 所示,红色圈画范围内影像呈浅色调,明显不同于周围植被的影响特征,影像上也有粗糙感;在 ArcGIS 中叠加等高线,此范围内等高线密集,下部等高线稀疏,地形呈现上陡下缓,无植被覆盖,是较为明显的崩塌遥感解译标志。图 4-2 是对该解译标志的实地验证。

图 4-1 崩塌的遥感解译标志　　　　　图 4-2 崩塌遥感解译标志野外验证

2. 滑坡解译标志

滑坡主要的解译标志分为直接和间接解译标志两大类。直接解译标志有形态、大小、色调、阴影、纹理等;间接解译标志有周边地形地貌、植被、水文等。

典型的滑坡一般呈簸箕形、舌形、不规则形等形态,色调与周边不同;滑坡壁、滑坡周长、滑坡台阶、滑坡舌、封闭洼地等滑坡要素清晰可见。遥感解译时,应注意典型滑坡解译标志:滑坡后缘壁多有陡坎,植被破坏,色调较周边变化较明显,前缘隆起,前缘平地边界多为扇形,坡地多为不规则长条,如滑坡体堆积物已清除,则坡面呈凹陷。对于老滑坡来说,色调与周围色调有差别,但是仍以浅色调为主。地震后形成的滑坡最明显的就是遥感影像上呈现浅色调,这是因为滑坡体大多由松散堆积物质组成,具有较强的波谱反射能力。活动滑坡体上没有巨大直立树木,可见小树或醉林;古滑坡体上可见"马刀树"。滑坡遥感解译标志详见表 4-2,图 4-3、图 4-4 为滑坡遥感解译与实地验证示例。

表 4-2　滑坡遥感解译标志

直接解译标志	色调	滑坡体大多由松散堆积物组成,具有较强的光谱反射能力,在影像上呈明显浅色调
	平面形态	多呈圈椅形、弧形、簸箕形、马蹄形、新月形、梨形、舌形等
	滑坡体	滑坡体两侧常形成沟谷,自然沟切割较深,有时会出现"双沟同源"现象
	滑坡台阶	滑坡体表面形成不均匀落差平台,影像上表现为高低不平的地貌;封闭洼地常积水,在影像上呈深色调
	滑坡裂缝	滑体滑移停止以后滑坡裂缝逐渐发育成冲沟,在遥感影像上表现为带状影纹和明显的色调差异
	滑坡舌	滑坡舌延伸到平缓斜坡或河道,遥感影像上表现为较自然地面略高的舌状影纹

续表 4-2

间接解译标志	地形地貌	多发生在地形坡度较陡的山地,如峡谷中的斜坡、分水岭地段的阴坡、侵蚀基准面极具变化的主支沟交会地段等;滑坡过程是由陡坡变为缓坡的位能释放过程,故滑坡的总体坡度较周围山体平缓
	地层岩性	由页岩、泥岩以及地表覆盖层(黏土、碎石土等)组成的斜坡体,其岩土体抗剪强度低,易发生滑坡;一些节理裂隙发育的岩石、较软弱岩层也会发生滑坡
	植被特征	活动滑坡坡体上没有巨大直立树木,可见小树或醉林;古滑坡坡体上可见"马刀树"
	其他特征	因滑坡舌阻塞河道,导致局部河道突然变窄、河流向外凸出以及河流改道等

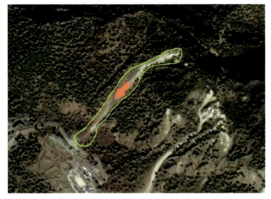

图 4-3 滑坡平面形态遥感解译标志

图 4-4 滑坡遥感解译标志野外验证

3. 泥石流解译标志

标准型泥石流包括形成区、流通区、堆积区 3 个主要部分,将色调、形态及形成区、流通区、堆积区的特征作为泥石流的直接解译标志;地形地貌、物质源、水源作为间接解译标志。形成区所处地形坡度较陡,多呈围谷状或者漏斗状,斜坡常被冲沟切割,无植被生长,此地形有利于汇聚周围斜坡的水流及固体物质,即为汇水动力区和物质供给区。其中汇水动力区的面积、发育的支沟与泥石流的发生规模、频度有关;物质供给区内发育有滑坡、崩塌、岩石碎屑物、第四系松散物等,地质灾害作用较为强烈;流通区呈颈状、喇叭状,多为狭窄而深切的峡谷地形,谷壁陡峻且沟床比降大,常有陡坎和跌水,坡度较形成区缓,较堆积区陡,泥石流进入流通区后极具冲刷力,非典型的泥石流沟可能没有明显的流通区;堆积区所处地形一般较为平缓并且开阔,泥石流到达堆积区速度急剧减小,最终堆积下来形成扇形或锥形堆积体,扇面多呈漫流或汊流状态,靠近河流的泥石流流域其堆积物有的会堵塞河道,有的还会直接形成河漫滩或阶地。泥石流遥感解译标志详见表 4-3,图 4-5、图 4-6 为泥石流遥感解译与实地验证示例。

表 4-3 泥石流遥感解译标志

直接解译标志	色调	植被覆盖度低或物质被覆盖，在影像上呈明显的浅色调
	平面形态	多呈锥形、扇形、蝌蚪形等
	形成区	多为三面环山，呈瓢形或漏斗形，山坡陡峻，谷坡两侧阴影色调反差明显；区内植被破坏严重，松散固体物质丰富
	流通区	多为峡谷地形，沟床较直，沟槽宽窄不一，整体平面呈扁形；两侧山坡较稳定，断面呈"V"形或"U"形；坡度较物源地段缓，较沉积地段陡，一般为 10°～20°；沟槽弯曲段可见灰白色调的粗砾堆积物，影像特征粗糙；沟槽顺直段，堆积物少，具冲刷影像特征
	堆积区	位于沟谷出口处，坡度较缓，在 10°以下，常形成洪积扇或冲击锥，洪积扇轮廓明显，呈浅色调，扇面多呈漫流或汊流状态，影像结构上具强烈粗糙感；堆积物常堵塞河床，新堆积扇呈浅白色，老堆积扇稍有植被分布，色调较浅
间接解译标志	地形地貌	一般山高谷深，沟床比降大，流域形状利于水流汇集；在宽缓河谷中也可能形成
	物质源	流域内山坡面有来自滑坡、崩塌、岩石碎屑物质、第四系松散堆积物等丰富的固体物源
	水源	有强大的暴雨、融雪或冰湖溃决等提供水源，作为激发条件搬运介质

图 4-5 泥石流流域遥感解译标志

图 4-6 泥石流遥感解译标志野外验证

4. 冰湖解译标志

冰湖在遥感影像上特征较为明显。夏季影像特征明显不同于周围地物的影像特征，一般为呈现出蓝色、浅蓝色或者深蓝色的水体；冬季影像大部分被冰雪所覆盖，难以甄别，需要 DEM 高程数据及夏季影像辅助解译。冰湖在地形上通常发育在一定的海拔高度以上，而且地形不会过于陡峭，且有凹地或负地形存在，面积大小不一，形状通常呈圆形、椭圆形或不规则形状。冰湖遥感解译标志详见表 4-4，图 4-7、图 4-8 为冰湖遥感解译标志与实地验证示例。

表 4-4　冰湖遥感解译标志

直接解译标志	色调	水体颜色多呈浅蓝色、淡蓝色、深蓝色、蓝黑色
	平面形态	圆形、椭圆形、不规则形状
	坡面形态	多呈凹形、长凹形
间接解译标志	地形地貌	多分布在海拔较高位置的山间谷地,冰川地貌发育的地区
	植被特征	无植被覆盖,且周围也无植被覆盖
	其他特征	冰湖通常后缘与冰川相连,前部有冰碛坝存在

图 4-7　冰湖遥感图

图 4-8　冰湖现场调查照片

5. 典型承灾体解译标志

1) 建筑物(居民区)解译标志

建筑物在影像上特征明显区别于周围地物特征,色调上呈现灰白色、深红色、红色、蓝色等,呈现特征与当地建筑物屋顶、墙体颜色有关;在影像上常呈现规则形状,且分布较为密集,排列整齐,规划较为一致,如图 4-9、图 4-10 所示。

建筑物一般分布在地势较为平坦开阔地区,如交通线路、河流旁,地理位置较容易分辨。

图 4-9　协格尔镇居民区解译结果

图 4-10　协格尔镇居民区、学校解译结果

2) 道路解译标志

道路在遥感影像上色调常呈现黑灰色、灰白色,与修建公路所使用的材料有关;形状呈现条带状分布,主要分布在山谷、坡脚、平坦区域,部分路段随地势发生变化,解译标志较明显,图4-11、图4-12为道路遥感解译标志与实地验证示例。

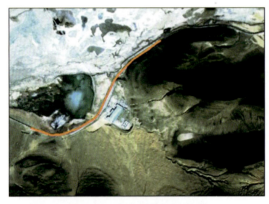 

图 4-11　道路遥感解译影像　　　　　　图 4-12　道路解译标志验证

3) 农田解译标志

农田在不同季节的遥感影像上呈现不同的色调,一般夏季呈现浅绿色、深绿色或者褐色,在秋季呈现土黄色、金黄色。不同作物呈现色调也不相同,形状可见规则形状、不规则形状,分布较为集中,部分零星分布,一般位于村庄、河流附近及宽阔平坦地区,如图4-13、图4-14所示。

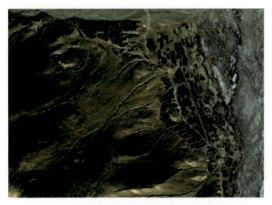 

图 4-13　农田遥感影像　　　　　　图 4-14　农田遥感解译标志野外验证

第二节　地质灾害及承灾体野外调查

一、地质灾害野外调查内容

基于资料综合分析、遥感解译成果,开展野外实地调查,进一步查明地质灾害及承灾体的属性,获取更多的信息,以便于进行风险评估;同时检验遥感解译成果的准确性与置信度。

野外调查验证首先要根据地质、地形地貌条件、前人研究程度、遥感解译的成果、地质灾害分布特点、实际交通情况、自然地理条件等因素,制定野外验证路线和调查路线。验证路线主要是针对在室内解译具有不确定性的地质灾害点进行调查,解译出的已确定地质灾害点进行抽样验证。调查路线制定是根据解译出的地质灾害分布较为集中的区域路段、室内解译时不确定的区域路段、解译标志不明显的区域路段、综合分析存在重大地质灾害隐患区域路段、现有交通条件能够到达区域的路段(童立强等,2013)。

野外调查主要包括以下内容:

(1)各种地质灾害遥感解译成果的验证与修正。在喜马拉雅山区常见的地质灾害类型有滑坡、崩塌、泥石流、潜在溃决冰湖、冻土等。

(2)调查与地质灾害本身特点、成因、影响因素等有关的第一手资料。

(3)大、中型地质灾害重点调查分析,结合地形图、遥感影像圈定其展布范围、规模、形态特征、影响范围、危害程度等,判定其成因类型,并对对照其初步解译结果,进行验证修改。

(4)主要地质灾害点要进行详细的调查,绘制必要的剖面图、素描图,填写记录卡片,进行影像资料记录,如拍照、录像。

二、崩塌及隐患点野外调查

喜马拉雅山区新构造运动剧烈,差异升降显著,地壳抬升,河流下切,形成深切峡谷,地形相对高差大,易于崩塌发育。在聂拉木研究区内波曲流域樟木峡谷崩塌地质灾害发育,沿318国道公路沿线,崩塌频繁发生,在野外调查中对此区域路段进行重点调查。

1.调查基本要求

(1)崩塌点的解译成果核查。根据室内解译遥感结果,对野外灾点进行核查及调查,核查数不低于解译总数的80%,并逐一填写调查记录表。前人已有调查资料的灾点,根据其完整程度进行野外核查或补充调查。认真核查灾点记录表内容,不得遗漏崩塌灾害的主要要素,参考附录一。

(2)野外调查过程中的崩塌分类,分类依据详见表4-5。

表 4-5 崩塌类型及特征(据 DZ/T 0261—2014)

划分类型	类型	特征说明
破坏方式	滑移式崩塌	多发生在软硬相间的岩层中,有倾向临空面的结构面,地形坡度通常大于55°,起始运动形式为滑移,滑移面主要受剪切力
	倾倒式崩塌	多发生在黄土、直立或陡倾坡内的岩层中,结构面多为垂直节理、陡倾坡内—直立层面,一般位于峡谷、直立岸坡、悬崖处,起始运动形式为倾倒,主要受倾覆力矩作用

续表 4-5

划分类型	类型	特征说明
破坏方式	鼓胀式崩塌	多发生在黄土、黏土、坚硬岩层下伏软弱岩层中,表现为上部垂直节理,下部为近水平的结构面,地形通常是陡坡,起始运动形式为鼓胀伴有下沉、滑移倾斜,下部软弱岩受垂直挤压力
	拉裂式崩塌	多见于软弱相间的岩层中,结构面常表现为风化裂隙和重力张拉裂隙,地形特征表现为上部突出的悬崖,起始运动形式为拉裂,受张拉力作用
	错断式崩塌	多发生在坚硬岩层、黄土中,垂直裂隙发育,通常无倾向临空面的结构面,一般为位移地形大于45°的陡坡,起始运动形式为错落,结构面受自重引起剪切力
崩塌规模体积$V/$万 m^3	巨型崩塌	$V \geqslant 1000$
	特大型崩塌	$1000 > V \geqslant 100$
	大型崩塌	$100 > V \geqslant 10$
	中型崩塌	$10 > V \geqslant 1$
	小型崩塌	$V < 1$
危岩体顶端距陡崖(坡)脚高度	特高位危岩	$>100m$
	高位危岩	$50 \sim 100m$
	中位危岩	$15 \sim 50m$
	低位危岩	$\leqslant 15m$

(3)野外崩塌稳定性判别。崩塌稳定性划分为不稳定、较稳定和稳定 3 个等级,判别依据如表 4-6 所示。

表 4-6 崩塌稳定性野外判别依据(据 DZ/T 0261—2014)

斜坡要素	不稳定	较稳定	稳定
坡脚	临空,坡度较陡且常处于地表径流的冲刷之下,有发展趋势,并有季节性泉水出露,岩土潮湿、饱水	临空,有间断季节性地表径流流经,岩土体较湿	斜坡较缓,临空高差小,无地表径流流经和继续变形的迹象,岩土体干燥
坡体	坡面上有多条新发展的裂缝,其上建筑物、植被有新的变形迹象,裂隙发育或存在易滑软弱结构面	坡面上局部有小的裂缝,其上建筑物、植被无新的变形迹象,裂隙较发育或存在软弱结构面	坡面上无裂缝发展,其上建筑物、植被没有新的变形迹象,裂隙不发育,不存在软弱结构面
坡肩	可见裂隙或明显位移迹象,有积水或存在积水地形	有小裂缝,无明显变形迹象,存在积水地形	无位移迹象,无积水,也不存在积水地形
岩层	中等倾角顺向坡,前缘临空,反向层状碎裂结构岩体	碎裂结构岩体,软硬层相间,斜倾视向变形岩体	逆向和平缓岩层,层状、块状结构
地下水	裂隙水和岩溶水发育,具多层含水层	裂隙发育,地下水排泄条件好	隔水性好,无富水地层

(4)崩塌调查应包括崩塌危岩体、崩塌堆积体、地质环境等。调查内容按照野外调查记录表进行填写,不遗漏主要要素。对于威胁到居民聚集区、重要基础设施、交通线路等且稳定性较差的崩塌,应进行详细调查,绘制平面图、剖面图。

2. 崩塌危岩体调查

危岩体调查内容主要包括以下方面:
(1)危岩体位置、形态、分布高程、规模。
(2)危岩体及周边的地质构造、地层岩性、地形地貌、岩(土)体结构类型、斜坡结构类型。岩土体结构应初步查明软弱(夹)层、断层、褶曲、裂隙和裂缝的密度及深度、临空面、侧边界、底界(崩滑带)及其对危岩体的控制和影响。危岩体风化程度调查,判断冻融风化作用的影响程度。
(3)危岩体及周边的水文地质条件和地下水赋存特征。
(4)危岩体周边及底界以下地质体的工程地质特征。
(5)危岩体变形发育史。历史上危岩体形成的时间,危岩体发生崩塌的次数及发生时间、崩塌前兆特征、崩塌方向、崩塌运动距离、堆积场所、崩塌规模、诱发因素、变形发育史、崩塌发育史、灾情等。
(6)危岩体成因的动力因素。包括降雨、河流冲刷、地面及地下开挖、采掘等因素的强度、周期以及它们对危岩体变形破坏的作用和影响。
(7)分析危岩体发生崩塌的可能性,初步划定危岩体崩塌可能造成的灾害范围,进行灾情的分析与预测。
(8)危岩体崩塌后可能的运移范围,在不同崩塌体积条件下崩塌运动的最大距离。在峡谷区,要重视气垫浮托效应和折射回弹效应的可能性及由此造成的特殊运动特征与危害。
(9)危岩体崩塌可能到达并堆积的场地的形态、坡度、分布、高程、地层岩性与产状及该场地的最大堆积容量。在不同体积条件下,崩塌块石越过该堆积场地向下运移的可能性。
(10)可能引起的次生灾害(如涌浪、堵塞河流形成堰塞湖等)和规模,确定其成灾范围,进行灾情的分析与预测。

主要调查内容见图 4-15~图 4-18 所示。

图 4-15 产状测量

图 4-16 岩性观察

图 4-17 危岩体调查　　　　　图 4-18 节理裂隙密度调查

3. 崩塌堆积体调查

(1)崩塌源的位置、高程、坡向、规模、地层岩性、岩(土)体工程地质特征及崩塌产生的时间。

(2)崩塌体运移斜坡的形态、地形坡度、坡向、粗糙度、岩性、起伏度,崩塌方式、崩塌块体的运动路线和运动距离。

(3)崩塌堆积体的分布范围、高程、形态、规模、物质组成、分选情况、植被生长情况、块度(必要时需进行块度统计和分区)、结构、架空情况和密实度。

(4)崩塌堆积体形态、坡度、岩性和物质组成、地层产状。

(5)崩塌堆积体内地下水的分布和运移条件。

(6)评价崩塌堆积体自身的稳定性和在上方崩塌体冲击荷载作用下的稳定性,分析在暴雨等条件下向泥石流、崩塌转化的条件和可能性。

现场调查见图 4-19、图 4-20。

图 4-19 樟木镇崩塌堆积体　　　　　图 4-20 樟木镇 318 国道旁崩塌堆积体

4. 典型崩塌危岩体

该崩塌位于聂拉木县城北侧318国道边,尼泊尔地震时发生崩落。目前,聂拉木县城仍分布有多处危岩体,植被覆盖程度一般,威胁对象为318国道,该崩塌危岩体基本情况及威胁对象详见表4-7、图4-21～图4-24。

表4-7 YN03崩塌灾点属性表

野外编号	YN03	植被覆盖	中覆盖
经度	85°58′48.41″E	岩体裂隙组数	6组(主要2组)
纬度	28°09′46.47″N	控制结构面类型1	节理裂隙
地理位置	聂拉木县县城内318国道桥梁处侧方斜坡	控制结构面倾向1	215°
地层时代	前震旦系(Z)江东岩组(AnZj)	控制结构面倾角1	75°
地层岩性	片麻岩	控制结构面类型2	节理裂隙
地质构造	—	控制结构面倾向2	302°
地层倾向	130°	控制结构面倾角2	75°
地层倾角	20°	控制结构面类型3	—
地震烈度	Ⅷ	控制结构面倾向3	—
崩塌类型	岩质	控制结构面倾角3	—
运动形式	滑移、拉裂	规模	中型
斜坡结构类型	变质岩斜坡	历史发生时间	2015年4月25日
微地貌	陡崖	险情等级	高
坡顶标高	3859m	威胁对象	居民住宅、318国道
坡脚标高	3794m	土地利用	灌木
高差	65m	工程活动影响	暂无
斜坡类型	自然岩质	现状稳定性	较不稳定
坡度	65°	今后变化趋势	不稳定
坡向	229°	可能失稳因素	降雨、地震。地震条件下稳定性较差,降雨条件下稳定性一般
崩塌源宽度	100m	诱发因素	降雨、地震
崩塌源厚度	5～8m	已有/在建防治工程	无
崩塌源体积	2500～6500m³	防治建议	监测,工程治理。定期目视检查,修建挡墙

图 4-21　聂拉木县城 YN03 危岩体

图 4-22　聂拉木县城 YN03 危岩体所威胁的 318 国道主景

4-23　聂拉木县城 YN03 危岩体所威胁的信号塔

图 4-24　聂拉木县城 YN03 危岩体基岩节理面

三、滑坡及隐患点野外调查

滑坡野外调查须采用点、线、面相结合,以专业调查为主的方式开展。滑坡调查主要内容包括滑坡分类、滑坡区、滑坡体、滑坡成因、滑坡危害、遥感解译等调查内容。野外调查记录按照滑坡调查要求进行调查,参考附录二。

以聂拉木县为例,该研究区处于喜马拉雅山区的构造运动强烈地带,形成了典型的高山峡谷地貌。在此区域地震活动频繁,且风化作用强烈使得岩体较为破碎,在外动力地质作用下,易于发生滑坡、崩塌等地质灾害。聂拉木县研究区内,存在较多古滑坡,在"4·25"尼泊尔地震以后,樟木镇及 318 国道沿线出现了新的滑坡及隐患点。

1. 调查基本要求

1)滑坡及隐患点解译成果核查

滑坡及隐患点解译核查内容如下:

(1)对已有资料的滑坡(隐患)点和遥感解译滑坡(隐患)点,须结合区域工程地质条件调查,进行野外现场验核,并逐一填写调查表或详细描述其特征。重点对县城、村镇、矿山、重要公共基础设施以及滑坡高发区的所有居民点应进行现场滑坡及滑坡隐患调查。

(2)滑坡及隐患调查,应判断发生高速、远程滑坡,或滑坡向泥石流、碎屑流转化的可能性,并进行详细记录。查明滑坡形成的地质条件、滑坡体特征和诱发因素,评价滑坡危害或成灾情况。重要灾点应实测代表性剖面,并绘制素描图、进行拍照或录像。

(3)滑坡及隐患点灾害遥感调查结果应进行野外核查,核查数不低于解译总数的80%,并逐一填写调查记录表。对一般调查区已经有的滑坡点资料,应根据其完整程度进行野外核查或补充调查。

2)滑坡调查范围要求

滑坡调查范围应包括滑坡体及其邻区,后部应包括滑坡后壁以上一定范围的稳定斜坡或汇水洼地,前部应包括剪出口以下的稳定地段,两侧应到达滑体以外一定距离或邻近沟谷,涉水滑坡应到达河(库)主流线(沟心)或对岸,一般控制在滑坡边界外50~100m。同时,应调查可能造成的危害及次生灾害的类型、影响范围及其可能产生的危害。

3)滑坡分类

根据滑坡体的物质组成、结构形式、滑坡体厚度、运动形式、成因、稳定程度、形成年代和规模等,对滑坡进行分类,如表4-8所示。

表4-8 滑坡类型及特征(据DZ/T 0261—2014)

类型		名称	特征
物质和结构因素	堆积层(土质)滑坡	滑坡堆积体滑坡	由前期滑坡形成的块碎石堆积体,沿下伏基岩或体内滑动
		崩塌堆积体滑坡	由前期崩塌等形成的块碎石堆积体,沿下伏基岩或体内滑动
		崩滑堆积体滑坡	由前期崩滑等形成的块碎石堆积体,沿下伏基岩或体内滑动
		黄土滑坡	由黄土构成,大多发生在黄土体内,或沿下伏基岩面滑动
		黏土滑坡	由具有特殊性质的黏土构成
		残坡积层滑坡	由基岩风化壳、残坡积土等构成,通常为浅表层滑动
		人工填土滑坡	由人工开挖堆填弃渣构成,次生滑坡
	岩质滑坡	近水平层状滑坡	由基岩构成,沿缓倾岩层或裂隙滑动,滑动面倾角≤10°
		顺层滑坡	由基岩构成,沿顺坡岩层滑动
		切层滑坡	由基岩构成,沿倾向坡外的软弱面滑动,滑动面与岩层层面相切,且滑动面倾角大于岩层倾角
		逆层滑坡	由基岩构成,沿倾向坡外的软弱面滑动,岩层倾向山体内,滑动面与岩层层面相反
		楔体滑坡	在花岗岩、厚层灰岩等整体结构岩体中,沿多组软弱面切割成的楔体滑动
	变形体	危岩体	由基岩构成,受多组软弱面控制,存在潜在崩滑面,已发生局部变形破坏
		堆积层变形体	由堆积体构成,以蠕滑变形为主,滑动面不明显

续表 4-8

类型		名称	特征
其他因素	滑体厚度	浅层滑坡	滑坡体厚度在10m以内
		中层滑坡	滑坡体厚度在10~25m之间
		深层滑坡	滑坡体厚度在25~50m之间
		超深层滑坡	滑坡体厚度超过50m
	运动形式	推移式滑坡	上部岩层滑动,挤压下部产生变形,滑动速度较快,滑体表面波状起伏,多见于有堆积物分布的斜坡地段
		牵引式滑坡	下部岩层先滑,使上部失去支撑而变形滑动。一般速度较慢,多具上小下大的塔式外貌,横向张性裂隙发育,表面多呈阶梯状或陡坎状
	现今稳定程度	活动滑坡	发生后仍继续活动的滑坡。后壁及两侧有新鲜擦痕,滑体内有开裂、鼓起或前缘有挤出等变形迹象
		不活动滑坡	发生后已停止发展,一般情况下不可能重新活动,坡体上植被较茂盛,常有老建筑
	发生年代	新滑坡	现今正在发生滑动的滑坡
		老滑坡	全新世以来发生滑动,现今整体稳定的滑坡
		古滑坡	全新世以前发生滑动,现今整体稳定的滑坡
	滑体体积 V/万m³	小型滑坡	V<10
		中型滑坡	10≤V<100
		大型滑坡	100≤V<1000
		特大型滑坡	1000≤V<10 000
		巨型滑坡	V≥10 000

4)滑坡稳定性野外判别

滑坡稳定性划分为稳定、较稳定和不稳定三级(表4-9)。野外调查时,综合滑坡不同部位特征,对滑坡的现状稳定性进行初步判别,判别依据见表4-9。

表4-9 滑坡稳定性野外判别依据(据DZ/T 0261—2014)

滑坡要素	不稳定	较稳定	稳定
滑坡前缘	滑坡前缘临空,坡度较陡且常处于地表径流的冲刷之下,有发展趋势并有季节性泉水出露,岩土潮湿、饱水	前缘临空,有间断季节性地表径流流经,岩土体较湿,斜坡坡度在30°~45°之间	前缘斜坡较缓,临空高差小,无地表径流流经和继续变形的迹象,岩土体干燥
滑体	滑体平均坡度>40°,坡面上有多条新发展的滑坡裂缝,其上建筑物、植被有新的变形迹象	滑体平均坡度在25°~40°之间,坡面上局部有小的裂缝,其上建筑物、植被无新的变形迹象	滑体平均坡度<25°,坡面上无裂缝发展,其上建筑物、植被未有新的变形迹象
滑坡后缘	后缘壁上可见擦痕或有明显位移迹象,后缘有裂缝发育	后缘有断续的小裂缝发育,后缘壁上有不明显变形迹象	后缘壁上无擦痕和明显位移迹象,原有的裂缝已被充填

5)古(老)滑坡野外识别

古(老)滑坡在野外较为常见,但是较难辨别,需要仔细调查,根据其标志特征进行判别,并做好记录,判别当前稳定性。古(老)滑坡野外识别标志如表4-10所示。

表4-10 古(老)滑坡识别标志(据DZ/T 0261—2014)

类别	亚类	内容
形态	宏观形态	圈椅状地形、双沟同源、坡体后部平台出现洼地、与周围河流阶地、构造平台或风化差异平台不一致的大平台地形、不正常河流弯道,圈椅状地形、"大肚子"斜坡等
	微观形态	后倾台面地形、小台阶与平台相间、马刀树、坡体前方或侧边出现擦痕或镜面、表层坍滑广泛
地层	老地层	明显的产状变动、架空、松弛、破碎、大段孤立岩体掩覆在新地层之上、大段变形岩体位于土状堆积物之中
	新地层	变形或变位岩体被新地层掩覆、山体后部洼地出现局部湖相地层、变形或变位岩体上覆湖相地层、上游方出现湖相地层
变形等		古墓或古建筑变形、构成坡体的岩土结构零乱或强度低、开挖后易坍滑、斜坡前部地下水呈线状出露、古树等被掩埋
历史记载访问资料		发生滑坡或变形的记载和口述

2.滑坡主要调查内容

1)滑坡区主要调查内容

(1)滑坡地理位置、地貌部位、斜坡形态、地面坡度、相对高度、沟谷发育、河岸冲刷、堆积物、地表水以及植被。

(2)滑坡体周边地层及地质构造。

(3)水文地质条件。

2)滑坡体调查内容

(1)形态与规模：滑体的平面及剖面形状、长度、宽度、厚度、面积和体积。

(2)边界特征：滑坡后壁的位置、产状、高度及其壁面上擦痕方向；滑坡两侧界线的位置与性状；前缘出露位置、形态、临空面特征及剪出情况；露头上滑床的性状特征等。

(3)表部特征：微地貌形态(后缘洼地、台坎、前缘鼓胀、侧缘翻边埂等)，裂缝的分布、方向、长度、宽度、产状、力学性质及其他前兆特征。

(4)内部特征：通过野外观察和山地工程，调查滑坡体的岩体结构、岩性组成、松动破碎及含泥含水情况，滑带的数量、形状、埋深、物质成分、胶结状况，滑动面与其他结构面的关系。

(5)变形活动特征：访问调查滑坡发生时间，目前的发展特点及其变形活动阶段(初始蠕变阶段、加速变形阶段、剧烈变形阶段、破坏阶段、休止阶段)，滑动方向、滑距及滑速，分析滑坡的滑动方式、力学机制和目前的稳定状态。

3)滑坡成因调查内容

(1)自然因素：降雨、地震、洪水、崩塌加载等。

(2)人为因素：森林植被破坏、不合理开垦、矿山采掘、切坡、滑坡体下部切脚，滑坡体中-上部人为加载、震动、废水随意排放、渠道渗漏、水库蓄水等。

(3)综合因素：人类工程经济活动和自然因素共同作用。

4)滑坡危害调查内容

(1)滑坡发生发展历史，破坏地面工程、环境和人员伤亡、经济损失等现状。

(2)分析与预测滑坡的稳定性和滑坡发生后可能成灾范围及灾情，分析判断可能的滑动路径、影响范围(后缘、侧向扩展、前缘掩埋等)、次生灾害(阻断河流、堰塞湖、入水涌浪等)及其危害。

5)滑坡防治情况调查

应调查滑坡灾害勘查、监测、工程治理措施等防治现状及效果。

部分调查内容如图4-25～图4-28所示。

图4-25 滑坡后壁(聂拉木县)

图4-26 岩质滑坡(聂拉木县)

图 4-27 小型堆积层滑坡(聂拉木县)

图 4-28 滑坡防治工程(聂拉木县)

3. 典型滑坡灾点

YZ05 滑坡,靠近中尼边境波曲河,临近 318 国道。滑体厚约 35m,31~32m 深度处为基岩,滑体上可见大小不等的块石,最大体积约 200m³(图 4-29、图 4-30)。此滑坡是由"4·25"地震诱发,滑体位移距离较大,滑坡前段伸入波曲河,但并未严重阻塞河道。目前,此处正在进行滑坡治理工程。

该滑坡产生的诱发因素主要为地震和降雨。地震强大的破坏力致使堆积体结构发生改变,密实度、岩体力学性质等发生变化,堆积体变得更加松散,最终失稳。

图 4-29 YZ05 滑坡治理工程

图 4-30 YZ05 滑坡体

四、泥石流及隐患点野外调查

本书研究区位于喜马拉雅山区,地形起伏大,泥石流灾害易发,属于重点调查灾害之一。研究区内地形条件复杂,海拔高差大,为泥石流发育提供了较好的地形条件;区内构造运动、风化作用强烈,坡体岩体破碎,常发生崩塌、滑坡等,为泥石流发育提供了充足的物源;降水、冰雪消融、冰湖溃决等为泥石流灾害发育提供了充足的水力条件。

1. 调查基本要求

1)泥石流解译成果核查

根据室内解译结果,在野外调查期间最大程度核查泥石流的形成区、流通区、堆积区的边界范围或者泥石流流域范围。

重点泥石流要进行流域平面图绘制,反映泥石流形成区、流通区、堆积区的分界,显示可能提供松散固体物质的不良物理地质现象的类型、性质、分布规律、位置、范围大小以及物质储备。实测沟谷剖面,并进行拍照、录像或绘制素描图。

2)泥石流分类

根据实地踏勘首先要对调查的泥石流进行分类,判别其类型,了解泥石流的基本要素,分类依据见表4-11。

表4-11　泥石流类型及特征(据DZ/T 0261—2014)

分类指标	分类	特征
水源类型	暴雨型泥石流	由暴雨因素激发形成的泥石流
	溃决型泥石流	由水库、湖泊(冰湖)等溃决因素激发形成的泥石流
	冰雪融水型泥石流	由冰、雪消融水流激发形成的泥石流
	泉水型泥石流	由泉水因素激发形成的泥石流
地貌部位	山区泥石流	峡谷地形,坡陡势猛,破坏性大
	山前区泥石流	宽谷地形,沟长坡缓势较弱,危害范围大
流域形态	沟谷型泥石流	流域呈扇形或狭长条形,沟谷地形,沟长坡缓,规模大,一般能划分出泥石流的形成区、流通区和堆积区
	山坡型泥石流	流域呈斗状,无明显流通区,形成区与堆积区直接相连,沟短坡陡,规模小
物质组成	泥流	由细粒径土组成,偶夹砂砾,黏度大,颗粒均匀
	泥石流	由土、砂、石混杂组成,颗粒差异较大
	水石流	由砂、石组成,粒径大,堆积物分选性强

续表 4-11

分类指标	分类	特征
固体物质提供方式	滑坡泥石流	固体物质主要由滑坡堆积物组成
	崩塌泥石流	固体物质主要由崩塌堆积物组成
	沟床侵蚀泥石流	固体物质主要由沟床堆积物侵蚀提供
	坡面侵蚀泥石流	固体物质主要由坡面或冲沟侵蚀提供
流体性质	黏性泥石流	层流,有阵流,浓度大,破坏力强,堆积物分选性差
	稀性泥石流	紊流,散流,浓度小,破坏力较弱,堆积物分选性强
发育阶段	发育期泥石流	山体破碎不稳,日益发展,淤积速度递增,规模小
	旺盛期泥石流	沟坡极不稳定,淤积速度稳定,规模大
	衰败期泥石流	沟坡趋于稳定,以河床侵蚀为主,有淤有冲,由淤转冲
	停歇期泥石流	沟坡稳定,植被恢复,冲刷为主,沟槽稳定
暴发频率 (n)	极高频泥石流	$n \geqslant 10$ 次/年
	高频泥石流	1 次/年 $\leqslant n <$ 10 次/年
	中频泥石流	0.1 次/年 $\leqslant n <$ 1 次/年
	低频泥石流	0.01 次/年 $\leqslant n <$ 0.1 次/年
	间歇性泥石流	0.001 次/年 $\leqslant n <$ 0.01 次/年
	老泥石流	0.0001 次/年 $\leqslant n <$ 0.001 次/年
	古泥石流	$n <$ 0.0001 次/年
堆积物体积 V/万 m^3	巨型泥石流	$V \geqslant 100$
	大型泥石流	$10 \leqslant V < 100$
	中型泥石流	$1 \leqslant V < 10$
	小型泥石流	$V \leqslant 1$

3)泥石流实地调查

按照泥石流野外调查记录表填写调查内容,泥石流主要要素不能遗漏。调查的内容要涵盖地质条件、泥石流特征、诱发因素、危害性、泥石流防治情况等,详见附录三~附录六。

2.泥石流主要调查内容

1)地质条件调查
地质条件调查包括以下内容
(1)调查范围包括形成区、流通区、堆积区,其调查内容见表 4-12。

表 4-12　泥石流地质调查内容

调查区	调查内容
形成区	调查地势高低,流域最高处的高程,山坡稳定性,沟谷发育程度,冲沟切割深度、宽度、形状和密度,流域内植被覆盖程度,植物类别及分布状况,水土流失情况等
流通区	调查流通区的长度、宽度、坡度,沟床切割情况、形态、平剖面变化,沟谷冲、淤均衡坡度,阻塞地段石块堆积,以及跌水、急弯、卡口情况等
堆积区	调查堆积区形态和面积大小,堆积过程、速度、厚度、长度、层次、结构以及颗粒级别、坚实程度、磨圆程度,堆积扇的纵横坡度、扇顶、扇腰及扇线位置,堆积扇发展趋势等

(2)地形地貌调查。确定流域内最大地形高差,上、中、下游各沟段沟谷与山脊的平均高差,山坡最大、最小及平均坡度,各种坡度级别所占的面积比率。分析地形地貌与泥石流活动之间的内在联系,确定地貌发育演变历史及泥石流活动的发育阶段。

(3)岩(土)体调查。沟床堆积物分布、结构及搬运程度,山坡上植被和表生带与岩(土)体稳定性,不合理的人类工程活动及弃碴;重点对泥石流形成提供松散固体物质来源的易风化软弱层、构造破碎带,第四系的分布状况和岩性特征进行调查,并分析其主要来源区。

(4)地质构造调查。确定沟域在地质构造图上的位置,重点调查研究新构造对地形地貌、松散固体物质形成和分布的控制作用,阐明与泥石流活动的关系。

(5)泥石流沟内松散堆积物储量调查。对泥石流物源区松散堆积物储量进行调查,查明泥石流沟内松散堆积物储量,分析、计算不同降雨量条件下的动储量。

(6)气象水文条件调查。调查气温及蒸发的年际变化、年内变化以及沿垂直带的变化,降水的年内变化及随高度的变化,最大暴雨强度及年降水量等。调查历次泥石流发生时间、次数、规模大小次序,泥石流泥位标高。

(7)植被调查。调查沟域土地类型、植物组成和分布规律,了解主要树、草及作物的生物学特性,确定各地段植被覆盖程度,圈定出植被严重破坏区。

(8)人类工程经济活动调查。主要调查各类工程建设所产生的固体废弃物(矿山尾矿、工程弃渣、弃土、垃圾)的分布、数量、堆放形式、特性,了解可能因暴雨、山洪引发泥石流的地段和参与泥石流的数量及一次性补给的可能数量。

2)泥石流特征调查

(1)根据水动力条件,确定泥石流的类型。

(2)调查泥石流形成区的水源类型、汇水条件、山坡坡度、岩层性质及风化程度,断裂、滑坡、崩塌、岩堆等不良地质现象的发育情况及可能形成泥石流固体物质的分布范围、储量。

(3)流通区的沟床纵横坡度、跌水、急湾等特征,沟床两侧山坡坡度、稳定程度,沟床的冲淤变化和泥石流的痕迹。

(4)调查泥石流沟与主河汇口堆积扇分布及堆积期次。堆积区的堆积扇分布范围、表面形态、纵坡、植被、沟道变迁和冲淤情况,堆积物的性质、层次、厚度、一般和最大粒径及分布规律。判定堆积区的形成历史、堆积速度,估算一次最大堆积量。

(5)调查泥石流松散层物质组成、结构、厚度和颗粒粒度级配的变化,沟谷基岩地层结构、构造;采集具有代表性的原状样品进行实验室分析测试,测定泥石流堆积物的物理力学性质和颗粒粒度级配。

(6)调查泥石流沟谷的历史。历次泥石流的发生时间、频数、规模、泥位、形成过程、爆发前的降水情况和爆发后产生的灾害情况。

3)泥石流诱发因素调查

(1)调查水的动力类型。包括:暴雨型、冰雪融水型、水体溃决(水库、冰湖)型等。

(2)暴雨型主要收集当地暴雨强度、前期降雨量、一次最大降雨量等。

(3)冰雪融水型主要调查收集冰雪可融化的体积、融化的时间和可产生的最大流量等。

(4)水体溃决型主要调查因水库、冰湖溃决而外泄的最大流量及地下水活动情况。

4)泥石流危害与防治情况调查

(1)调查了解历次泥石流残留在沟道中的各种痕迹和堆积物特征,推断其活动历史、期次、规模及目前所处发育阶段。

(2)调查了解泥石流危害的对象、危害形式(淤埋和漫流、冲刷和磨蚀、撞击和爬高、堵塞或挤压河道);初步圈定泥石流可能危害的地区,分析预测今后一定时期内泥石流的发展趋势和可能造成的危害。

(3)调查泥石流灾害勘查、监测、工程治理措施等防治现状及效果。

(4)山区和山前区泥石流可依据泥石流堆积扇所处的地貌部位以及冲淤特征,按照泥石流分类标准进行野外判别。

图 4-31～图 4-34 为协格尔镇部分泥石流照片。

图 4-31　YX49 泥石流流通区下游(2017 年 8 月)

图 4-32　YX51 泥石流全景(2017 年 8 月)

图 4-33　YX28 泥石流流通区堆积物(2017 年 8 月)

图 4-34　YX26 泥石流沟口冲洪积物(2017 年 8 月)

3. 典型泥石流灾点

位于 87°12′05.83″E,28°42′18.24″N 的协格尔朗嘎布沟泥石流,其所处区域地质构造复杂,地层岩性多样,地势强烈抬升,地面起伏大,河流深切,地势陡峻,不良地质现象非常发育。朗嘎布沟泥石流沟谷发育,地表流水的侵蚀影响强烈,主沟侵蚀下切强烈,沟谷宽窄变化较大,其形成区以深 V 形峡谷地貌为主,流通堆积区主要为 V−U 形沟谷地貌;流域内斜坡坡度较陡,该地形特征有利于降雨汇水汇流,沟道纵坡较陡,水流湍急,沟道下切、侧蚀严重,使两侧斜坡堆积物极易临空失稳进入沟中补充泥石流固体物质,为泥石流起动提供充足的势能条件、汇流条件及物源启动条件。

1)地形条件

朗嘎布沟泥石流地势呈西北高东南低,流域主要分布在海拔 4415～5206m 的高程范围内,其中海拔≥4415m 的地表面积占总面积的 98.1%,海拔≥4527m 的地表面积占总面积的 88.24%,高程 4415～4527m 之间的地表面积占总面积的 9.86%(图 4-35)。

4-35 协格尔镇泥石流全景图(据 Google. Earth,2017 年 8 月影像)

2)松散物质条件

泥石流所处地区地质构造复杂,地层岩性多样。泥石流中上游为上白垩统岗巴村口组(K_2),主要岩性以灰色、灰黑色石英砂岩为主;泥石流沟道内以及泥石流堆积区主要以第四系冲洪积物为主,自上游至下游堆积物厚度逐渐增大。

在实际调查中,在泥石流下游堆积区可见大量松散块石,粒径 3~10cm 不等,岩性以砂岩、板岩为主。如图 4-36、图 4-37 所示,泥石流沟口堆积层厚度为 0.9~2.5m,推测这些块石主要来源于残坡积层,经洪水或泥石流搬运后堆积于沟口。

图 4-36　中游沟道地貌

图 4-37　泥石流物源区及流通区

3) 泥石流危害对象与稳定性

该泥石流威胁居民 6 户 34 人,威胁财产 1200 万元,近期在 2014 年 8 月有发生。2015 年尼泊尔"4·25"地震,对该泥石流无大的影响。经过工程治理,泥石流流通堆积区现已修建排导槽,在排导槽中,可见大量泥石流物质,主要为崩坡积物,可见大量基岩碎块,分选较差、磨圆较差,在研究区特定的气候条件下,若 7 月、8 月出现大的降雨,达到激发降雨强度,沟谷中的松散物质可能启动发生泥石流。

五、潜在溃决冰湖调查

1. 调查基本要求

(1) 冰湖解译成果核查。

(2) 潜在溃决冰湖调查包括冰湖基本特征及冰湖溃决可能引发的其他灾害。野外调查按照冰湖调查记录表进行调查填写,不遗漏冰湖主要要素。

(3) 冰湖调查内容应包括冰湖的发育特征、威胁对象、溃决历史、防治措施等。

2. 冰湖主要调查内容

(1) 冰湖发育特征内容。

①冰湖坝顶宽度、湖水位距坝顶高度、湖面凌空高度、冰湖背坡坡度、冰湖含冰量。

②冰舌段坡度、冰舌前段距离冰湖距离、补给冰川的面积。

③坝体物质组成、结构。

④湖水性质(淡水、咸水)、湖水排泄方式、湖水补给方式,见图 4-38。

(2)威胁对象及潜在经济损失调查。威胁对象主要包括建筑物、人口、道路、农田等,同时要对承灾体进行价值调查估算。

(3)溃决历史调查。包括历史溃决时间、溃决前湖面面积、溃决水深、直接和间接溃决(地震、降雨、冰崩、气候变化等)原因、承灾形式、受灾对象及经济损失。

(4)防治措施调查。

图 4-38 冰湖调查

3. 典型潜在溃决冰湖隐患点

以 BH10 为例,该冰湖位于聂拉木县西北部。地理坐标为 85°51′17″E,28°12′54″N,湖面海拔高度 4400m 左右。该冰湖距离聂拉木县城很近,约 20.6km,根据民间调查及相关官方数据显示,2002 年期间的 5 月 23 日和 6 月 29 日曾先后两次有冰湖溃决发生,溃决导致了冲堆普山洪泥石流(表 4-13)(朱海波,2016)。

冰湖以南发育有面积约为 5.9km² 的现代冰川,呈舌状,约 20m 厚。冰川作用侵蚀山体,常年积雪,山壁陡峭,一般都在 2000m 以上。其后缘冰川上存在很多裂缝,一旦温度升高,冰体会沿冰裂缝发生断裂,落入冰湖中,会在短时间内导致湖面水位上涨,水位对终碛垄压力增大,并伴有冰川落入冰湖中产生的水浪冲击力,在两者合力作用下,终碛垄将有很大可能发生破坏,导致冰湖溃决,产生的洪水在混合了大量终碛物和冰碛物的情况下,最终会形成冰湖泥石流,危害下游的聂拉木县城人民生命财产的安全(图 4-39)。

表 4-13 BH10 冰湖属性表

野外编号	BH10	植被覆盖	裸露
经度	85°51′17″E	湖面海拔	4 329.61m
纬度	28°12′54″N	冰湖面积	0.33km²
地理位置	聂拉木县聂拉木镇冲堆村上游	母冰川描述	冰川面积覆盖较大,冰川与冰湖之间存在大量冰碛物,母冰川坡度>20°
地层时代	前寒武系(C)、亚东岩群(AnCY)	堤坝特征	湖坝有溢流出口点,曾经发生过冰湖溃决
地层岩性	片麻岩	湖盆特征	湖盆坡度约为 20°,湖盆附近存在大量松散物质及冰碛物
溃决机理	溢流、管涌	历史发生时间	2002 年
威胁对象	聂拉木县城	险情等级	危险
诱发因素	气候突变	工程活动影响	暂无
现状稳定性	较不稳定	今后变化趋势	不稳定
已有/在建防治工程	开挖泄水明渠泄放湖水;在终碛垄上修建钢筋石笼护岸	防治建议	在当前防治工程的基础上定期巡查,在冰湖溃决口和下游河道安装监测设施

(a) 嘉龙错冰湖远景图　　　　　　　　(b) 嘉龙错冰碛坝航拍图

(c) 嘉龙错冰湖全景图

图 4-39　嘉龙错冰湖现场调查图

六、承灾体野外调查

承灾体调查主要包括两个方面的内容：一是承灾体空间几何信息，二是承灾体属性参数信息（表 4-14）。以建筑物为例，空间几何信息包括建筑物的类型、规模、空间位置等，属性信息主要是指楼层数、结构、设计用途和使用年限等。承灾体的空间信息可以通过向当地有关部门收集土地利用总体规划数据或者通过遥感影像解译获取，但是这种收集方式获取的信息有限，一般不包括属性信息。因此，需要开展实地承灾体的详细调查（王佳佳，2015）。

表 4-14　承灾体调查内容

序号	承灾体类型	调查内容
1	人口	地质灾害影响区内生活、工作或是旅游的人数量、年龄结构等
2	经济	公路、铁路等交通，房屋等建筑，生活设施，通信设施等财产
3	环境	土地利用类型等

1)建筑物调查

建筑物调查内容有建筑物的空间位置、结构类型(一般包括钢混结构、砖混结构、砖木结构、土木结构、板房)、层数、建筑面积、成新度(建筑时间)、变形情况等,如图4-40、图4-41所示。

4-40　协格尔镇受泥石流威胁房屋(2018年7月)　　图4-41　樟木镇受崩塌损坏房屋(2018年7月)

2)人口调查

人口因其具有较大的流动型,在调查识别中通常依附于建筑物调查进行,主要调查内容有建筑物内常住人口总数、性别比、年龄结构、健康程度、受教育程度、对灾害意识程度等。

3)交通道路调查

交通道路调查识别主要内容有受灾道路长度、空间位置、变形情况、道路等级、道路造价等,如图4-42、图4-43所示。

图4-42　樟木镇受崩塌威胁道路(2018年7月)　　图4-43　协格尔镇受泥石流威胁道路(2018年7月)

4)农田调查

农田调查主要内容有面积、单位造价、变形情况等,如图4-44、图4-45所示。

图 4-44 协格尔镇受泥石流威胁农田
（2018 年 7 月）

图 4-45 协格尔镇受泥石流威胁农田及村庄
（2018 年 7 月）

第三节 地质灾害及承灾体调查数据库

数据库指的是对收集和调查的资料进行整理，按照需求建立相应的数据存储，并能进行不断更新与维护的数据实体。吴树仁等（2012）利用 GIS 技术开展滑坡风险评估，其基础是数据的获取与管理，按照数据处理的流程可以分为 3 个阶段：数据收集、数据库生成和数据库，其认为数据库指的是数据库的实体，也即数据库的录入内容、专题图层及其主要的构成要素。吴树仁（2012）认为一般应用于滑坡风险评估的空间数据库主要包括以下几个专题数据库：滑坡编录数据库，滑坡基础地质环境因素、承灾体、诱发条件的数据库。

本书在已收集资料的基础上，通过 Excel 的数据处理功能，建立地质灾害和承灾体的属性数据库。Excel 和 ArcGIS 两者之间可以实现数据的自由转换，将野外调查数据和解译数据在 Excel 中建立数据库，进行初步统计分析，并将建立好的数据库与地质灾害和承灾体矢量文件链接，以便进行易发性、危险性、易损性、风险等环节的计算。按照不同的地质灾害建立相应的综合数据库，主要要素包括地质灾害的基本属性、基础条件、主要诱发条件。

建立数据库进行统计分析主要是利用表征灾害的点、面以及属性信息来开展地质灾害类型、密度、时空分布、活动性和承灾体损失等统计分析，为地质灾害分布规律提供统计分析数据，为进一步进行风险评估提供依据（吴树仁等，2012）。

一、地质灾害数据库

1. 滑坡灾害数据库

滑坡灾害数据库的主要内容有基本属性、基础条件和其他要素，表 4-15 为部分滑坡属性表示例。

（1）基本属性包括：滑坡统一编号、室内编号、经纬度、地理位置、发生时间、类型、规模、滑体物质类型、运动形式、扩展方式、滑坡时代、前缘高程、后缘高程、主滑方向、滑坡长度、滑坡宽度、滑坡厚度、滑坡面积、滑坡坡度、滑坡坡向、滑坡体积、控滑结构面倾向、控滑结构面倾角、控滑结构面类型、变形迹象名称、变形迹象部位。

（2）基础条件包括：地层时代、地层岩性、地层倾向、地层倾角、地质构造、微地貌、斜坡结构类型、土地利用类型、植被覆盖程度、地震烈度、地下水。

（3）其他要素包括：威胁对象、险情等级、是否为隐患点、现状稳定性、今后变化趋势、工程活动类型、诱发因素、易发程度、危险性、风险性、已有/在建防治工程、防治建议。

表 4-15 滑坡数据库部分信息属性表

统一编号	滑坡类型	滑坡规模	运动形式	扩展方式	滑坡时代	滑坡长度	滑坡宽度	滑坡体积	前缘高程	后缘高程	主滑方向	变形迹象名称	变形迹象部位	变形迹象特征	地质构造	微地貌	斜坡结构类型
YN02	土质	小型	流动	扩大型	老滑坡	86m	30m	0.40万m³	2329m	2372m	212°	滑动	中上部	后缘可见裂缝	无	缓坡	平缓层状斜坡
YN04	堆积层	小型	扩展	推移型	新滑坡	36m	13m	0.11万m³	2660m	2672m	287°	滑动	上部	可见滑动痕迹	无	缓坡	顺向斜坡
YN05	岩质	中型	平移	扩大型	新滑坡	103m	50m	10万m³	2722m	2785m	265°	滑动	中上部	可见滑动痕迹	无	缓坡	顺向斜坡

2. 崩塌灾害数据库

崩塌灾害数据库主要内容有基本属性、基础条件和其他要素，表 4-16 为部分崩塌属性表示例。

（1）基本属性包括：崩塌统一编号、室内编号、经纬度、地理位置、发生时间、崩塌类型、规模、运动形式、坡顶标高、坡脚标高、高差、崩塌源宽度、崩塌源厚度、崩塌源体积、堆积体体积、岩体块度、岩体裂隙组数。

（2）基础条件包括：地层时代、地层岩性、地层倾向、地层倾角、地质构造、微地貌、斜坡结构类型、土地利用类型、植被覆盖程度、地震烈度、地下水。

（3）其他要素包括：威胁对象、险情等级、是否为隐患点、现状稳定性、今后变化趋势、工程活动类型、诱发因素、易发程度、危险性、风险性、已有/在建防治工程、防治建议、控制结构面倾向、控制结构面倾角、控制结构面类型、变形迹象名称、变形迹象部位。

表 4-16 崩塌数据库部分信息属性表

统一编号	崩塌类型	崩塌规模	运动形式	岩体裂隙组数	崩塌源扩展方式	控制结构面倾向	控制结构面倾角	控制结构面类型	地震烈度	地层时代	地层岩性	地层倾向	地质构造	微地貌	诱发因素
YN03	岩质	小型	拉裂	3	扩大型	212°	30°	节理裂隙	Ⅶ	前震旦系	片麻岩	57°	断层	陡坡	地震降雨
YN06	土质	小型	滑移	—	向后扩展	—	—	—	Ⅶ	前震旦系	片麻岩	41°	—	陡坡	地震降雨
YN07	岩质	小型	倾倒	3	扩大型	287°	31°	卸荷裂隙	Ⅶ	前震旦系	变质砂岩	52°	—	陡坡	地震降雨

3. 泥石流灾害数据库

泥石地质流灾害数据库主要内容有基本属性、基础条件和其他要素,表 4-17 为部分泥石流属性表示例。

(1)基本属性包括:泥石流统一编号、室内编号、经纬度、地理位置、发生时间、规模、泥石流类型、水动力条件、物源补给途径、主沟流动方向、补给区位置、发展阶段、主沟纵降比、流域最大标高、流域最小标高、松散堆积物平均厚度、流域面积、沟口扇形地扇长、沟口扇形地扇宽、沟口扇形地扩散角、沟口至主河道距离、沟槽横断面类型。

(2)基础条件包括:地层时代、地层岩性、地层倾向、地层倾角、地质构造、地震烈度、土地利用类型。

(3)其他要素包括:威胁对象、险情等级、是否为隐患点、现状稳定性、今后变化趋势、工程活动类型、诱发因素、易发程度、危险性、风险性、已有/在建防治工程、防治建议、控制结构面倾向、控制结构面倾角、控制结构面类型、变形迹象名称、变形迹象部位。

表 4-17　泥石流数据库部分信息属性表

统一编号	泥石流类型	规模	水动力条件	物源补给途径	主沟流动方向	补给区位置	发展阶段	主沟纵坡降	沟槽横断面类型	流域最大标高	流域最小标高	松散堆积物平均厚度	诱发因素
YN01	水石型	小型	暴雨	坡面侵蚀	270°	中上游	衰退期	0.5	V-U形	3926m	3805m	1m	降雨
YN21	水石型	中型	暴雨/冰雪融化	坡面侵蚀/崩滑堆积物	221°	中上游	发育期	1.2	V形	4512m	3983m	0.8m	降雨/冰雪融水
YN22	泥流型	中型	暴雨	沿程崩滑堆积物	81°	中上游	发育期	0.8	V形	3945m	3798m	1.2m	降雨

二、承灾体数据库

承灾体数据库包括基本属性和承灾体类别属性,承灾体数据库建立主要是以地质灾害点影响范围内的不同类型承灾体的信息为基础,表 4-18～表 4-21 为部分承灾体属性表示例。

基本属性包括:地质灾害点野外编号、室内编号、经纬度、地理位置、地质灾害类型、历史灾情、死亡人数、经济损失、灾情等级、威胁对象。

建筑物属性包括:空间位置(经纬度)、建筑物结构类型、用途、层数、建筑面积、成新度(建筑时间)、变形情况。

人口属性包括:建筑物内总人数、性别比例、年龄结构、健康程度、受教育程度、对灾害意识程度。

道路属性包括:受灾道路长度、空间位置(经纬度范围)、道路等级、道路造价、变形情况。

土地利用类型属性包括:土地类型、受灾面积、单位价值、变形情况。

表 4-18　建筑物数据库部分信息属性表

地质灾害野外编号	地质灾害类型	威胁对象	建筑物结构类型	建筑物用途	层数	面积	成新度（建筑时间）	变形情况
YX01	泥石流	建筑物	钢混	住宅	4	360m²	较新	无变形
YX04	泥石流	建筑物	钢混	住宅	4	360m²	较新	无变形
YX05	泥石流	建筑物	砖混	住宅	2	180m²	较新	无变形

表 4-19　人口数据库部分信息属性表

地质灾害野外编号	地质灾害类型	威胁对象	建筑物内总人数	性别比	年龄结构	受教育程度	对灾害意识程度
YX02	泥石流	人口	6	2∶1	10～60 岁	小学	中等
YX03	泥石流	人口	4	3∶1	10～40 岁	小学	中等
YX06	泥石流	人口	3	2∶1	5～35 岁	初中	高

表 4-20　道路数据库部分信息属性表

地质灾害野外编号	地质灾害类型	威胁对象	等级	长度	单位价值	变形情况
YX08	泥石流	道路	国道	25m	4 万元/m	中等变形
YX09	泥石流	道路	国道	20m	4 万元/m	轻微变形
YX10	崩塌	道路	县道	12m	1.2 万元/m	无变形

表 4-21　土地利用类型——农田数据库部分信息属性表

地质灾害野外编号	地质灾害类型	威胁对象	受灾面积	单位价值	变形情况
YX11	泥石流	农田	12 亩	3000 元/亩	轻微变形
YX12	泥石流	农田	6 亩	3000 元/亩	轻微变形
YX13	泥石流	农田	9 亩	3000 元/亩	轻微变形

第五章　协格尔镇（高原宽缓峡谷区）泥石流灾害风险评估与管理

第一节　协格尔镇自然地理及地质环境条件

一、地理位置及交通

协格尔镇隶属西藏自治区日喀则市定日县，位于青藏高原西南边境，地处喜马拉雅山脉中段，珠穆朗玛峰脚下，东邻定结县，北邻昂仁县，西接聂拉木县，是定日县的行政中心（图5-1）。协格尔镇经度介于87°02′04″E—87°15′14″E之间，纬度介于28°40′34″N—28°42′46″N之间，行政面积约为513.66km²。

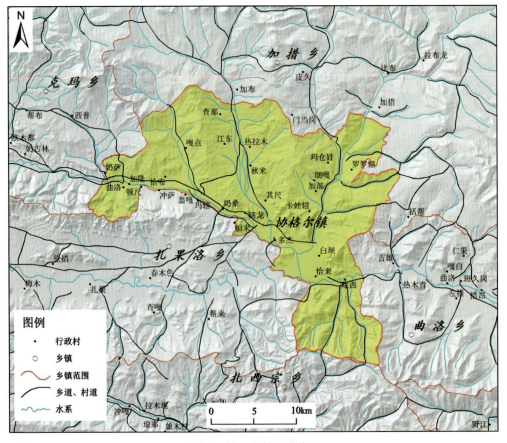

图 5-1　协格尔镇地理位置

二、气象水文

1. 气象

协格尔镇位于处喜马拉雅山主脉北翼,属高原亚寒带半干旱气候区,年平均气温2.1℃,最高气温22.1℃,最低气温−19.1℃;年平均降水量582.9mm,最大月降水量107.6mm;降雪期长达6个月以上,平均降雪期达90余天;年最大风速17m/s,平均风速4.3m/s;1987—2017年历史降雨量数据显示,协格尔镇年降雨量在140～450mm之间(图5-2),年平均降雨量为295mm;每年11月到次年4月基本无降雨,7、8两月为降雨集中月,降雨量占全年总降雨量的77.45%。

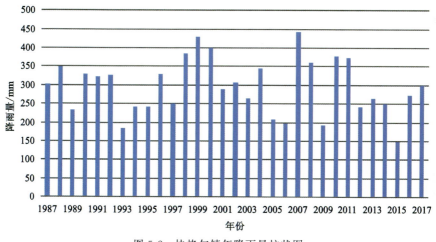

图5-2 协格尔镇年降雨量柱状图

2. 水文

协格尔镇范围内的主要河流为洛洛曲,为河流改造辫状河水系,河道宽且浅,河流最宽处约10m,主要以冰雪融水补给、大气降雨补给为主,随季节性变化影响大。洛洛曲有众多支流,这些小支流最终汇入洛洛曲干流,在白坝村注入朋曲河。

三、地形地貌

协格尔镇山峦起伏,沟谷纵横,海拔在4200～5700m之间,属于高山宽缓峡谷地貌。镇内地形起伏较大,坡度在23°～26°之间,山前冲洪积平原尤为发育(图5-3)。

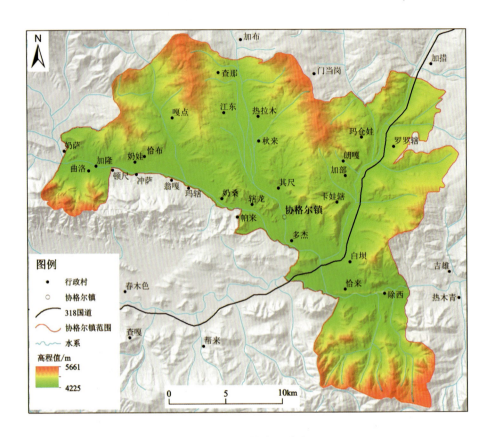

图 5-3 协格尔镇高程分布图

四、地层岩性及地质构造

1. 地层岩性

协格尔镇出露地层丰富,岩性复杂,主要出露地层为第四系松散堆积物(Q)、古近系宗浦组($E_{1+2}z$)、古近系基堵拉组(E_1j)、白垩系宗山组(K_2z)、白垩系岗巴群($K_{1-2}g$)、白垩系察且拉组($K_{1-2}c$)、白垩系加不拉组($K_{1+2}j$)、侏罗系古错村组(J_3g)、侏罗系维美组(J_3w)、侏罗系门卡墩组($J_{2-3}m$)、侏罗系拉弄拉组(J_2l)、侏罗系普普嘎桥组(J_1p)、侏罗系日当组($J_{1-2}r$)、三叠系德日荣组(T_3d)、三叠系涅如组(T_3n)和三叠系曲龙共巴组($T_{2-3}q$)。地层从老至新分述如下。

1) 三叠系(T)

三叠系是协格尔镇内出露最老的地层,岩性主要为三叠系曲龙共巴组灰色、深灰色薄层状钙质泥页岩、三叠系涅如组深灰色、灰色板岩和三叠系德日荣组灰白色中厚层石英砂岩。主要分布在协格尔镇内东南部高山区地带。

2) 侏罗系(J)

岩性主要为侏罗系日当组灰色、深灰色钙质板岩,侏罗系普普嘎桥组灰色、浅灰色砂岩以及拉弄拉组石英砂岩,主要分布在协格尔镇东部白坝村附近山区。

3)白垩系(K)

白垩系在协格尔镇广泛分布,主要为白垩系加不拉组、白垩系察且拉组、白垩系岗巴群以及白垩系宗山组。主要分布在镇内中部、西部大面积的高山地带。

4)第四系(Q)

镇内第四系主要分布于河谷两岸、河漫滩以及河流阶地,也是泥石流沟口位置的主要地层。岩性为第四系全新统冲洪积层(Qh^{al+pl})、第四系全新统残坡积层(Qh^{al+dl})和第四系全新统堆积层(Qh^{ef})。其中第四系冲洪积层上部主要为黏土及粉质黏土、中粗砂,下部为卵石层卵石间细砂、淤泥、黏土等充填,卵石含量为15%~20%,土层较薄;第四系全新统残坡积层主要为块碎石土及砂砾石,泥质含量少,堆积物之间胶结性差,结构较为松散;第四系堆积层以块石为主,块石大小混杂,粒径一般为3~10cm,大者50~300cm不等。

2. 地质构造

协格尔镇处于克玛定日复式向斜的东南方,主要特征为向南倒转,轴面以北缓角北倾;且次级倒转褶皱发育,伴有逆掩断层;大地构造位置上属于冈瓦纳大陆边缘拉轨冈日构造带中段,其构造岩浆活动频繁。区域内地质构造背景复杂,地壳以大面积间歇性整体抬升为特征,主要受外围强震活动的波及影响及构造运动影响,可为泥石流的发生提供丰富的松散物源(图5-4)。

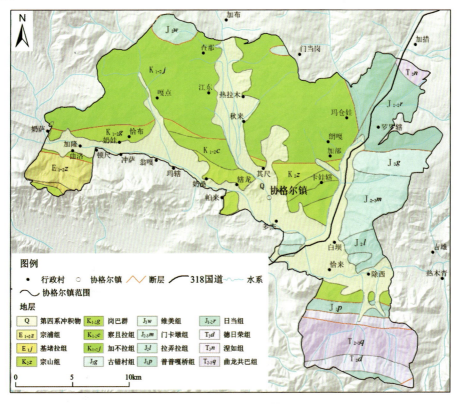

图 5-4 协格尔镇地质简图

五、工程地质及水文地质条件

1. 工程岩组分类

根据《岩土体工程地质分类标准》(DZ 0219—2002),将协格尔镇内地层岩性按坚硬程度划分为5类:坚硬岩、较硬岩、较软岩、软岩和极软岩组(图5-5)。

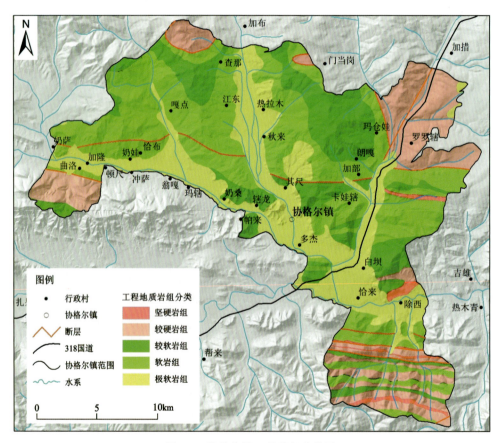

图 5-5　协格尔镇工程岩组分类图

1)坚硬岩组

坚硬岩组主要为未风化—微风化的细粒石英砂岩,主要有三叠系曲龙共巴组、三叠系德日荣组和侏罗系拉弄拉组等部分中—厚层状细粒石英砂岩岩组,主要分布在协格尔镇南部和东部的部分区域。

2)较硬岩组

较硬岩组主要为部分微风化的石英砂岩和未风化—微风化的结晶灰岩、泥质灰岩、碎屑灰岩、钙质砂岩、钙质板岩,以及有极少量软质岩夹层的硬质岩组。包括三叠系曲龙共巴组中夹有粉砂岩、页岩的石英砂岩组,德日荣组细粒石英砂岩与灰岩互层岩组;侏罗系普普嘎桥组碎屑石英砂岩与粉砂质泥岩互层岩组,侏罗系维美组石英砂岩夹页岩段和硅化泥岩,侏罗系日当组细粒石英砂岩。

3)较软岩组

较软岩组主要为未风化—微风化的凝灰岩、千枚岩、泥灰岩、砂质泥岩、细砂岩等,还有少量中等风化—强风化的板岩、结晶灰岩、泥质灰岩等,以及少量软质岩与硬质岩的互层。如三叠系曲龙共巴组中粉砂岩、细砂岩段;侏罗系拉弄拉组的上段薄—中层泥灰岩岩组,侏罗系门卡墩组粉砂质泥岩粉砂质页岩组;白垩系岗巴群中灰岩、泥灰岩与页岩互层岩组,白垩系宗山组泥灰岩、泥质灰岩与泥灰岩互层、钙质泥岩等岩组。

4)软岩组

软岩组主要为协格尔镇内广泛分布的未风化—微风化的页岩、泥岩、泥质砂岩等,还有部分中等风化—强风化的泥灰岩、砂质泥岩、细砂岩、板岩等。如三叠系曲龙共巴组中泥岩、页岩段;侏罗系普普嘎桥组中页岩段,侏罗系门卡墩组、侏罗系古错村组中的泥岩、页岩组和侏罗系日当组中风化强烈的板岩、细砂岩等;白垩系察且拉组和白垩系岗巴群中的页岩岩组等。

5)极软岩组

极软岩组主要为各种类型的第四系松散物质,全风化的各种岩石和半成岩。主要为广泛分布于河谷低洼地区第四系形成的湖积物、洪积物、洪冲积物、残坡积物、湖泽沉积物和部分古冰川作用形成的冰碛物等。

2. 水文地质条件

1)地下水类型

受地层岩性、地质构造、地形地貌的控制,协格尔镇水文地质条件相对复杂。根据地层岩性及其赋存形式、水理性质和水力特征可将地下水分为2种类型:松散岩类孔隙水和基岩裂隙水。

松散岩类孔隙水赋存于第四系砂砾卵石层中,分布在山区河谷阶地和河漫滩,富水性较好,但分布面积窄小;基岩裂隙水主要赋存于碎屑岩、变质岩及岩浆岩岩类中,一般含水微弱,富水性差,根据地质构造和风化程度又可分为构造裂隙水和风化带网状裂隙水。

2)地下水补给、径流、排泄条件

地下水补给、径流、排泄主要受气候、地形地貌、岩性、构造等因素的制约。地下水的补给来源主要为大气降水和冰雪融水的入渗补给,基岩山区地下水在基岩裂隙运移、径流,部分形成地表水,部分补给高山区碎屑岩类孔隙裂隙水和松散岩类孔隙水。

六、新构造运动及地震

1. 新构造运动

协格尔镇位于喜马拉雅山脉北部,区域上处在北喜马拉雅构造带,新构造活动表现较为强烈,是雅鲁藏布江板块结合带碰撞和关闭之后于陆内调整阶段形成并发展的。上新世—第四纪以来,高原整体式隆升、南北向活动带和河流下切是其重要特征,受到这一大的构造活动控制。

2. 地震

定日县发生地震的次数较多,近年发生的地震主要有,2011年9月18日印度锡金邦发生6.8级地震,日喀则地区的定日县等15个县(市)和山南地区的洛扎等8个县为地震波及区,定日县各乡均有震感;2013年8月31日,在西藏日喀则地区聂拉木县发生3.9级地震,定日县震感强烈。2015年4月25日,位于喜马拉雅山南麓的尼泊尔境内博克拉市发生 $M_S 8.1$ 级地震,震源深度20km,受该次地震影响,定日县也在同一天的17时发生5.9级地震,这次地震是该地区自1934年8.4级地震以来遭遇的最强烈的一次地震(武新宁,2017),诱发了较大面积的崩塌、滑坡灾害。根据《中国地震烈度动参数区划图》(GB 18306—2015),协格尔镇地震动峰值加速度为0.10g,地震基本烈度为Ⅶ度。

第二节 协格尔镇泥石流时空分布特征

一、泥石流时间分布特征

协格尔镇内发育的泥石流沟谷共有193个,有历史记录的泥石流沟谷共计56个,发生时间集中在7、8月份。泥石流灾害发生时间统计如表5-1所示。

表5-1 协格尔镇泥石流发生时间统计表

时间	2004年7月	2007年8月	2011年8月	2013年8月	2014年8月	2017年7月
发生次数/次	1	1	4	2	23	25

每年的7、8月是协格尔镇的降雨集中月,月平均降雨量(1987—2017年)均在100mm以上,月平均气温15℃以上。连续且集中的降雨,加之因温度升高导致雪线上升,部分积雪融化,为泥石流的爆发提供了充足的水源条件。

7、8月是近10年来泥石流灾害事件发生的高峰期,如图5-6所示,5、6月是同年雨季开始的时间,月均降雨量(1987—2017年)在18mm以上,但是并未有泥石流事件发生的记录。这从侧面反映了泥石流的爆发需要一定的前期累积效应,当沟谷内的松散物质达到一定程度的时候,泥石流才会发生。每年的5、6月虽然已有降雨,但是并未到达泥石流发生的临界降雨量值,这也是多年来协格尔镇地区雨季由5、6月开始,泥石流却集中在7、8月份发生的主要原因。

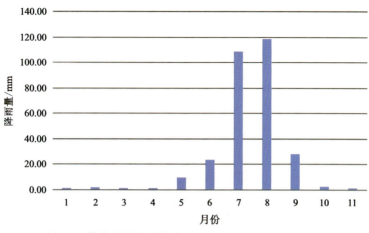

图 5-6　协格尔镇月平均降雨量柱状图(1987—2017 年)

二、泥石流空间分布特征

协格尔镇内有历史记录的泥石流主要分布于县城、318 国道沿线附近,北部及南部相对较少,泥石流沟口普遍靠近河谷位置。泥石流灾害空间分布情况见图 5-7。

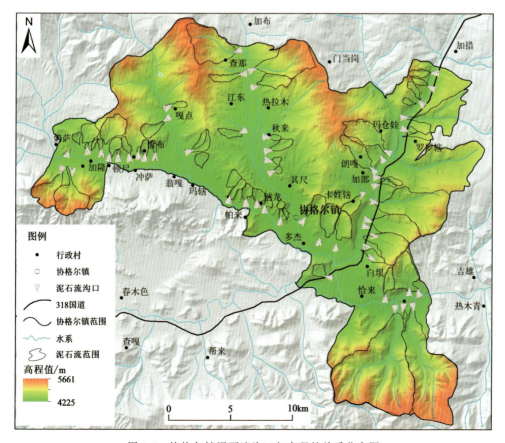

图 5-7　协格尔镇泥石流沟口与高程的关系分布图

第三节　协格尔镇泥石流形成条件及影响因素

一、泥石流形成条件

1. 地形条件

由图 5-7 和图 5-8 可知,大部分的泥石流沟后缘坡度较大,沟道中坡度较小;以协格尔镇县城为中心,其北部的泥石流数量少,流域相对高差大,平均坡度较小;县城附近的泥石流数量多,流域相对高差小,而坡度较大;镇内西南处泥石流的流域相对高差大且流域内坡度变化很大。这充分反映了在协格尔镇地区,泥石流的整体高程均为 4000m 海拔以上的前提条件下,泥石流流域的相对高差虽然代表了一条泥石流沟的势能条件,但是在类似于协格尔镇高山峡谷地区,泥石流流域内是否存在复杂且陡峭的山体条件是泥石流能否形成的关键因素。

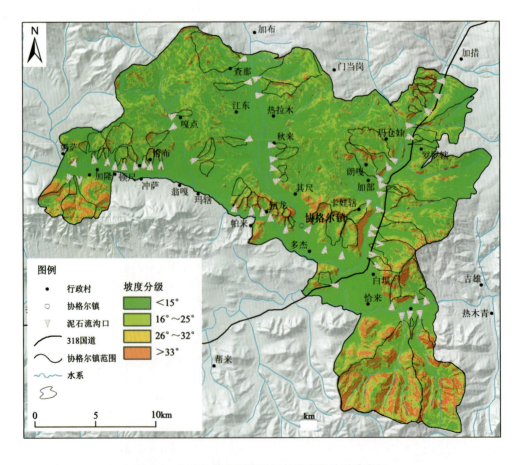

图 5-8　协格尔镇泥石流沟口与坡度的关系分布图

2. 工程地质岩组条件

协格尔镇内五类工程地质岩组中,软岩分布面积最广,占总面积的44%,极软岩和较软岩分布面积次之,占总面积的24%和18%,坚硬岩组分布面积最小,仅占2%。

协格尔镇内广泛分布有中风化—强风化的泥灰岩、砂质泥岩、细砂岩、板岩等,加之喜马拉雅山区全年温差、日温差变化较大的气候特点,本来易破碎的、工程地质条件较差的地层变得更为脆弱,为泥石流提供了充足的物源(图5-10~图5-12)。

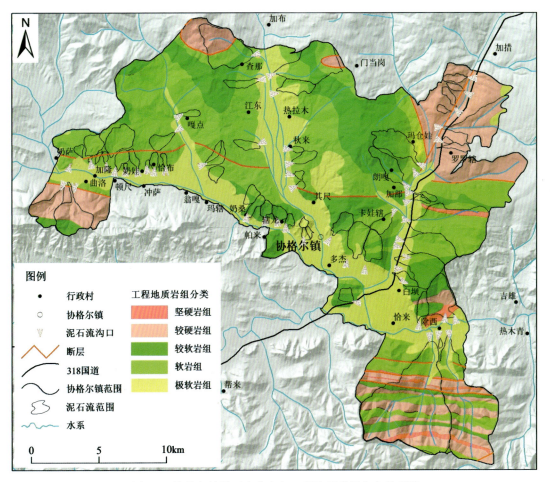

图5-9 协格尔镇泥石流分布与工程地质岩组分布关系图

图 5-10　泥石流沟道侧壁风化泥质粉砂岩　　　图 5-11　泥石流松散物源

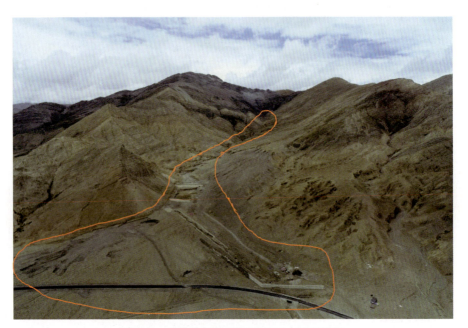

图 5-12　协格尔镇典型泥石流无人机鸟瞰图

二、泥石流影响因素

1. 降雨

降雨是协格尔镇内泥石流灾害形成的关键因素之一,近 30 年来,协格尔镇最大日降雨量 48.9mm,1 小时最大降雨量为 18.8mm,10 分钟最大降雨量 13.5mm,24 小时最大降雨量平均值在 29.8mm 左右。雨季持续的高强度降雨增大了松散物质的自身重量,松散物质饱水,抗剪强度降低,在这样高强度、短历时的暴雨情况下,沟谷中的松散物质极易受到激发启动而形成泥石流。

2. 冻融

协格尔镇内平均海拔较高,海拔落差达 1200m,每年 11 月到次年 3 月,平均气温在 0℃ 以下,山顶积雪覆盖。每年 4 月开始,气温开始回暖,平均气温在 0℃ 以上,冰雪开始融化,雪线下降。岩土体在反复冻融作用下,更容易风化,在沟谷中形成更多的松散物质。

3. 人类活动

人类活动主要通过各种工程建设、耕种、畜牧破坏等过程,增加松散物质,导致泥石流物源量增加。协格尔镇内人口密度较小,人类活动相对较少,对灾害的影响并不明显。

第四节 协格尔镇泥石流成灾机理及典型泥石流灾害

一、泥石流成灾机理

导致泥石流发生的因素众多,总结起来包括两个方面:①内部条件,要有特殊的地形来积存松散岩土物质,源源不断的松散固体物质形成物源;②外部条件,有足够大的水动力条件,可以激发松散固体物质沿着一定的途径快速运移,形成泥石流。

协格尔镇多年降雨数据表明,相比于我国其他地区的降雨条件,协格尔镇地区的降雨量并不是很大;同样的降雨条件下,在我国其他地区,一般不会诱发频率如此高的泥石流灾害,最多也仅仅可能诱发类似于西北干旱的内陆地区发生的洪水灾害。那么,协格尔镇地区泥石流频发的原因是否源于协格尔镇独特的地质环境条件?实际调查显示,协格尔镇地区已发生的泥石流堆积体并非通常意义下的泥石流浆体;堆积体由大小较为均匀、岩性较为单一的碎石组成;排除在泥石流浆体流动过程中散落于沟道中的松散物质以外,在泥石流流通区乃至物源区仍有一定规模和数量的碎石。从下游已修建的防治工程完整程度以及拦挡坝内松散物质的堆积程度来看,这些泥石流堆积物质不是一次泥石流所能够形成的。

究其原因,主要总结为:频率极高的反复冻融效应使得通常情况下较为坚硬的岩石变得破碎,相对软弱的岩石在泥石流流通过程中主要起到润滑作用;随着雨季的到来,气温逐渐升高,雪线上移,大部分积雪融化,雨季降雨量增大,形成了山前冲沟,规模较小,仅仅携带了少部分碎石,其中部分冲沟甚至转变为季节性河流;随着年复一年的冻融-降雨作用,冲沟不断扩大,沟内物质逐渐增多,下游堆积体逐渐前移;在这样的环境条件下,促使泥石流启动的泥石流降雨临界值急剧下降,即使在内陆地区无法诱发泥石流灾害的降雨量也极有可能使得山前冲沟转化为泥石流灾害。

结合水文地质学和工程地质学的相关研究理论,将协格尔镇独特气候条件作用下泥石流的形成过程分为两个:降雨-径流过程和物源启动过程,如图 5-13 所示。

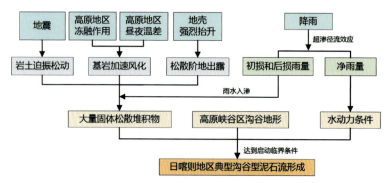

图 5-13 协格尔镇泥石流形成机理图

1. 降雨-径流过程

协格尔镇属于青藏高原干旱半干旱气候条件,在降雨发生前,土壤水分含量低,地下水埋藏较深,固体松散物质中缺水量较大。降雨过程中下渗的水量很难使包气带饱和,在突遇强降雨情况下,往往形成超渗产流。这种产流模式往往发生在干旱、半干旱区域和湿润地区的干旱季节里。在一定的流域(集水区)范围内,当降雨雨强超过瞬时入渗率时,多余的水形成地表径流,沿一定的通道向流域沟口或集水区流出口流出。产流过程可以用公式表示为:

$$R_S = \begin{cases} 0, \text{PE} < F \\ \text{PE} - F, \text{PE} \geqslant F \end{cases} \tag{5-1}$$

式中,$F = f \cdot t$,F 为 t 时段内降雨入渗量(mm);f 为下渗能力;$\text{PE} = P - E$,E 为蒸发量(mm),PE 为扣除蒸发量后的时段降雨量(mm)。当 $\text{PE} \geqslant F$ 时,产生的径流量为 $\text{PE} - F$,即降雨量超过入渗量时,多余的水形成的地表径流,主要提供评价区内的水动力条件。

超渗产流所形成的地表径流,可以用初损后损法计算,将降雨径流的损失过程分为初损和后损两部分,根据水量平衡原理,将产生地表径流的净雨深表示为:

$$R_C = P - I_0 - ft_c - p' \tag{5-2}$$

式中,P 指当次总降雨量(mm);R_C 为当次降雨中能产生地面径流部分的净雨深(mm);I_0 为降雨初期初始损失降雨量(mm);f 为后损阶段平均下渗能力(mm);t_c 为后损阶段下渗时段(mm);p' 为后损阶段非超渗损失雨量(mm)。

其中,降雨初期初始损失降雨量(I_0)和后损阶段损失雨量(ft_c),下渗进入固体松散物质中,这部分降雨量不产生地表径流,通过一系列过程,改变固体松散物质的理化性质。降雨量的净雨深 R_c 形成地表径流,为泥石流提供水动力条件。

2. 物源启动过程

1)初损雨量入渗阶段

降雨初始损失雨量渗入地下,干燥的固体松散物质因长期缺水,降雨入渗能力较大,入渗量大于降雨量,尚无地表径流产生。如图5-14所示,AC曲线为土体渗透曲线;曲线AB段为降雨可入渗量大于时段降雨量,无地表径流产生。在入渗雨水的作用下,岩土体含水率逐渐上升。

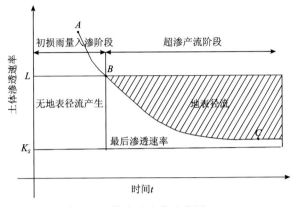

图 5-14　降雨与土体渗透速率示意图(据陈中学,2010)

固体松散物质的整体强度很大程度上由其中黏性细粒成分间的连接强度决定,土粒间的连接关系一般包括接触连接、胶结连接、结合水连接和冰连接,其中,冰连接只在冰土中存在。在水的作用下土粒间的胶结物质可能被破坏和溶解,胶结能力减弱;土越干燥,土粒的结合水膜越薄,相邻土粒间形成的公共结合水膜越薄,结合水连接强度越大;随着松散岩土体中含水量的增加,黏性组分中土粒间结合水膜变厚,土粒间距离增大,土粒间连接强度也随之降低,松散岩土体的整体强度也随之变低。

2)超渗产流和启动阶段

随着岩土体含水量增加,降雨入渗能力下降,入渗量小于降雨量,开始产生地表径流;曲线BC段,在达到土体最后渗透速率之前,后损阶段损失雨量持续渗入松散岩土体中,随着降雨的进行,岩土体渗透速率逐渐下降,地表径流量增加。

降雨经过一定历时后,原来非饱和的固体松散物质中含水量增加,表层部分达到饱和。我国部分学者在对西藏贡觉县地区的泥石流研究之后发现,随着含水量增加,在固体松散物质中产生孔隙水压力u_w,固体松散物质中的水量越多,孔隙水压力u_w越大,其抗剪强度也就越低(戚国庆,2004)。饱和固体松散物质的抗剪强度随孔隙水压力的变化关系表示为:

$$\tau = C' + (\sigma - u_w)\tan\varphi' \qquad (5-3)$$

式中,C'为固体物质有效内聚力;φ'是固体松散物质的有效内摩擦角。当固体松散物质达到饱和后,其抗剪强度变得极低。

在一定强度的降雨作用下,固体松散物质自身强度降低,加上固体松散物质中渗入的水量来不及排出,在超渗产流形成的地表径流不断冲刷作用下,沟道中的岩土体逐渐达到临界状态,失稳后与地表径流混合,启动形成泥石流。

二、协格尔镇朗嘎布沟泥石流

朗嘎布沟泥石流地面起伏大,河流深切,地势陡峻,不良地质现象十分发育。泥石流流域内沟谷发育,受地表流水的侵蚀影响,泥石流沟下切强烈,沟谷宽窄变化较大,其形成区以深V形峡谷地貌为主,流通堆积区主要为V-U形沟谷地貌;斜坡坡度较陡,利于降雨汇水汇流,沟道下切、侧蚀严重,使两侧斜坡堆积物极易临空失稳,为泥石流起动提供充足的势能条件、汇流条件及物源起动条件。

1. 地形条件

朗嘎布沟泥石流地势呈西北高东南低,流域主要分布在海拔4415～5206m的高程范围内。其中,海拔≥4415m的地表面积占总面积的98.1%,海拔≥4527m的地表面积占总面积的88.24%,高程介于4415～4527m之间的地表面积占总面积的9.86%(图5-15)。

图5-15 协格尔镇朗嘎布沟泥石流三维遥感影像图

2. 物源条件

朗嘎布沟泥石流所处地区地质构造复杂,地层岩性多样。泥石流中上游为白垩系岗巴群,主要岩性以灰色、灰黑色石英砂岩为主;泥石流沟道内以及泥石流堆积区主要以第四系冲洪积物为主,自上游至下游堆积物厚度逐渐增大。

实际调查显示,朗嘎布沟泥石流下游堆积有大量松散块石,粒径3~10cm不等,岩性以砂岩、板岩为主,堆积层厚度为0.9~2.5m,推测这些块石主要来源于残坡积层经洪水或泥石流搬运后堆积于沟口(图5-16、图5-17)。

图5-16　协格尔镇朗嘎布沟泥石流
　　　　沟道松散堆积物

图5-17　协格尔镇朗嘎布沟泥石流
　　　　物源区、流通区

3. 泥石流稳定性现状

朗嘎布沟泥石流威胁居民34人,近期在2014年8月发生。2015年尼泊尔"4·25地震"对该泥石流基本无影响。经过工程治理,泥石流流通、堆积区现已修建排导槽;在排导槽中,可见大量泥石流松散堆积物质,主要为崩坡积物,可见大量分选较差、磨圆较差的基岩碎块。在协格尔镇特殊的气候条件下,若7、8月出现大的降雨,达到激发降雨强度,沟谷中的松散物质可能启动发生泥石流。

第五节　协格尔镇泥石流易发性评价

在空间尺度上,泥石流易发性评价一般可以分为单沟泥石流和区域泥石流两种尺度。单沟泥石流易发性评价主要针对单个的泥石流沟或相邻的但具有联系且有统一的活动特征及破坏模式、可构成一个整体的多条泥石流沟群进行评价(李阔,唐川,2007);单沟泥石流评价面积相对区域尺度较小,致灾体与承灾体之间有明显的区分,此类泥石流的易发性评价结果往往准确度高;区域泥石流的范围往往较大,其对象可以是一个流域、地区或更大的自然区域(李阔,唐川,2007)。泥石流致灾体的影响因素复杂,具有多元化、较高的不确定性和非线性特点。用于评价区域泥石流易发的许多因素量纲不统一,有定性因素,也有定量因素,因此采用的指标多为相对指标,其评价结果定量化程度往往较低(马强,2015)。

协格尔镇内泥石流类型可分为沟谷型泥石流和冲蚀型坡面泥石流,若采取区域泥石流评价方法,由于两种泥石流类型不同,发育特征具有很大的区别,选取泥石流的评价指标时具有较大困难,无法得到精确的、符合实际条件的泥石流评价结果。因此,笔者从泥石流评价的风险体系角度出发,结合野外调查和遥感影像解译,将沟谷型泥石流和坡面型泥石流筛选出来,采用单沟泥石流易发性评价方法分别进行沟谷型泥石流和冲蚀型坡面泥石流评价。

一、沟谷型泥石流易发性评价

1. 评价指标体系

泥石流易发性评价的因子的选取,主要从泥石流发生的内部条件和外部条件入手。其中,泥石流发生的内部条件可细分为地形、松散岩土物质的积累情况和泥石流沟谷的演化阶段;泥石流发生的外部条件则分为地震、水文、气象条件和人类活动影响(图5-18)。

在泥石流评价的相关研究中,所使用的评价指标基本是泥石流形成的内部条件和外部条件的综合量化反映。例如:流域面积既能反映泥石流的内部条件,也反映泥石流的外部条件;流域面积越大的泥石流,可能积存的松散物源越多;流域面积内汇集的降水越多,可以为松散物质提供更大的水动力条件。

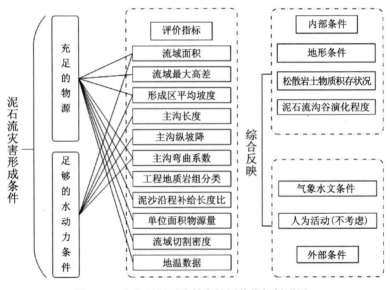

图 5-18 沟谷型泥石流易发性评价指标树形图

2. 评价指标

通过分析沟谷型泥石流形成条件,结合指标选取的原则和评价区地质环境背景及成灾条件,选取出泥石流易发性评价的各项指标(表5-2):泥沙沿程补给长度比(S1)、单位面积物源量(S2)、形成区平均坡度(S3)、流域面积(S4)、流域切割密度(S5)、流域最大高差(S6)、主沟长度(S7)、主沟纵坡降(S8)、主沟弯曲系数(S9)、地温数据(S10)。

表 5-2 沟谷型泥石流易发性评价指标

指标因子	指标介绍
泥沙沿程补给长度比(S1)	提供松散物源的沟谷长度和沟谷总长度的比值即为泥沙沿程补给长度比
单位面积物源量(S2)	单沟泥石流物源量与流域面积的比值
形成区平均坡度(S3)	反映泥石流物源区松散物质进入沟道的能力,间接反映流域势能
流域面积(S4)	流域面积越大,存积松散物质量越多,汇水范围越大,水量越大,越能激发松散物质运动
流域切割密度(S5)	泥石流流域内冲沟发育长度之和与流域面积之比
流域最大高差(S6)	代表泥石流的潜在势能,反映整个流域势能的大小和可以携带松散固体物质的量
主沟长度(S7)	泥石流的流域面积内沟谷的最高点到堆积区之间的长度
主沟纵坡降(S8)	流域内主沟最大高差与主沟长度相除即为主沟纵坡降
主沟弯曲系数(S9)	代表了主沟的弯曲程度,主沟的弯曲程度越严重,沟谷越容易发生阻塞
地温数据(冬夏温差)(S10)	在青藏高原独特的高原山地气候条件下,间接反映了岩石风化程度和泥石流沟谷产生松散物源的能力

3. 评级指标权重与评价标准

根据层次分析法的基本原理,对以上10个评价指标进行打分,得判别矩阵如表5-3所示。

表 5-3 沟谷型泥石流易发性评价指标判别矩阵

因素	S1	S2	S3	S4	S5	S6	S7	S8	S9	S10
S1	1	1/5	2	1/4	1/4	1/2	1/3	1/2	3	5
S2	5	1	6	2	2	4	3	4	7	9
S3	1/2	1/6	1	1/5	1/5	1/3	1/4	1/3	2	4
S4	4	1/2	5	1	1	3	2	3	6	8
S5	4	1/2	5	1	1	3	2	3	6	8
S6	2	1/4	3	1/3	1/3	1	1/2	1	4	6
S7	3	1/3	4	1/2	1/2	2	1	2	5	7
S8	2	1/4	3	1/3	1/3	1	1/2	1	4	6
S9	1/3	1/7	1/2	1/6	1/6	1/4	1/5	1/4	1	3
S10	1/5	1/9	1/4	1/8	1/8	1/6	1/7	1/6	1/3	1

计算求得判别矩阵最大特征值 λ_{max} 为10.3846,最大特征向量 ω =(0.127 3,0.651 8,0.088 2,0.440 2,0.440 2,0.191 2,0.291 9,0.191 2,0.063 3,0.038);归一化为(0.050 5,0.258 3,0.034 9,0.174 5,0.174 5,0.075 8,0.115 7,0.075 8,0.025 1,0.015 1)。求得CR=0.028 7<0.1,满足一致性,因子的权重分配合理。排序顺序即为上述特征向量,即为所选评价指标的权重,见表5-4。

表 5-4 协格尔镇沟谷型泥石流易发性评价指标权重表

评价指标	泥沙沿程补给长度比 S1	单位面积物源量 S2	形成区平均坡度 S3	流域面积 S4	流域切割密度 S5	流域最大高差 S6	主沟长度 S7	主沟纵坡降 S8	主沟弯曲系数 S9	地温数据 S10
权重/%	5.05	25.83	3.49	17.45	17.45	7.58	11.57	7.58	2.50	1.50

泥石流的易发性评价的实现反应在通过10个指标的权重和归一化分值。在评价过程中,将各个指标的归一化后的得分值和相应的权重相乘之和就可求出泥石流易发性值(R)。泥石流易发性评价的模型为：

$$R = \sum_{i=1}^{n} B_i W_{ci} \tag{5-4}$$

式中,R 为泥石流易发性值;B_i 为各评价因子的归一化分值;W_{ci} 为各评价因子的权重。

根据易发性值的分布规律,采用自然断点法将评价区分为5级:极低易发区、低易发区、中等易发区、高易发区和极高易发区(表5-5)。

表 5-5 协格尔镇沟谷型泥石流易发性评价标准

泥石流易发性值	$R \leqslant 0.19$	$0.19 < R \leqslant 0.31$	$0.31 < R \leqslant 0.42$	$0.42 < R \leqslant 0.58$	$0.58 < R \leqslant 1$
易发性等级	极低	低	中等	高	极高

4. 沟谷型泥石流易发性评价结果

将协格尔镇泥石流沟易发性因子数据代入评价模型,得到易发性值。根据易发性评价标准将易发性分为5个等级:极低易发、低易发、中等易发、高易发和极高易发,各等级的易发性值区间如表5-6所示。

表 5-6 协格尔镇各沟评价结果

编号	归一化打分	易发等级	编号	归一化打分	易发等级	编号	归一化打分	易发等级
1	0.283 583	中等	12	0.277 203	中等	23	0.301 365	中等
2	0.345 394	高	13	0.226 227	低	24	0.281 157	中等
3	0.290 442	中等	14	0.280 280	中等	25	0.308 076	中等
4	0.221 701	低	15	0.243 502	低	26	0.243 397	低
5	0.355 074	高	16	0.276 183	中等	27	0.343 872	高
6	0.215 025	极低	17	0.351 481	高	28	0.381 018	高
7	0.249 045	低	18	0.192 393	极低	29	0.235 210	低
8	0.330 192	高	19	0.362 252	高	30	0.346 991	高
9	0.335 765	高	20	0.230 021	低	31	0.346 729	高
10	0.258 985	低	21	0.160 091	极低	32	0.318 715	中等
11	0.250 659	低	22	0.341 370	高	33	0.393 001	高

续表 5-6

编号	归一化打分	易发等级	编号	归一化打分	易发等级	编号	归一化打分	易发等级
34	0.349 428	高	67	0.264 606	低	100	0.307 911	中等
35	0.332 034	高	68	0.192 595	极低	101	0.348 917	高
36	0.358 834	高	69	0.167 383	极低	102	0.243 704	低
37	0.322 855	中等	70	0.344 020	高	103	0.309 865	中等
38	0.345 307	高	71	0.342 692	高	104	0.345 742	高
39	0.227 737	低	72	0.291 692	中等	105	0.292 281	中等
40	0.331 540	高	73	0.167 680	极低	106	0.277 115	中等
41	0.359 027	高	74	0.164 571	极低	107	0.302 458	中等
42	0.380 576	高	75	0.159 311	极低	108	0.282 950	中等
43	0.530 502	极高	76	0.209 176	极低	109	0.238 114	低
44	0.630 677	极高	77	0.214 960	极低	110	0.146 816	极低
45	0.257 262	低	78	0.266 749	低	111	0.242 999	低
46	0.373 053	高	79	0.273 116	中等	112	0.206 765	极低
47	0.300 722	中等	80	0.300 119	中等	113	0.228 796	低
48	0.361 694	高	81	0.267 564	低	114	0.292 900	中等
49	0.346 970	高	82	0.344 072	高	115	0.255 274	低
50	0.162 036	极低	83	0.206 776	极低	116	0.268 817	低
51	0.232 156	低	84	0.236 251	低	117	0.212 101	极低
52	0.341 140	高	85	0.409 831	高	118	0.370 741	高
53	0.441 864	极高	86	0.433 535	极高	119	0.320 966	中等
54	0.370 453	高	87	0.232 420	低	120	0.267 081	低
55	0.368 320	高	88	0.398 296	高	121	0.184 151	极低
56	0.362 791	高	89	0.193 609	极低	122	0.394 580	高
57	0.190 217	极低	90	0.167 078	极低	123	0.363 260	高
58	0.276 572	中等	91	0.305 148	中等	124	0.381 542	高
59	0.366 532	高	92	0.244 737	低	125	0.434 388	极高
60	0.374 270	高	93	0.239 374	低	126	0.273 527	中等
61	0.302 721	中等	94	0.313 444	中等	127	0.350 707	高
62	0.210 645	极低	95	0.176 207	极低	128	0.208 219	极低
63	0.206 925	极低	96	0.176 848	极低	129	0.245 200	低
64	0.251 138	低	97	0.315 448	中等	130	0.266 695	低
65	0.401 002	高	98	0.291 619	中等	131	0.398 497	高
66	0.315 221	中等	99	0.272 500	中等			

评价结果表明，协格尔镇内泥石流沟以高易发（42条，占比32%）为首，中易发（31条，占比24%）及低易发程度（29条，占比22%）次之，极高危险的泥石流沟最少，共5条，如图5-19所示。极高易发性和大部分高易发性的泥石流主要分布在协格尔镇内318国道沿线，部分泥石流沟口处分布有村落，泥石流一旦爆发，将造成巨大的人员财产伤亡，这些泥石流沟是重点的风险控制对象；其余泥石流沟虽然当前易发性值较小，但从协格尔镇特殊的泥石流形成机理角度考虑，这些中－低易发性值的泥石流处于变化阶段，随着时间的推移，在极端条件下有可能转化为高易发性的泥石流。

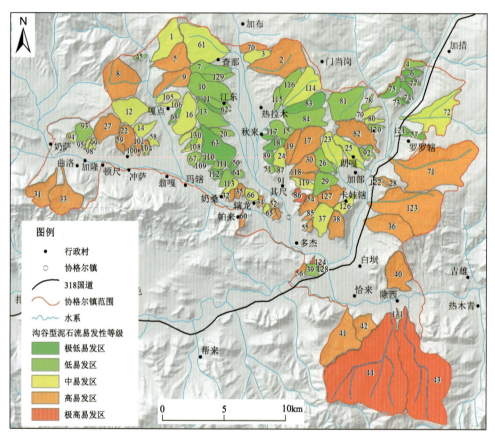

图5-19　协格尔镇沟谷型泥石流灾害易发性分区图

二、冲蚀型坡面泥石流易发性评价

1. 评价指标

根据冲蚀型坡面泥石流的发育规律，选取侵蚀沟切割密度、集水区最大高差、侵蚀沟物源量、集水区平均坡度和基岩风化指数这5项指标作为冲蚀型坡面泥石流易发性评价因子，见表5-7。

表 5-7　冲蚀型坡面泥石流易发性评价指标

指标因子	指标介绍
侵蚀沟切割密度	集水范围内侵蚀沟总长度之和与集水区面积之比
集水区最大高差	集水范围内分水岭最高点到坡脚的距离
侵蚀沟物源量	不同发展阶段侵蚀沟可提供物源量之和,即集水范围内的总物源量
集水区平均坡度	集水范围内斜坡坡度越大,松散固体物质稳定性愈差,反应侵蚀沟向源侵蚀强度
基岩风化指数	基岩风化指数是对基岩抗风化能力的量化

2.评价指标权重及评价标准

采用层次分析法,对以上 5 个评价指标进行打分,可得判别矩阵如表 5-8 所示。

表 5-8　协格尔镇冲蚀型坡面泥石流易发性评价指标判别矩阵

指标因子	侵蚀沟切割密度	集水区最大高差	侵蚀沟物源量	集水区平均坡度	基岩风化指数
侵蚀沟切割密度	1	1/3	1/3	1	2
集水区最大高差	3	1	1	2	3
侵蚀沟物源量	3	1	1	2	4
集水区平均坡度	1	1/2	1/2	1	2
基岩风化指数	1/2	1/3	1/4	1/2	1

计算得出判别矩阵最大特征值 λ_{max} 为 5.045 8,最大特征向量 ω = (0.259 4,0.622 5, 0.654 5,0.301 5,0.161 0)。归一化后为(0.117 6,0.352 9,0.352 9,0.117 6,0.058 8)。求得 CR=0.010 2<0.1,满足一致性,因子的权重分配合理。排序顺序即为上述特征向量即为所选因子的权重,见表 5-9。

表 5-9　协格尔镇冲蚀型坡面泥石流评价指标权重表

指标因子	侵蚀沟切割密度	集水区最大高差	侵蚀沟物源量	集水区平均坡度	基岩风化指数
权重/%	11.76	35.29	35.29	11.76	5.88

冲蚀型坡面泥石流易发性评价模型由 5 项评价因子与各自的权重的组合表示,由式(5-4)计算得到的冲蚀型泥石流易发性值 R,根据易发性值的分布规律,采用自然断点法将评价区分为 5 级:极低易发区、低易发区、中等易发区、高易发区和极高易发区(表 5-10)。

表 5-10　协格尔镇冲蚀型坡面泥石流易发性评价标准

易发性值	$R \leqslant 0.20$	$0.20 < R \leqslant 0.40$	$0.40 < R \leqslant 0.60$	$0.60 < R \leqslant 0.80$	$0.80 < R \leqslant 1$
易发性等级	极低	低	中等	高	极高

3.冲蚀型坡面泥石流易发性评价结果

将易发性因子数据归一化后代入冲蚀型坡面泥石流易发性评价模型,得到协格尔镇坡面型泥石流易发性等级,如表 5-11 所示。

表 5-11 协格尔镇冲蚀型坡面泥石流易发性评价结果

编号	归一化打分	易发等级	编号	归一化打分	易发等级
1	0.140 934 4	极低	14	1	中等
2	0.286 631 9	低	15	0.177 939 8	极低易发
3	0.108 383 4	极低	16	0.483 189 4	中易发
4	0.137 930 6	极低	17	5.863 0	极低易发
5	0.098 405 3	极低	18	0.462 883 5	中等
6	0.144 773 2	极低	19	0.473 830 3	中等
7	0.247 285 5	低	20	0.272 520 8	低
8	0.358 027 1	低	21	0.333 854 4	低
9	0.124 383 1	极低	22	0.197 704 2	极低
10	0.347 046 2	中等	23	0.569 522	中等
11	0.113 903 6	极低	24	0.188 212 9	极低
12	0.193 988 4	极低	25	0.034 201 5	极低
13	0.121 481 6	极低			

协格尔镇内 25 条冲蚀型坡面泥石流易发性等级均在中易发等级及以下,如图 5-20 所示。协格尔镇白坝村附近易发性等级较高,侵蚀沟及两侧分布一定量的固体松散物质,下游堆积区修有 318 国道,虽然已经修建有简单的穿越工程,仍是泥石流灾害防范的重点。

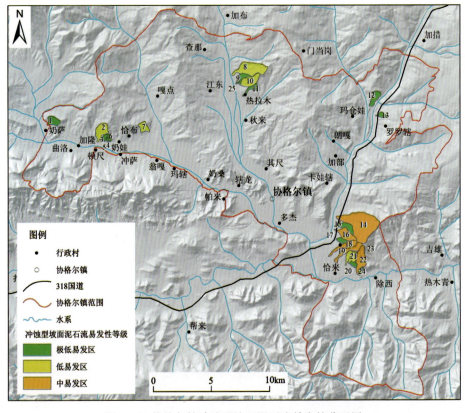

图 5-20 协格尔镇冲蚀型坡面泥石流易发性分区图

第六节 协格尔镇泥石流危险性评价

利用 FLO-2D 进行泥石流数值模拟过程复杂、工作量大,对协格尔镇内所有可能爆发泥石流的流域都进行数值模拟难以实现。选取评价区内易发性值较高、泥石流沟沟口有居民点或有历史记录发生过泥石流的 12 条泥石流沟,进行重点泥石流危险性评价。上述 12 条可能威胁到当地居民生命财产安全的泥石流沟,基本都修建了防治工程,故在数值模拟过程中,考虑了无防治工程或防治工程失效和防治工程有效两种情况。

一、泥石流流体参数

在 FLO-2D 中对于泥石流流体进行数值模拟所需参数为 6 项:泥石流体积浓度 C_v、流体相对重度 G_s、层流阻滞系数 K、曼宁系数 n、黏度应力与屈服应力参数 η、τ_y。全部的泥石流流体性质参数可以通过物理实验结合野外实地调查得到。同时,FLO-2D 针对不同泥石流类型提供了一些流体性质参数的参考,读者可以根据实际情况,结合已收集的相关地质资料,通过工程地质类比的方法选取相应合理的模拟参数。

协格尔镇地处青藏高原独特的地质环境背景,流域内松散物质丰富,协格尔镇内泥石流均属于稀性泥石流,当地工勘部门勘察资料显示,通过现场配浆法得到的泥石流重度在 16.41～16.81kN/m³ 之间,固体物质重度为 26.5kN/m³,空间上表现为从泥石流上游到下游重度降低的规律(表 5-12)。

表 5-12 协格尔镇朗嘎布沟泥石流流体重度表

试验位置	配置泥浆重量 G_c/kg	配置泥浆体积 V/L	泥石流重度 γ_m/(kN·m^{-3})
中上游	10.06	6.13	16.41
主沟沟道	8.62	5.22	16.51
堆积扇泥石流堆积体	6.81	4.05	16.81

1. 泥石流体积浓度 C_v

根据由体积浓度推导得出泥石流重度公式可得到泥石流的体积浓度值 C_v,公式如下:

$$\gamma_m = \gamma + C_v(\gamma_s - \gamma) \tag{5-5}$$

式中,γ_m 代表泥石流重度;γ_s 代表泥石流固体物质重度;γ 为水的重度。

2. 黏度应力 η 与屈服应力参数 τ_y

泥石流黏度应力 η 与屈服应力 τ_y 与泥石流体积浓度密切相关,协格尔镇泥石流属于稀性泥石流($C_v = 0.388 < 0.5$),主要表现为黏度小($\eta < 0.3$Pa·S)、屈服应力适中的特点。

结合 FLO-2D 参数取值建议表,泥石流流体性质参数取值见表 5-13。

表 5-13　协格尔镇泥石流模拟参数取值表

模拟参数	α_1	β_1	α_2	β_2	G_s	K	n
取值	0.040 5	8.29	1.75	7.82	1.65	500	0.18

二、泥石流流出点确定

泥石流流出点的正确选取是 FLO-2D 泥石流数值模拟的关键之一。指定泥石流初始流出点位置后,只在流出点下游沟渠发生泥石流堆积停淤现象,如图 5-21 所示。流出点所在位置以上为泥石流沟清水区,主要汇集流域内的降雨,形成地表径流,为泥石流爆发提供水动力条件,水流所携带泥沙含量较少。

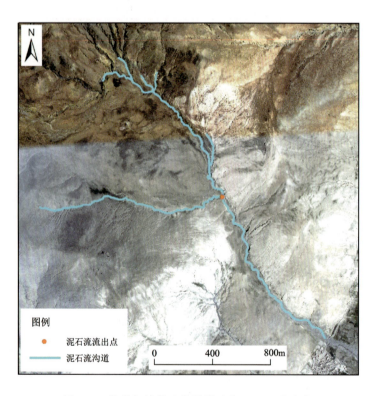

图 5-21　协格尔镇棍达拉村泥石流(YX02)流出点

三、泥石流清水流量线确定

协格尔镇泥石流多属于降雨型泥石流,假设泥石流爆发频率和降雨频率一致,则可通过模拟指定强度的暴雨得到相应规模的泥石流爆发。国际上研究泥石流清水流量线较为成熟的方法是采用美国陆军工兵团水文中心(Hydrologic Engineering Center)开发的 HEC-

HMS(Hydrologic Modeling System)软件进行分析。HEC-HMS可模拟羽状流域系统的降雨径流过程,适用于不同地区的各种水文问题的计算。

协格尔镇2004年至2014年降雨数据显示,泥石流爆发前后,降雨历时为12小时的概率较高,故本次研究中,所有流域清水流量线的计算,均采用12小时降雨。结合工勘部门关于协格尔镇不同频率暴雨降雨量值,分析泥石流爆发得到镇内10年、20年、50年和100年4种重现期的极值降雨,如表5-14所示,每条泥石流沟同时模拟4种重现期降雨条件下的发生情况。

表5-14 协格尔镇极端降雨情况

重现期	时段				
	10分钟	1小时	6小时	12小时	24小时
100年一遇	12.87	26.4	34.17	40.2	46.91
50年一遇	11.77	23.8	30.06	35.7	43.62
20年一遇	9.9	19.49	26.32	32.2	40.04
10年一遇	7.65	18.32	22.78	27.8	37.35

图5-22(a)中柱状图为所模拟暴雨中各时段降雨量,单位为英寸(in,1in=2.54cm),其中红色部分为模型径流量设置模块设置的降雨入渗到地下的部分。柱状图蓝色部分为所在流域内转化为地表径流的降雨量。曲线为所在流域在设定降雨条件下产生的地表径流量,单位为立方英尺/秒(CFS,1CFS≈0.028m³/s),即所在子流域在这场暴雨中产生的清水流量过程线。图5-22(b)所示为某河段不同时刻所汇集的上游产生的地表径流量,单位是立方英尺/秒。

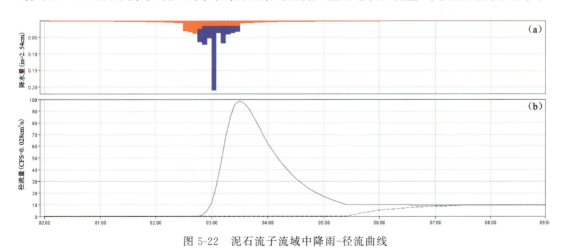

图5-22 泥石流子流域中降雨-径流曲线

四、泥石流危险性数值模拟

1.影响范围

采用数值模拟方法预测重现期为10年、20年、50年和100年的强降雨情况下泥石流发生情况,得到泥石流爆发后,泥石流流体在所选定的流出点以下的流通区和堆积区的运动和堆淤情况(主要参数包括泥石流爆发后的影响范围及影响范围内的最大流深、最终流深、最大流速、最终流速、冲击力等)(图5-23、图5-24)。

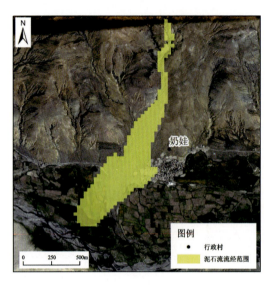 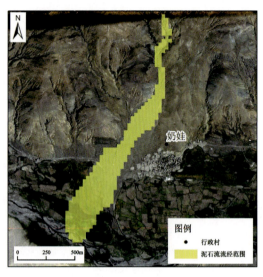

图5-23　奶娃村泥石流影响范围(假设防治工程失效)　　图5-24　奶娃村泥石流影响范围(防治工程有效)

2. 危险性分级

单沟泥石流危险性评价借助数值模拟实现,结合协格尔镇实际情况,通过数值模拟来重现或是预测一场泥石流的爆发过程。依据模拟结果,选取适当的指标来表征泥石流影响范围内不同区域的危险程度,危险程度的划分依据所选取的强度指标的大小(图5-25)。

由第二章第四节中的 OFEE(1997) 等所使用的综合因素分区法,采用泥深(H)和泥深与流速的乘积($H×V$)的关系划分泥石流的影响强度。以此为划分标准,根据单沟泥石流 FLO-2D 数值模拟成果,可直接得到给定降雨情况下,泥石流爆发后影响范围内的危险性分级,见表5-15。

表5-15　泥石流危险性等级划分标准

危险性等级	低危险区	中危险区	高危险区
H	$H<0.5m$	$0.5m \leqslant H<1.5m$	$H \geqslant 1.5m$
逻辑关系	and	and	or
$H×V$	$H×V<0.5m^2/s$	$0.5m^2/s \leqslant H×V<1.5m^2/s$	$H×V \geqslant 1.5m^2/s$

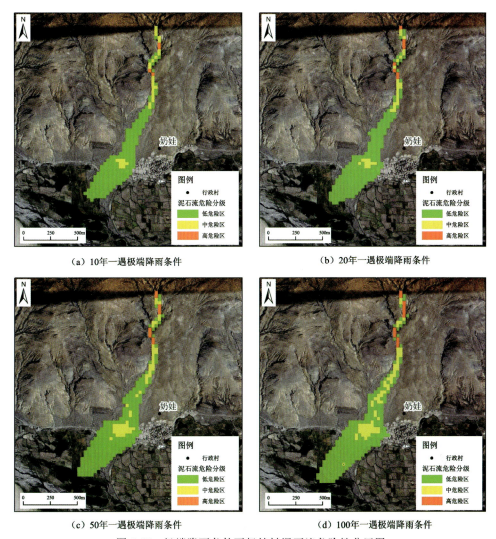

图 5-25 极端降雨条件下奶娃村泥石流危险性分区图

第七节 协格尔镇泥石流易损性评价

一、建筑物易损性分析

泥石流灾害的建筑物物理易损性与泥石流强度指标的函数关系,大多基于实地调查结合数值模拟或物理实验模拟方法得到。根据泥石流危险性评价结果,对于高危险区内的建筑物,泥石流可能迅速破坏建筑物造成人员伤亡和财产损失。中危险区内,泥石流可能会对建筑物造成一定破坏但不会摧毁建筑物,在室内的人员相对安全。低危险区不会对人造成风险,但可能对建筑物造成轻微破坏。

实地调查记录某次泥石流灾害后,受损建筑物的位置、结构、层数等特征,结合数值模拟方法重现灾害发生的过程,将受损建筑物的特征与数值模拟得到的建筑物所在位置处的物理参数统计出来,通过数据拟合等得到易损性与泥石流物理参数的函数关系式。

1. 协格尔镇承灾体空间位置及具体特征调查

经野外实地调查统计,进行了详细特征调查。结合遥感影像,圈画出协格尔镇地区建筑物共 2474 栋,其空间位置(部分)分布如图 5-26 所示,具体特征见表 5-16。

图 5-26　协格尔镇县城附近建筑物

表 5-16　协格尔镇建筑物及居民野外调查表(部分)

编号	用途	建筑物结构	层数	成新度	室内居民数量/人
1001	住宅	砖混	2	1	4
1002	住宅	砖混	2	0.3	4
1003	住宅	砖混	3	0.8	16
1004	住宅	砖混	2	0.5	10
1005	住宅	砖混	2	0.3	20
1006	住宅	砖混	2	0.3	8
1007	住宅	砖混	3	0.5	0

续表 5-16

编号	用途	建筑物结构	层数	成新度	室内居民数量/人
1008	住宅	砖混	2	0.8	8
1009	住宅	砖混	3	0.3	5
1010	住宅	砖混	3	1	18
1011	住宅	砖混	3	0.5	14
1012	住宅	砖混	2	1	4
1013	住宅	砖混	2	0.8	4
1014	住宅	砖混	2	0.3	10
1015	住宅	砖混	3	0.3	4
1016	住宅	砖混	3	0.8	4

2. 协格尔镇建筑物易损性分析

协格尔镇受过泥石流灾害影响的建筑物保存较少,难以通过历史统计方法得到建筑物易损性的函数。如前述泥石流易损性评价方法介绍,以本书第二章公式(2-52)、公式(2-53)作为协格尔镇建筑物物理易损性评判标准。通过单沟泥石流影响范围与强度数值模拟所得到的流深(H)数据,建立建筑物物理易损性函数,评价结果如图 5-27 所示。

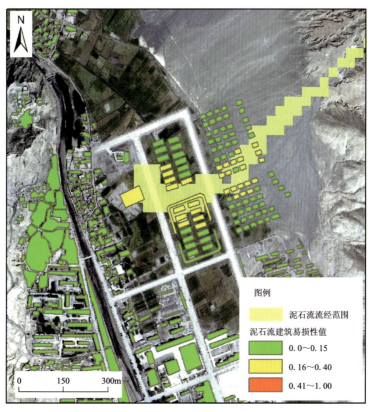

图 5-27 协格尔镇县城附近建筑物易损性

二、人口易损性分析

据调查统计，协格尔镇内人口数为 11 527 人，经过野外实际调查的泥石流沟口处居民实际情况，通过第二章表 2-19，采用经验估算法，赋予相应的人口易损性值，如图 5-28 所示。

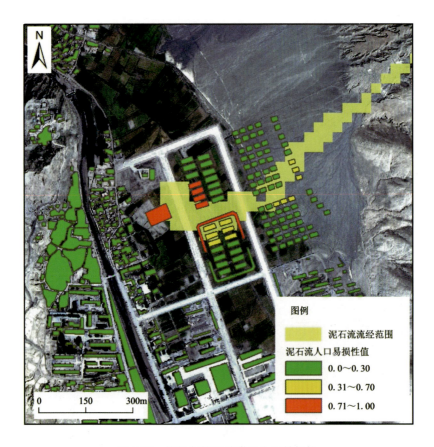

图 5-28　协格尔镇县城附近人口易损性

三、承灾体价值分析

承灾体价值评估是根据不同承灾体类型计算其经济价值或人口数量表征，人口由于其特殊性无法以经济价值衡量，对协格尔镇内不同类型建筑物的造价和农田的经济价值进行估算，人口选用建筑内人口数量进行估算。

1. 建筑物

评价区建筑物类型大致分为钢混、砖混、砖木、土木、板房 5 种类型。通过野外调查询问当地居民各类房屋的平均单位造价，并结合当地的经济水平以及特殊海拔情况，确定各类房屋结构的单位造价结果如表 5-17 所示。

表 5-17 协格尔镇不同建筑结构单位造价表（2017 年）

建筑类型	钢混	砖混	砖木	土木	板房
造价/元·m^{-2}	1600	1200	600	400	200

2. 人口密度

关于人口密度的估算，采用将每个房屋的总人数平均分布于建筑物内计算人口密度，以房屋的总人数作分子，房屋面积作分母，计算每个房屋的人口密度（表 5-18）。

表 5-18 协格尔镇泥石流承灾体价值（部分）

编号	建筑物结构	建筑物面积/m²	室内居民数量/人	建筑物易损性值	人口易损性值	建筑物价值/元	潜在人员损失/人
1001	砖混	146.18	4	0.98	1	171 907.9	4
1002	砖混	35.32	4	0.44	0.6	18 648.96	2.4
1003	砖混	19.72	16	0.09	1	2 129.76	16
1004	砖混	579.41	10	0.36	0.3	250 305.1	3
1005	砖混	591.73	20	0.11	0	78 108.36	0
1006	砖混	286.64	8	0.09	0.6	30 957.12	4.8
1007	砖混	553.57	0	0.08	0.3	53 142.72	0
1008	砖混	277.85	8	0.38	0.6	126 699.6	4.8
1009	砖混	265.7	5	0	0	0	0
1010	砖混	332.34	18	0.04	0.6	15 952.32	10.8
1011	砖混	281.73	14	0.07	0.3	23 665.32	4.2
1012	砖混	285.11	4	0.11	0.6	37 634.52	2.4
1013	砖混	433.59	4	0.38	0.3	197 717	1.2
1014	砖混	267.37	10	0.98	0.3	314 427.1	3

第八节 协格尔镇泥石流风险评价

一、建筑物风险评价

以协格尔镇县城处泥石流为例，建筑物风险（R）计算过程如下：以不同重现期出现的概率（即 1/重现期）为横坐标，不同重现期下泥石流发生后可能造成的建筑物潜在损失（万元）为纵坐标，绘制成如图 5-29 所示曲线。

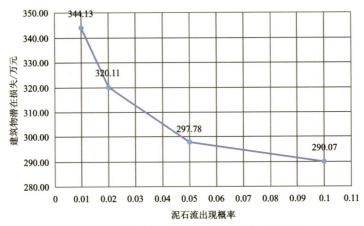

图 5-29　协格尔镇县城处泥石流建筑物风险曲线

泥石流灾害的风险为该曲线与坐标轴所围成面积值。经计算，该泥石流沟建筑物损失风险为 30.7 万元/年。

二、人口风险评价

人口风险(R)计算过程与建筑物风险(R)相同：以不同重现期出现的概率(即 1/重现期)为横坐标，不同重现期下泥石流发生后可能造成的人口潜在伤亡数(人)为纵坐标，绘制成如图 5-30 所示曲线。

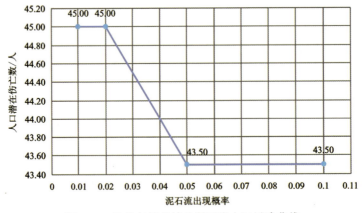

图 5-30　协格尔镇县城处泥石流人口风险曲线

泥石流灾害的人口风险(R)为该曲线与坐标轴所围成面积值。经计算，该泥石流沟人口伤亡风险为 4.40 人/年。

采用相同的方法，根据 4 种极端降雨条件下泥石流灾害发生后的建筑物潜在损失和人口潜在伤亡数，绘制人口风险曲线和建筑物风险曲线，得到协格尔镇 12 条重点泥石流沟的建筑物年均损失风险(元/年)和人口年均伤亡风险(人/年)。表 5-19 为协格尔镇 12 条重点泥石流沟建筑物损失风险(元/年)和人口伤亡风险(人/年)。部分泥石流建筑物损失风险和人口伤亡风险如图 5-31、图 5-32 所示。

第五章 协格尔镇(高原宽缓峡谷区)泥石流灾害风险评估与管理

表 5-19 协格尔镇风险(建筑物、人口伤亡)计算结果

泥石流编号	10年 建筑物损失风险/元	10年 人口伤亡风险/人	20年 建筑物损失风险/元	20年 人口伤亡风险/人	50年 建筑物损失风险/元	50年 人口伤亡风险/人	100年 建筑物损失风险/元	100年 人口伤亡风险/人	建筑物年均损失风险/(元·年⁻¹)	人口年均伤亡风险/(人·年⁻¹)
YX01	59 292	0	71 934	0	73 087	0	109 530	0	7464	0
YX02	228 256	6	250 507	6	334 922	12	410 717	15.6	28 586	0.864
YX03	360 175	12.6	400 229	15.3	455 564	15.3	502 031	15.3	41 655	1.462 5
YX04	0	0	0	0	0	0	0	0	0	0
YX05	41 125	1.8	85 953	2.7	147 957	4.5	208 116	6.3	10 547	0.337 5
YX06	0	0	12 814	0.9	23 201	0.9	59 821	0.9	1874	0.067 5
YX07	67 168	3.6	69 325	3.6	77 916	3.6	82 453	3.6	7247	0.36
YX08	268 208	13.2	312 870	13.2	429 368	14.4	502 774	14.4	35 349	1.362
YX09	0	0	0	0	0	0	0	0	0	0
YX10	0	0	0	0	0	0	0	0	0	0
YX11	888 428	12	993 811	13.5	1 241 116	21	1 427 790	24	108 202	1.62
YX12	2 286 787	33.6	2 849 336	38.4	3 969 839	79.2	4 670 930	81.6	335 604	5.112

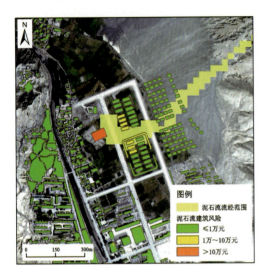

图 5-31　协格尔镇县城处建筑物风险

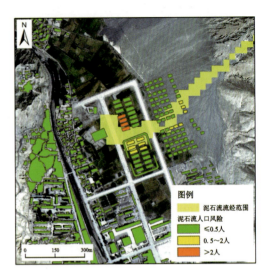

图 5-32　协格尔镇县城处人口风险

第九节　协格尔镇地质灾害风险管理方案

本书第一章第二小节与第二章第六小节已对地质灾害风险允许标准作详细介绍,此处不再赘述。结合已经得到的协格尔镇泥石流社会风险(表 5-20),求得全镇 12 条重点泥石流发生年概率以及与之对应年概率下的死亡人数,取对数坐标反映在 $F-N$ 曲线上,得到各重点泥石流沟的社会生命可接受风险水平,并以此为依据提出相应的风险管理方案。

表 5-20　泥石流灾害社会风险统计表

泥石流编号	年发生概率/a^{-1}	死亡人数/(人·$年^{-1}$)
YX02	0.864	0.027
YX03	1.462 5	0.034 8
YX05	0.337 5	0.011 3
YX06	0.067 5	0.007 5
YX07	0.36	0.004
YX08	1.362	0.037 8
YX11	1.62	0.135
YX12	5.112	0.009 7

如图 5-33 和图 5-34 所示,YX48、YX56 和 YX57 泥石流沟下游已修建泥石流防治工程,可能造成的风险损失接近于 0,现阶段可能造成的风险较小,进行常规的监测工作即可;YX09、YX49、XG28、XG34 和 YX13 泥石流存在潜在的风险损失,但是其社会生命风险分布于 $F-N$ 曲线图中的普遍可接受区(可接受风险区)内,建议对已设置的泥石流防治工程进行定期维护,加强泥石流监测工作;YX34、YX13、YX47 和 XG83 均为风险等级比较高且位于不

可接受区(表 5-21),发生泥石流灾害后,极有可能造成较大的财产损失和人员伤亡,是协格尔镇政府部门应当重点关注的对象。

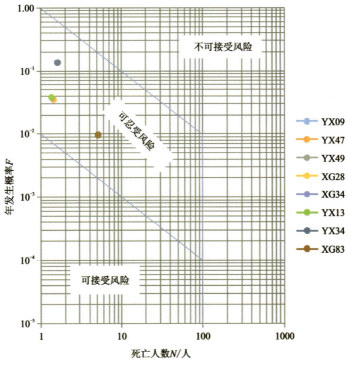

图 5-33 协格尔镇泥石流灾害社会风险图(一)(据尚志海,2012,有修改)

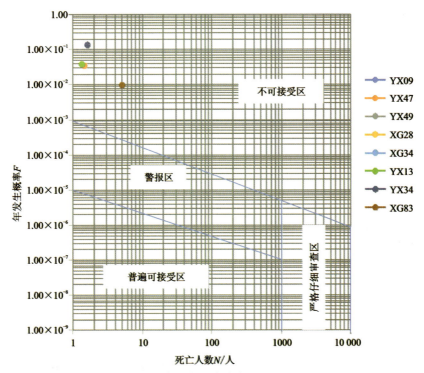

图 5-34 协格尔镇泥石流灾害社会风险分布图(二)(据吴树仁等,2012,有修改)

表 5-21　协格尔镇泥石流灾害防治规划说明

泥石流编号	地点	承灾体	风险等级	风险量值		防治工程现状	风险管理防控建议
				经济风险/(元·年$^{-1}$)	人口风险/(人·年$^{-1}$)		
YX03	翁嘎村	居民点	中	41 655	1.46	简易的泥石流穿越工程	监测预警、工程防护
YX07	县城中学	居民点、学校	高	108 202	1.62	泥石流拦挡坝基本填满	监测预警、防灾应急宣传
YX08	白坝村	居民点、公路	高	35 349	1.36	泥石流排导槽部分堆积	定期排查、群防群测巡查
YX12	满奶拉康村东	居民点、公路	高	335 604	5.11	多级泥石流拦挡工程、部分填满	监测预警、工程防护

第六章　聂拉木县（高原深切峡谷区）地质灾害风险评估与管理

第一节　聂拉木县自然地理及地质环境条件

一、地理位置及交通

聂拉木县隶属于西藏自治区日喀则市，地处 85°27′E—86°37′E，27°55′N—29°08′N 之间，喜马拉雅山与拉轨岗日山之间。聂拉木县东、北、西三面分别与定日、昂仁、萨嘎、吉隆四县交接，南与尼泊尔毗邻，面积 8684km²。318 国道为聂拉木县最主要的公路，县城经由 318 国道往东距拉萨市 704km，往东距日喀则市 441km，经由中尼公路往西南距尼泊尔首都加德满都 120km。聂拉木县行政边界如图 6-1 所示，地理位置示意图见图 6-2。县下辖聂拉木镇和樟木镇，亚来乡、琐作乡、乃龙乡、门布乡和波绒乡。县内常住人口超过 1.5 万人，藏族人口占全县总人口数超过 80%，县内居民主要从事经商、边贸、旅游，是西藏自治区人口密度最大的地区之一。

图 6-1　日喀则市地理位置示意图

图 6-2　聂拉木县地理位置示意图

二、气象水文

1. 气象条件

研究区位于喜马拉雅山南坡，聂拉木县南部，区内海拔落差大，从南到北迅速升高，印度洋的暖湿气流在向北运移的过程中逐渐减少，造成聂拉木镇和樟木镇两个相邻的城镇截然不同的气候条件。

研究区北部属于高原温带半湿润气候区，海拔高，靠近喜马拉雅山脊，暖湿气流难以到达，气候寒冷干燥。根据聂拉木镇的气象资料，如图6-3所示，1988—2016年间，平均年降雨量为583.26mm，1988年出现最大年降雨量为946.6mm，2015年出现最小年降雨量仅259.4mm，聂拉木镇往北，随着可到达的暖湿气流的减少，降雨量还将进一步减少，具有高寒，干旱少雨，多大风，日照强，蒸发量大的特点。聂拉木镇降雨集中在每年7—9月，占全年降雨量的42%以上；11、12月降雨量最少，仅占每年降雨量的4%，如图6-4所示。

聂拉木镇气温较低，年平均气温为2.8~5.2℃，多年平均值为4.1℃，年平均气温呈逐年上升趋势，如图6-5所示，可能与全球气候变暖的大背景有关。每年的12月到次年的2月月平均气温在0℃以下，每年7、8月气温最高，平均气温为11℃，如图6-6所示。

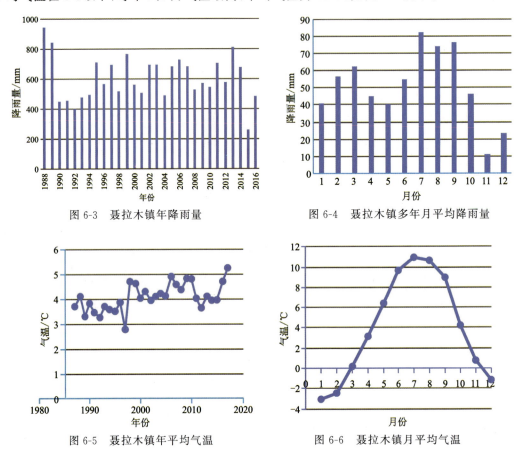

图6-3 聂拉木镇年降雨量　　　　　图6-4 聂拉木镇多年月平均降雨量

图6-5 聂拉木镇年平均气温　　　　图6-6 聂拉木镇月平均气温

研究区南部属于山地亚热带季风性湿润气候区，印度洋暖湿气流由南向北推进过程中，受地形阻隔形成气旋雨、地形雨、山地雨等，区内降雨集中，是西藏少有的暴雨区域之一。区内气象资料较少，根据樟木镇仅有的气象资料，樟木镇降雨集中在每年夏季，1993年原地矿部地质灾害防治工程勘察院眉山分院在樟木镇进行了降雨量实测，全年降雨量达3 001.2mm，其中7月的降雨量为928mm，8月的降雨量为900.4mm，占年降雨量的62%。毛成文(2008)对樟木镇2006年5—9月的降雨量及气温进行人工观测，记录结果精确到小时，观测3个月总降雨量为1 792.32mm。7月降雨量最大，达576.52mm，降雨具有历时短、强度大的特点，1小时降雨强度可达10mm以上。2011—2014年间，樟木镇降雨量在2 502.5~2966mm之间，平均年降雨量 2 736.5mm。区内年平均气温 12℃,最高气温 32℃,最低气温-1℃,7 月份平均气温 17.3℃,1 月份平均气温约 6.3℃,年温差 11℃。

2. 水文条件

研究区属于聂拉木县境内的波曲水系,如图 6-7 所示,波曲河发源于聂拉木县境内,喜马拉雅山山脊以南,依次流经聂拉木镇、樟木镇,经友谊桥流入尼泊尔境内的波达科西河,于尼泊尔东南部汇入印度境内的戈西河,最后经恒河流向印度洋。

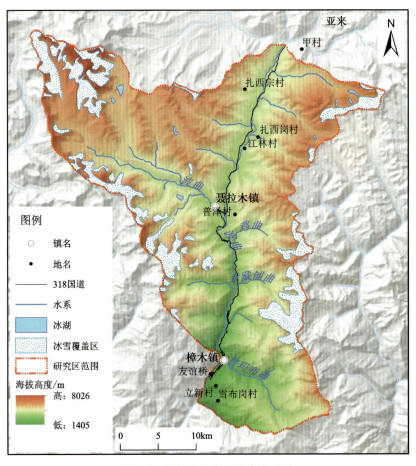

图 6-7 聂拉木研究区地表水系图

波曲河在县境内河段长约 72km,河床坡降大,平均纵坡降 81‰,河谷形态呈"V"字形,具有典型山区河流特点。聂拉木镇位于中上游地区,河宽 60~80m,河谷相对深切达 1000~1500m,植被稀疏;聂拉木镇位于波曲下游区段,相对切深达 1500~3000m,两岸悬崖峭壁,植被茂密。波曲河支流众多,包括鸡曲、章藏铺曲、普玛布曲等。主要补给来源包括大气降水、地下水和冰、雪融水补给等,流域地势高、陡,沟床纵坡降大,汇流急速,河水具有暴涨暴落的特点,在暴雨期间易形成较大洪峰,洪水期为 5 月中旬—9 月中旬,7—8 月为洪峰期,年均流量为 31.7m³/s(毛成文,2008;张力,2012)。

三、地形地貌

聂拉木县最高处为西部的希夏邦马峰,海拔 8012m;最低处为樟木口岸中尼边境 54 号界桩,海拔 1433m。聂拉木县主要分为 3 个地形地貌单元:南部喜马拉雅山南坡深切峡谷区、西北部喜马拉雅高山佩枯措高原湖盆区和东北部喜马拉雅山北坡宽缓峡谷区。聂拉木县整体上呈北高南低、东西两侧高中间低的地势。根据冰湖分布、主要居民区分布、主要崩塌滑坡灾害分布情况,考虑泥石流流域范围、山体一级边坡等因素,圈定本次风险评估与管理研究区范围,研究区分为崩滑研究区、冰湖研究区两部分,崩滑研究区包含在冰湖研究区内(若未特别说明,本节以下部分"研究区"均指冰湖研究区),如图 6-8 所示,研究区位于喜马拉雅山南坡深切峡谷区内。研究区整体地势具西北、东北高,中间低,南部最低特征,地形起伏极大。从研究区西北部最高处至南部最低处,约 47km 直线距离海拔高度迅速下降 5000m,区内河谷主要呈南北向,海拔高度由北向南迅速下降,最北处河谷地段海拔约 4220m,最南处河谷地段海拔约 1440m,河床纵比降约 5.83%(图 6-9、图 6-10)。

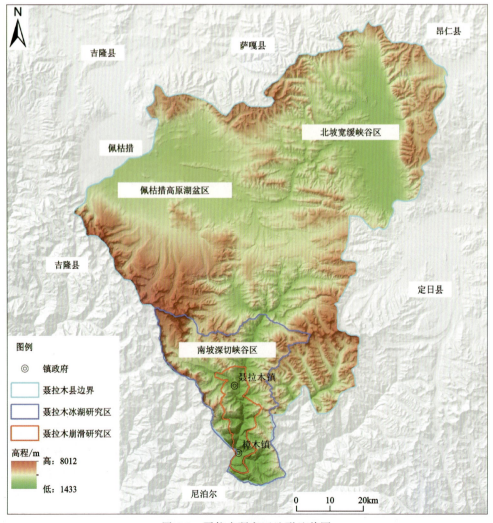

图 6-8　聂拉木研究区地形地貌图

第六章　聂拉木县（高原深切峡谷区）地质灾害风险评估与管理

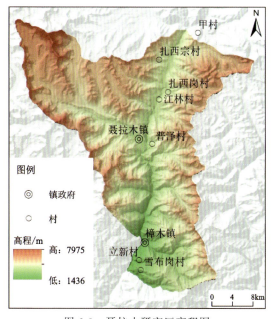

图 6-9　聂拉木研究区高程图

图 6-10　聂拉木研究区坡度图

四、地层岩性及地质构造

1. 地层

聂拉木研究区地层以前震旦系聂拉木群（又分为江东岩组和曲乡岩组）、第四系冰碛物、第四系冲积物为主，出露少量震旦系—寒武系肉切村岩群。研究区地质图见图 6-11。

1）前震旦系聂拉木群

聂拉木群属于大喜马拉雅结晶杂岩（GHC）单元，是喜马拉雅地层区最老的结晶基底岩石地层，其主体为古—中元古界。由于经受了多期变形变质的改造，其原始层序难以确定，因此采用"岩群""岩组"描述。

曲乡岩组（AnZq）分布在研究区最南侧，整体呈灰—浅灰色。曲乡岩组下部以石榴子石二云母片岩、石英片岩、黑云母片岩、斜长片麻岩为主；中部以黑云母斜长片麻岩、黑云母斜长变粒岩、黑云母石英片岩、中层状石英岩为主；上部为含矽线石黑云母斜长片麻岩夹黑云母斜长变粒岩。曲乡岩组原岩为粉砂—砂质黏土岩、杂砂岩、长石砂岩等交互沉积。

江东岩组（AnZj）分布在研究区北部，整体呈浅灰色调，地表出露不连续，底部以康山桥韧性剪切带为界与下伏曲乡岩组呈断层接触关系，上部以扎西宗韧性剪切带与上覆肉切村岩群相接。江东岩组下部以花岗质糜棱岩、黑云母斜长变粒岩、黑云母斜长片麻岩为主；中部为黑云母斜长片麻岩、黑云母斜长变粒岩、眼球状花岗质糜棱岩；上部以黑云母斜长变粒岩、花岗质糜棱岩夹大理岩为主。本组岩层部分地段有后期花岗岩体及电气石花岗伟晶岩脉侵入。江东岩组原岩为粉砂—砂质黏土、杂砂岩、碳酸盐岩等交互沉积。

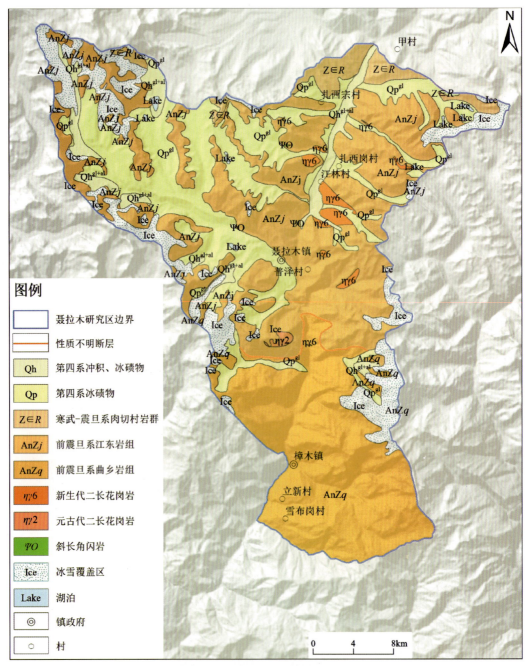

图 6-11 聂拉木研究区地质简图

2)震旦系—寒武系肉切村岩群

肉切村岩群（$Z\in R$）为一套绿片岩相变质岩，其底界以韧性断层为界与下伏江东岩组呈断层接触，顶界以藏南拆离系的主拆离面即甲村-绒布寺韧性剪切带为界与上覆奥陶系甲村群（$O_{1+2}j$）呈断层接触关系，该岩群在研究区北部少量出露。肉切村岩群下部为灰黑色条带状透辉石石英片岩夹细粒二云母片岩及大理岩等；上部为灰黄色结晶灰岩。

3)第四系冰碛物、冲积物

第四系冰碛物、冲积物（Qp^{gl}、Qh^{gl+al}）出露于研究区西北、北部河谷地带。第四系冲积物沿河床分布，呈枝状展布穿插，垂向上二元结构明显。冲积层阶地中下部为砾或卵石层，成分为花岗质片麻岩、长石石英砂岩、石英岩、粉砂岩、灰岩、花岗岩等，成分复杂，磨圆度较好，多为次圆—圆状，砾径 2～30cm 左右，砾石层中填充物主要为砂及少量泥；阶地上部为含砾砂土层，以砂、泥为主，砾石成分与下部基本一致，砾径一般为 0.2～2cm，磨圆度好，多为次圆状—圆状。研究区内冰碛物属高原冰川沉积，终碛分布高度在海拔 5000m 左右，主要发育侧碛堤和终碛堤，基碛未见出露，冰川漂砾相对较稳固，多呈半掩埋状态，漂砾由于后期的风化剥蚀多呈次圆—次棱角状，以杂基支撑为主，在充填物泥砂质上有植被发育，各期冰川漂砾的物质成分一致，为花岗质糜棱岩、花岗岩、变粒岩、片岩、脉石英等。

沿 318 国道从友谊桥至扎西宗地层剖面如图 6-12 所示。

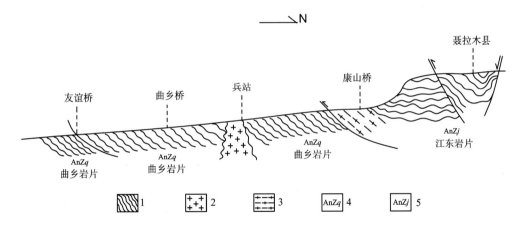

图 6-12 研究区内地层剖面示意图

1.变质岩；2.大理岩；3.花岗岩；4.曲乡岩组；5.江东岩组

2.岩浆岩

如图 6-11 所示，在研究区中北部，中酸性岩浆侵入活动发育，侵入岩体规模较小，主要以岩墙、岩脉、岩株形式侵入江东岩组、肉切村岩群之中。大多数侵入岩体属喜马拉雅晚期，极少数属印支早期，个别岩体可能属晋宁期。侵入岩在平面上呈不规则长条状、椭圆状，岩体与围岩呈侵入接触关系，围岩具明显的角岩化现象。侵入体岩性主要为电气石二云二长花岗岩、含电气石白云母二长花岗岩、白云母二长花岗岩。侵入岩体多呈浅灰色，具细粒花岗结构，块状构造。岩石主要矿物成分为石英、更长石、正长石、黑云母、白云母、电气石，少量磷灰石、锆石。

研究区北部极少量分布基性脉岩，推测其原岩为辉绿岩。原岩经后期复杂的变质作用，变质为斜长角闪岩，其变余辉绿结构，脉状构造，钠长石化、绿帘石化、绿泥石化发育，岩石主要由基性斜长石、辉石、角闪石、绿帘石及少量绿泥石等组成。

3. 构造

根据尹安(2001)、潘桂棠等(2002)对青藏高原及邻区构造单元划分方案,聂拉木县大地构造位置隶属于印度板块北缘和雅鲁藏布结合带之间的喜马拉雅褶冲带,前展式逆冲推覆岩片的叠置是聂拉木县附近最明显的构造特征。

如图6-13所示,聂拉木研究区内无深大断裂带穿过,研究区处于藏南拆离系主拆离面(STDS)南侧,属于高喜马拉雅变质基底杂岩带。

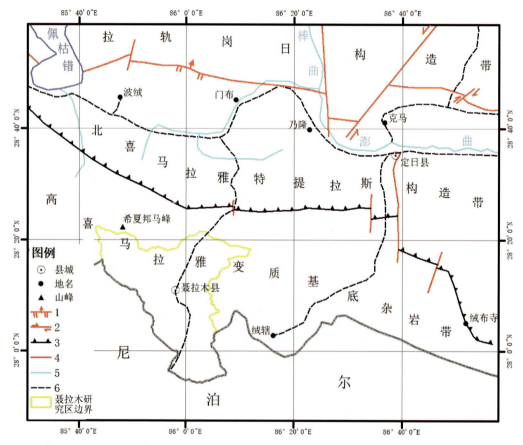

图 6-13 聂拉木研究区次级构造单元划分示意图

1.定日-岗巴断裂;2.平移断裂;3.藏南拆离系主拆离面(STDS);
4.性质不明断裂;5.水系;6.公路

如图6-11所示,研究区内仅聂拉木县城南部有一条呈"几"字形性质不明断层,总长约21.3km,整体为东西走向。研究区内聂拉木岩群和肉切村岩群(变质基底)经受的变形应力主要为挤压应力,而且塑性较强。聂拉木县城以北至肉切村和甲村地区,主应力方向为北西-南东向,康山桥以南大致为南北方向。

五、工程地质及水文地质条件

1. 工程岩组分类

根据聂拉木县的地质资料,结合野外调查成果和《岩土体工程地质分类标准》(DZ 0219—2002)将区内地层岩性按坚硬程度划分为 5 类:坚硬岩、较硬岩、较软岩、软岩和极软岩,得到图 6-14 所示工程地质岩组分类图。

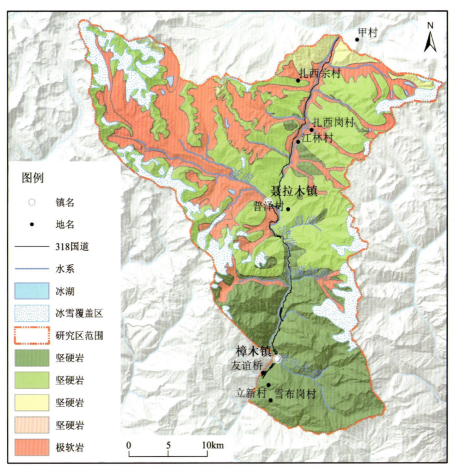

图 6-14 聂拉木研究区工程地质岩组分类图

1)坚硬岩组

该岩组主要为未风化或微风化的前震旦系聂拉木群曲乡岩组片岩、片麻岩、变粒岩等,分布于研究区南部,岩体完整性较好,裂隙发育,区内易形成高陡边坡;以及少部分未风化或微风化的花岗岩侵入体,零星分布于研究区中、北部。

2)较硬岩组

该岩组主要为未风化或微风化的前震旦系江东岩组的片麻岩、变粒岩、大理岩、糜棱岩等,分布于研究区中、北部的大片区域,岩体完整性相对较好,裂隙发育。

3)较软岩组

该岩组主要为中风化或强风化的震旦系—寒武系肉切村岩群的片岩、大理岩、结晶灰岩等,分布于研究区北部,岩体完整性一般,裂隙较为发育。

4)软岩组

该岩组为区域内强风化的各时代地层,主要分布于研究区北部的高海拔区域,基岩风化程度高,岩体完整性差,裂隙极为发育。

5)极软岩组

该岩组主要为研究区内的第四系冰碛物、冲积物(Qp^{gl}、Qh^{gl+al})等,全风化的各时代地层,在研究区中、北部沿波曲河河谷及冰川下游区域呈带状分布,岩土体结构松散。

2. 水文地质条件

聂拉木研究区地下水类型,按赋存空间与水力性质可划分为两类:松散岩类孔隙水和基岩裂隙水,区域地下水的补给来源主要为大气降水和冰雪融水的入渗补给。

1)松散岩类孔隙水

松散岩类孔隙水主要赋存于区内第四系(上更新统和全新统)的堆积物中,聂拉木县第四系堆积物分布不均匀,主要为残坡积物和冲洪积物,赋存其中的松散岩类孔隙水以潜水为主。

研究区北部降雨量少,残坡积物一般零星分布于河谷两岸山坡上,大部分残坡积物中松散岩类孔隙水补给来源为冰雪融水、夏季的降雨和冰雪消融及降雨形成的地表径流,补给水量一般较少,残坡积物层厚有限,渗透性较差,且受地形条件限制,赋存其中的地下水量极少,主要沿山坡上的残坡积层往河谷地带径流,排泄至地表水系,最终汇集到波曲河中。冲洪积物一般沿波曲河河谷地带及其支流分布,赋存其中的松散岩类孔隙水主要补给来源包括上游地表水、大气降雨、残坡积物中的松散岩类孔隙水及基岩裂隙水等,补给水源丰富,冲洪积物中一般含较多的砂砾石,渗透性较好,但冲洪积物仅沿河谷零星分布,水资源量有限。

研究区南部降雨量丰沛,植被覆盖较好,区内残坡积物零星分布于河谷两岸的坡麓地带,赋存于其中的松散岩类孔隙水主要补给来源为冰雪融水、大气降雨和地表水等,但残坡积物渗透性较差,给水度较低,水量较少;冲洪积物在谷地边缘的扇形地、河谷地带沿河流阶地带状分布,主要补给来源包括丰富的大气降雨、地表水和地下水等,赋存于其中的松散岩类孔隙水水量丰富,但分布面积较小,地下水资源量有限。

2)基岩裂隙水

聂拉木县基岩裂隙水主要分布于基岩的构造裂隙、风化裂隙中,区内波曲河谷切割较深,波曲河两岸沟谷坡度较大,大气降水迅速汇集,以地表水的形式汇集到河谷中,风化裂隙水仅赋存于基岩表层风化带和局部低缓的斜坡带,地下水储存空间有限,风化裂隙水以潜水为主;区内基岩构造裂隙较为发育,赋存其中的构造裂隙水相对丰富,主要为潜水,部分地段具有微承压性。

研究区北部基岩裂隙水补给来源较少,主要为少量的冰雪消融水、极少量的松散岩类孔隙水和地表水补给基岩裂隙水。构造裂隙和风化裂隙分布的连续性较差,赋存于其中的基岩裂隙水迅速向波曲河排泄,区内基岩裂隙水资源量较少。

研究区南部基岩裂隙水补给丰富,包括大气降雨、地表水量、冰雪融水和松散岩类孔隙水。区内基岩风化裂隙规模有限,基岩裂隙水空间分布极不均匀,水量有限;在构造活动地带,构造裂隙发育,赋存有丰富的构造裂隙水。整体上,区内基岩裂隙水赋存条件差,分布空间有限且极不均匀,主要表现在地下水的埋深随位置的不同差异较大,地下水的流量和埋深严格受降雨控制,随季节变化较大(毛成文,2008)。

六、新构造运动及地震

1. 新构造运动

研究区位于喜马拉雅造山带中段,新生代以来,印度板块与欧亚板块的碰撞导致青藏高原整体不均匀隆升,新构造运动十分活跃。在燕山早期和喜马拉雅运动初期构造运动的作用下,印度板块向欧亚板块碰撞、俯冲,使欧亚板块受到强烈的近南北向压力,至第三纪末随着喜马拉雅运动的继续,使本区随青藏高原整体抬升,并在新构造运动的作用下进入造山阶段。自第四纪以来,活动构造以断陷活动为主,局部有右旋走滑活动,断陷谷地较发育,地热活动较强烈,地震活动频繁。

新构造运动在该区域主要表现为强烈的差异性升降运动,波曲河流域快速而强烈的下切,形成V形河谷形态,两岸的山体高耸陡峭;同时新构造运动造成中尼公路所在一侧山体破碎,节理裂隙发育。

2. 地震

喜马拉雅地震带地处欧亚大陆板块和印度洋板块相连接区域,两大板块间的运动在500万年以来形成了至今尚在活动的喜马拉雅断裂系,这是该区域强震频发的地质根源。喜马拉雅地震带是一个以7~8级地震为标志的强地震带,未来地震带活动水平将维持在7.5级以上,最大地震可达7.7~8.3级。研究区位于喜马拉雅山脉地震带内,地震活动频繁,一般以浅源地震为主,属挤压型地震。据不完全统计,自1833年以来,在以研究区为中心方圆200km范围内,曾发生过8级或8级以上强震2次,5级或5级以上地震(含强震)21次,8级以上强震活动周期为100年。根据《中国地震动参数区划图》(GB 18306—2015),研究区地震动峰值加速度为0.20g,地震动加速度反应谱特征周期0.45s,地震基本烈度Ⅷ度。

2015年4月25日14时11分,尼泊尔博克拉发生8.1级地震,震中烈度超过11级,震中距聂拉木县县城约120km。尼泊尔8.1级地震发生后,附近地区多次发生较强余震,其中4月25日发生的7.0级地震在8.1级地震震中附近,位于加德满都西北80km处,距聂拉木县县城约130km;4月26日发生的7.1级地震距8.1级地震震中约130km,位于加德满都以东60km处,距聂拉木县县城约40km;4月26日凌晨发生的5.3级地震距聂拉木县县城约10km。

日喀则市多地震感强烈,地震造成日喀则市吉隆、聂拉木、定日等县大量房屋裂缝、部分房屋倒塌、部分道路损毁、通信中断。地震直接造成我国西藏自治区共 27 人死亡,860 人受伤;2511 户房屋倒塌,24 797 户房屋受损,82 座寺庙受损(其中严重受损 13 座、中度受损 18 座);直接经济损失共计人民币 348.84 亿元,间接经济损失人民币 471.17 亿元。地震造成樟木镇出现多处山体崩塌、滑坡,318 国道聂拉木县城—樟木镇—友谊桥路段受到严重破坏,整个口岸区出现大面积房屋裂缝,致使樟木镇居民被迫整体搬迁,樟木口岸关闭。

根据大量研究结果,地震引发的崩滑灾害与地震动峰值加速度、烈度具有直接关系,如汶川地震中灾害总数的 99.43% 集中分布在地震烈度 Ⅶ 度及其以上、峰值加速度的下限为 0.05~0.07g 的地区(田述军等,2010;王秀英等,2010)。

根据中国地震局 2015 年 5 月发布的尼泊尔地震烈度分区图,王宏伟等(2015)采用随机有限断层方法模拟的空间地震动分布(图 6-15),与宏观地震烈度图符合较好。

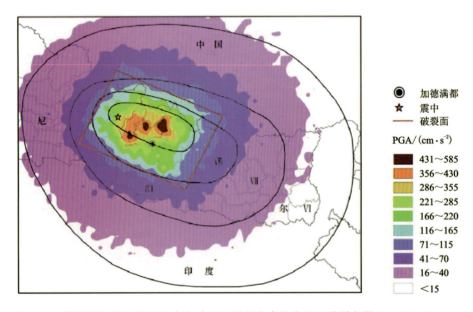

图 6-15　模拟廓尔喀地震 PGA 场与中国地震局发布的宏观地震烈度图(据王宏伟等,2015)

李海兵和许志琴(2015)研究表明,此次尼泊尔地震为喜马拉雅主边界逆冲断裂(Main Boundary Thrust,MBT)发震(图 6-16),在聂拉木县境内存在康山桥断裂拆分断层,地震波在向聂拉木地区传播过程中由于受到断裂面反射、散射等作用,使得地震波地震动能量由樟木口岸—樟木镇—聂拉木县城逐渐衰减,峰值加速也发生迅速衰减,致使在空间上导致了不同区域公路沿线地震次生灾害发育不同特点(罗永红等,2017)。

此次地震 8.1 级、7.0 级、7.1 级和 7.5 级地震的震源力学机制均为低倾角逆冲断裂活动,破裂面走向平行于北西西-南东东的喜马拉雅边界,以 5°~11° 倾角倾向北。余震分布与喜马拉雅主边界走向一致,在我国境内沿南北向和北北东向的断裂也有余震活动(薛艳等,2015;杜方等,2016),尼泊尔 8.1 级地震及其余震分布见图 6-17。

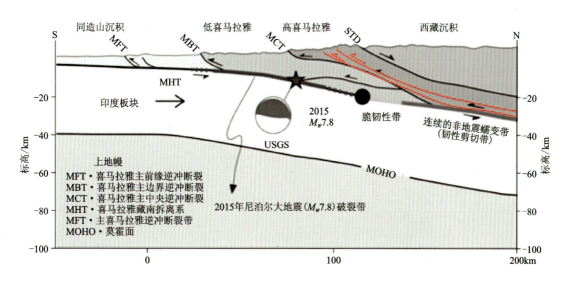

图 6-16　尼泊尔 $M_S 8.1$($M_W 7.8$)地震位置及发震构造剖面(据罗永红等,2017)

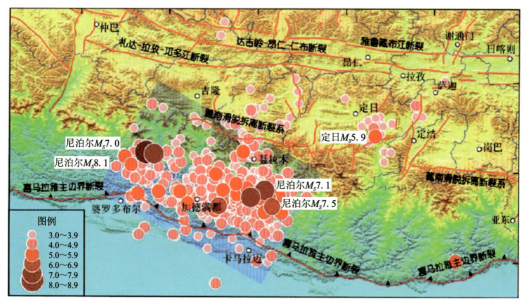

图 6-17　尼泊尔 8.1 级地震余震分布图(据杜方等,2016)

武新宁等(2017)对尼泊尔 8.1 级地震活动构造及次生地质灾害进行研究,认为喜马拉雅山区地处构造抬升区,在其附近存在着较多的活动构造,活动构造以北西西向挤压逆冲断裂最为显著,从南到北大致可分为南、中、北 3 个带,中带由众多短小、密集的逆冲断裂构成一个网络状断裂带(图 6-18),是此次地震的发震断裂,喜马拉雅山中段北北东-南北向断裂将该地区分割成若干个东西向块体,吉隆-樟木近南北向断裂控制了这次强震的余震分布;在未来这些活动构造都有可能成为发震断裂,促使周边地区地质灾害的发生。

图 6-18 尼泊尔地震及邻区活动断裂、历史强震与古滑坡集中分布图(据武新宁等,2017)

七、人类工程活动

聂拉木县居民大部分居住于聂拉木镇和樟木镇中,当地居民以放牧和种植业为主。聂拉木县县城在聂拉木镇,建筑面积超过 12.5 万 m²,近年来正在不断的建设发展。樟木口岸本是我国对尼泊尔的陆地口岸,2015 年尼泊尔"4·25"地震后,口岸受灾严重,当地居民已经搬迁,目前只有少数边防武警及灾后重建工作人员住在此地,重建完毕之后,樟木口岸会再次对外开放。

318 国道自县城北部进入,由北往南经过聂拉木镇,通至樟木口岸,是区内最重要的交通枢纽,道路两侧崩塌、滑坡等地质灾害频繁,部分区段通过修建明洞、挡土墙等防治工程和防灾减灾措施,有效地缓解了地质灾害对道路安全的威胁。

第二节 聂拉木县地质灾害发育特征及致灾机理

一、崩塌灾害

1. 崩塌分布规律

聂拉木县崩滑研究区内崩塌灾害主要沿 318 国道两侧分布,总体上北部较少,中部、南部较多,崩塌灾害空间分布情况见图 6-19,若未特别说明,本章第二、第三、第四节中"研究区"均指"崩滑研究区"。

图 6-19　聂拉木研究区崩塌空间分布图

2. 崩塌形成条件

1) 地形地貌

研究区地貌类型属于高原深切峡谷地貌,河谷地区切割深度极大,陡崖发育,危岩带陡崖坡度多在60°以上,高陡的地形为崩塌的发育提供了势能条件。研究区内崩塌灾害多发生在坡度大于45°、高差一般大于10m、坡面凹凸不平的陡峻斜坡上,临空面发育。

2)工程地质岩组

研究区内崩塌灾害多发生在聂拉木岩群片麻岩、变粒岩中,岩体强度虽较好,但裂隙较发育,岩体被裂隙结构面切割形成块体。在上覆岩体的自重作用和基座的风化作用下,剪切裂缝进一步扩大,逐渐形成贯通性结构面,最终导致崩塌形成。在第四系堆积层内,存在部分冰碛物漂砾或老的崩落体,当遇到地震或强降雨等条件,岩土体失稳,原有的大块石可能存在崩塌的可能性。

3)结构面发育及组合特征

根据岩体节理裂隙与坡面产状的组合特征,区内斜坡体可分为顺向坡、平行坡、反向坡等,区内崩塌体的运动形式以倾倒式、错断式崩塌为主,其次为滑移式崩塌。

3.崩塌影响因素

1)地震

强大的地震力使原本因卸荷作用张开的结构面在深度和长度上进一步发展,即使未产生失稳破坏,但已经使岩体的完整性和稳定性大幅度降低,地震后裂缝拉开有所变大,在节理长期控制下,后期由于卸荷的持续发展、降雨及地震的反复多方面因素影响,局部块体松弛、滚落,形成崩塌。

2)温差风化与冻融循环作用

研究区昼夜温差大,在温度变化过程中产生的热胀冷缩作用在重力作用下始终保持向下位移的总趋势,是崩塌发育的积极因素之一。另外,冻融区的冰劈作用促进裂隙发育,也是影响崩塌的因素之一。

3)水的作用

岩体受大气降水、裂隙基岩水等作用。水可促进风化作用,产生静水压力,同时水对裂缝内充填物质有软化作用,在流动时还能带走细粒物质,降低缝内充填物的凝聚力,破坏岩体整体性。

4)人为活动

人为切坡、建房等工程活动对山体进行开挖形成了开挖边坡,破坏斜坡的自然平衡形成临空面,促进崩塌发育。

区内崩塌、滑坡灾害的形成是一个较为复杂的过程,与岩土体的内部条件,如临空面、易崩滑岩性、向临空方向运动的结构条件、集中应力条件等,以及外部环境作用,如地震作用、降雨作用、风化冻融作用等相关。这些内部条件与外部作用又可以通过地形地貌因素、地质构造因素等反映出来,如高程、坡度、坡向、高差、沟谷位态、植被覆盖、工程地质岩组分类、结构面状态、构造带影响、地震强度等,详见图6-20。

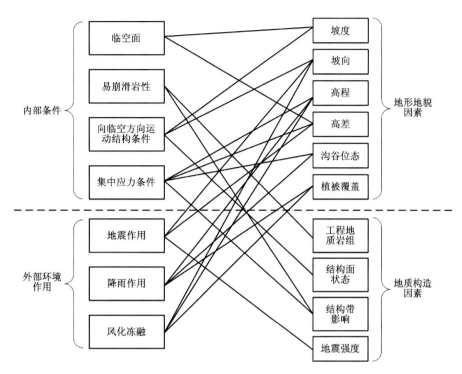

图 6-20 聂拉木研究区岩质崩滑灾害形成条件与影响因素图

4. 崩塌形成机理

研究区崩塌体多为片麻岩、变粒岩等坚硬岩。危岩体多突出暴露于陡坡表面,沿基岩裂隙风化较为明显,受多组裂隙切割后倾向于坡外形成临空面,微地貌上形成陡坎或陡崖。在重力、侵蚀、冻融、卸荷裂隙等因素的影响下,破坏了岩体的完整性。在降雨和地震等外力作用下,进一步打破岩体力学平衡,促进崩塌的发生。研究区崩塌灾害主要有倾倒式、坠落式、滑移式岩质崩塌,以及堆积层中块石或漂砾失稳崩塌。

1)倾倒式崩塌

倾倒式崩塌危岩体后缘存在陡倾或反倾结构面的板状或柱状岩体,陡倾或反倾结构面有一定的张开度,受力状态为倾覆力矩,最终破坏后的起始运动形式为倾倒。研究区陡崖地带陡倾坡外结构面非常发育,由于陡崖高而陡,强烈的卸荷作用使危岩体后缘陡倾结构面张开度较大,加上长期受风化、卸荷作用及地震作用等影响,部分裂隙与母岩几乎完全分离,同时致使危岩体向临空方向发生变形。危岩体后缘存在陡倾或反倾结构面,在自身重力、孔隙水压力、水平地震力等作用下,危岩体产生倾倒变形,形成崩塌。该类型破坏模式主要为沿两组陡倾角结构面的交线滑移,局部出现凹腔的块体发生倾倒破坏,如图 6-21 所示。

2）坠落式崩塌

研究区部分地区岩层内部存在软弱夹层，修建公路开挖边坡后，坡体下部软弱岩层的卸荷速率大于上部岩层，软弱岩层和上部岩层之间形成一临空面。上部岩层失去支撑，岩体由于自重卸荷效应而产生与坡面平行的拉裂裂隙面。在高原地区风化冻融作用等影响下，裂隙加速继续扩展，直至陡倾裂隙面与平缓滑移面完全贯通后，坠落式崩塌会发生，如图 6-22 所示。

3）滑移式崩塌

滑移式崩塌指危岩体与母岩间后缘存在与边坡倾斜方向一致的、倾角小于坡角、贯通或断续贯通的缓倾角结构面，或者后缘存在一组陡倾坡外的结构面、底部存在一组缓倾坡外的结构面，后缘陡倾结构面只对危岩块体起切割作用，倾向坡外的缓倾角结构面是形成滑移式危岩体最主要的内因。研究区部分危岩体主要依靠底部缓倾角结构面的摩擦或危岩体的内聚力来维持块体稳定，如图 6-23、图 6-24 所示，危岩体可在重力作用下形成滑移；也可在大雨入渗结构面的情况下，入渗水体产生的静水压力、动水压力等改变结构面抗剪强度后形成滑移；还可能因地震作用破坏其原有平衡状态，产生滑移。

4）其他

研究区内堆积层中存在较多体积较大的块石或漂砾，在地震或强降雨条件下可能失稳滚落至坡脚（图 6-25）。

图 6-21　倾倒式崩塌危岩体

图 6-22　坠落式崩塌危岩体

图 6-23 滑移式崩塌危岩体(1)

图 6-24 滑移式崩塌危岩体(2)

图 6-25 堆积层中块石或漂砾崩塌危岩体

黄润秋等(2008,2012)通过大量工程实践和模拟解释了高应力地区深切河谷岸坡"驼峰式"应力分布规律,建构了深切河谷地区岸坡卸荷破裂发育模式,详见图 6-26。本研究区位于板块结合部位,地应力大,且樟木沟深切,符合深切河谷的应力分布规律,由图 6-19 可知,研究区崩塌灾害大多数分布于河谷两侧坡度较大地区。如图 6-21～图 6-24 所示,实地调查中发现河谷两侧岩体卸荷裂隙发育,岩体破碎较为严重,多数岩体沿节理面裂隙分离,呈块径大小不一的块石形态。

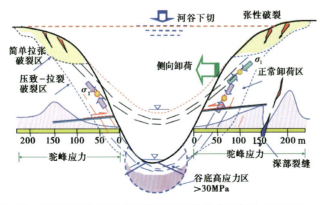
图 6-26 深切河谷地区岸坡卸荷破裂发育模式示意图(据黄润秋,2012)

二、滑坡灾害

1. 滑坡分布规律

聂拉木研究区滑坡灾害主要沿318国道两侧分布,总体上北部少,中部、南部较多,滑坡灾害空间分布情况见图6-27。

图6-27 聂拉木研究区滑坡空间分布图

2. 滑坡形成条件

1）地貌条件

研究区属高原深切峡谷地貌,地形极为陡峻,受青藏高原快速隆升和河流下切作用的影响,区内纵、横向坡比大,自然环境差异明显,为滑坡灾害的发育提供了有利条件。研究区内滑坡多发生在坡度15°~45°的范围内,其中以25°~35°范围比例最高,坡度对滑坡发育的影响较大。凹形坡与凸形坡受两侧地应力挤压,更容易发生滑坡灾害。

2）工程地质岩组条件

研究区内滑坡以堆积层土质滑坡为主,岩质滑坡次之。第四系冰碛物层、冲积层、残坡积层是滑坡的高发区域,堆积层以粉砂-黏土层为主,部分地区含漂砾。堆积层土质滑坡规模差异较大,最大的如樟木滑坡,威胁数百名居民及住宅。研究区内存在部分顺层岩质滑坡,岩性以片麻岩、变粒岩、糜棱岩、片岩为主,规模多为小、中型。

3. 滑坡影响因素

1）地震

地震本身不仅是一种破坏性极强的自然灾害,而且通过振动诱发一系列如滑坡、崩塌等其他地质灾害。地震的振动促使岩土体结构的松动,降低岩土体强度,同时使地表较厚的土体松垮和垮塌,加上地震产生的不利于坡体的地震力,使得坡体容易发生崩塌或滑动。

2）冻融循环作用

冻融循环作用是高山区崩滑灾害发生的主要动力作用。冰对岩体内裂隙两壁产生巨大的推力;而当气温回升时,冰随之融化,加于两壁的压力骤减,两壁又向中央回弹。在这样反复的冻结和融化过程中,岩体内的裂隙就会不断扩大、增多,以致岩体的完整性逐渐降低(冻融作用同样也能降低堆积层土体的完整性及力学强度),从而影响边坡或斜坡的整体稳定性。

3）降雨

降雨是诱发滑坡灾害的关键因素。在雨水的浸润作用下,松散坡面土体极易饱和,在雨水垂直下渗的过程中,如遇到渗透性突变的岩(土)层面,便容易在此类薄弱带汇聚,其一可以使土体中的孔隙水压力增大,从而使土体自身的抗剪强度降低;其二可能在短时间内汇流沿着薄弱带渗流,弱化薄弱带的抗剪强度。持续强降雨和暴雨是研究区滑坡发生的重要诱发因素之一。

4）地下水

地下水对岩土体的溶蚀、渗透变形以及软化、泥化等作用使岩土体强度降低。樟木镇植被覆盖较好,地下水类型主要为松散岩类孔隙水和基岩裂隙水,聂拉木镇地下水类型主要为松散岩类孔隙水,地下水的软化及渗透压力等作用均会对滑坡稳定性造成不利影响。

5）人类活动

人为切坡、建房等工程活动对山体进行开挖形成了开挖边坡,并且未进行支护或支护措施不合理,导致坡脚稳定性降低,使本身稳定的斜坡成为不稳定的边坡、斜坡,在外界条件影响下易失稳形成滑坡灾害,少数可能引发泥石流。

4. 滑坡形成机理

研究区处在地震活动频繁地区,地震的振动促使岩土体结构松动,降低岩土体强度,在震后强降雨或持续降雨的影响下,促进滑坡的发生,也存在地震发生时地震力直接破坏斜坡体原有的稳定状态,使斜坡体发生崩塌或滑动。研究区滑坡多为牵引式和混合式滑坡。

地震作用初始阶段,堆积体后缘坡顶附近土体物理性质比较松散,在地震波拉应力作用下先产生拉张裂缝,斜坡体局部破坏。随着地震作用的持续,后缘裂缝继续发育扩张,斜坡体沿水平方向有向下发生滑动的趋势,堆积体主要为斜向下张拉裂缝及水平剪切变形,破坏了坡体完整性。随着斜坡体裂缝继续扩大,斜坡体前缘发育多条新鲜裂缝,由于坡体底部受到地震惯性力张拉及剪切作用,基覆界面附近剪切裂缝贯通形成弧形错动面,后缘基岩出露,坡体向下方临空面发生位移,产生滑坡。可以认为这种堆积体边坡失稳破坏机理为:在地震力反复作用下,堆积体基覆界面附近软弱位置逐步产生破坏,堆积体与基岩差异响应致使坡体不协调变形,最终斜坡体沿错动面产生变形破裂。

部分斜坡体在地震发生时并未发生滑坡,但因地震作用影响,原有土体的稳定性已被削弱,在降雨的进一步影响下,发生滑坡。历史滑坡多为地形坡度较陡,碎块石的含量较大,土体间的孔隙较多位置。在持续暴雨的作用下,地表水和大气降雨来不及沿地表排泄,迅速下渗进入岩土体内。渗入的地表水在堆积层中赋存,致使堆积体和软弱层面抗剪强度降低,上部岩土体稳定性下降,滑坡中后部滑体先从后部开始下陷蠕变,在地表水和前期降雨的影响下,最后形成贯通的滑面,加上滑坡前缘临空条件较好,斜坡体向前产生滑动。

研究区318国道沿线岩质边坡,在地震及余震持续作用下,坡体产生震断溃裂,岩层层面(主控结构面)松弛,摩阻力急剧降低,同时在震动过程中,岩体塑性变形,结构面产生累进性位移,结构面强度不断降低,在地震力和滑体自重的作用下,直接脆性剪断锁固段岩体,失去阻抗,形成滑坡。318国道沿线堆积层土质滑坡,稳定性较差的堆积层在地震及其余震的作用下,直接失稳,形成滑坡;未失稳的堆积层、堆积体出现裂缝,结构被破坏,内聚力和抗剪强度下降,在降雨作用下发生滑坡。研究区内部分滑坡及其防治工程如图6-28~图6-30所示。

地震诱发斜坡失稳主要发生在斜坡的陡缓变坡点附近,即地形坡度变化较大部位和地貌突出部位(程强等,2013)。根据历史地震研究,当坡度小于30°时地表破裂数量增加缓慢,30°~44°是地表破坏最明显的区域,大于44°时随着坡度的增加地表破坏数量减少(孙晓宇等,2010),聂拉木地区的滑坡灾害同样具有该现象,详情可见表6-2中对研究区滑坡灾害坡度的统计数据。罗永红等(2017)对樟木镇地质灾害调查结果显示,地震滑坡密度在坡度为30°~50°时快速增加,50°~70°时增加缓慢,大于70°时呈现急剧下降趋势。而且在与发震断裂带近于垂直的沟谷斜坡中,在地震波传播的背坡面一侧的滑坡发育密度明显大于迎坡面一侧。

图 6-28　研究区滑坡防治工程

图 6-29　潜在滑坡导致地裂缝

图 6-30　研究区滑坡支护工程

三、冰湖溃决型泥石流灾害

1.冰湖分布及特征

1)冰湖的调查方法

查明聂拉木县危险性冰碛湖(简称"冰湖")的分布及特征,是进行冰湖溃决型泥石流风险评价与管理的基础。危险性冰碛湖的调查方法以室内遥感解译为主,结合研究区内冰湖相关文献资料,经过野外调查确定。

收集研究区近期 landsat8 遥感影像数据,选取适当的影像波段组合方式,突出冰湖与其他地物影像特征的区别,便于解译识别。将 landsat8 红、绿、蓝波段进行组合(4、3、2 波段),得到如图 6-31 所示遥感影像,体现地物原始色彩,但部分地物色彩相近,有时难以辨识。选择 landsat8 近红外、中红外和红色波段(5、6、4 波段)信息组合,进行陆地/水体信息增强,得到如图 6-32 所示遥感影像。在遥感影像中冰湖水体呈蓝-深蓝色,冰川呈粉红色,植被呈橙黄色,裸露山体呈亮灰色,冰湖及相关地物信息更容易识别。采用人机交互式解译方法,根据野外调查建立遥感解译标志,进行冰湖及相关地物信息解译,如图 6-33 和图 6-34 所示。

图 6-31 聂拉木县研究区遥感影像
（landsat8 的 4、3、2 波段组合）

图 6-32 聂拉木县研究区遥感影像
（landsat8 的 5、6、4 波段组合）

图 6-33 聂拉木县冰湖遥感解译
（landsat8 的 4、3、2 波段组合）

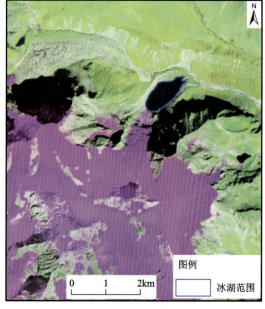

图 6-34 聂拉木县冰湖遥感解译
（landsat8 的 5、6、4 波段组合）

2）冰湖分布情况

通过遥感解译，确定聂拉木县共有冰湖 20 个，冰湖分布见图 6-35，其相关参数见表 6-1。冰湖所处的海拔为 4300~5400m，冰湖面积从 0.012~5.36km² 不等，面积大于 0.1km² 的冰湖有 12 个。其中，BH10 冰湖名为嘉龙错，位于聂拉木镇冲堆村上游，在 2002 年发生过两次溃决，是区内仅有的发生过溃决的冰湖，其具体信息详见第四章第二节中"典型潜在溃决冰湖隐患点"相关介绍。

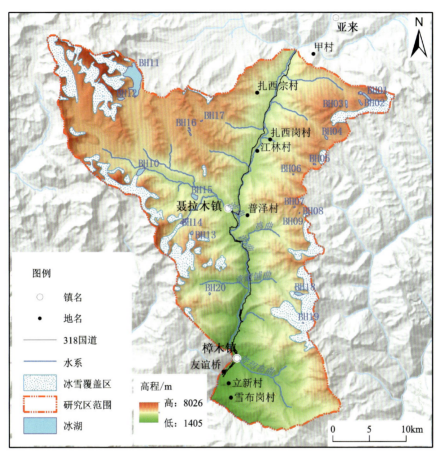

图 6-35　聂拉木县冰湖分布

表 6-1　聂拉木研究区冰湖概况

编号	冰湖类型	东经	北纬	冰湖面积 /km²	冰湖湖面海拔/m	威胁对象
BH01	冰碛湖	85°50′21″	28°17′57″	0.54	5317	公路、居民点
BH02	冰碛湖	85°49′30″	28°17′52″	0.16	5350	公路、居民点
BH03	冰碛湖	85°51′14″	28°12′53″	0.21	5256	公路、居民点
BH04	冰碛湖	85°55′39″	28°10′57″	0.12	5197	公路、居民点
BH05	冰碛湖	85°54′50″	28°09′25″	0.05	5183	公路、居民点
BH06	冰碛湖	85°55′13″	28°08′27″	0.02	4981	公路
BH07	冰碛湖	85°55′03″	28°15′15″	0.03	5177	公路

续表 6-1

编号	冰湖类型	东经	北纬	冰湖面积/km²	冰湖湖面海拔/m	威胁对象
BH08	冰碛湖	85°56′00″	28°16′22″	0.016	5153	公路
BH09	冰碛湖	86°07′49″	28°17′53″	0.012	5258	公路
BH10	冰碛湖	86°08′55″	28°17′55″	0.33	4330	聂拉木县城
BH11	冰碛湖	86°08′54″	28°18′27″	5.36	5086	聂拉木县城
BH12	冰碛湖	86°06′05″	28°15′19″	0.29	5092	聂拉木县城
BH13	冰碛湖	86°05′07″	28°13′21″	0.108	4865	聂拉木县城
BH14	冰碛湖	86°03′25″	28°12′35″	0.194	4496	聂拉木县城
BH15	冰碛湖	86°03′33″	28°10′09″	0.498	4357	聂拉木县城
BH16	冰碛湖	86°04′00″	28°09′44″	0.166	5110	公路、居民点
BH17	冰碛湖	86°04′32″	28°09′34″	0.038	5252	公路
BH18	冰碛湖	86°03′37″	28°04′06″	0.37	4643	公路、居民点
BH19	冰碛湖	86°04′24″	28°02′00″	0.018	4998	公路
BH20	冰碛湖	85°56′38″	28°04′05″	0.057	4531	公路

2. 形成条件

1)地形条件

地形条件一方面影响冰湖溃决的可能性大小,另一方面影响冰湖溃决型泥石流的灾害规模和影响范围。

冰湖溃决灾害发生的地形条件包括:冰湖后缘(母)冰川坡度、母冰川至冰湖段坡度、坝体背水坡坡度,以及下游沟道坡度等。研究表明,已有冰湖溃决事件均发生在4500~5600m之间(王世金等,2017),聂拉木县冰湖海拔均在这个值范围内,且近年来已有溃决事件发生(嘉龙错在2002年曾两次溃决),聂拉木县冰湖潜在溃决可能性较大。同时,研究区属于高原深切峡谷区,地形高差大、流域切割强烈,冰湖一旦溃决,将为溃决洪水提供巨大的势能。

冰湖后缘(母)冰川坡度以及母冰川至冰湖段坡度越大,冰体越容易跃动、崩塌入湖,冰湖涌浪是导致冰湖溃决的又一大因素。同时,冰湖终碛坝顶越大,坝体坡度越平缓,冰湖越不容易溃决。

冰湖溃决发生后,刚开始一般以溃决洪水为主,冰湖溃决洪水向下游演进,如果坡度大于11°或下游平均比降大于30‰且沿途松散堆积物丰富则会演变成溃决泥石流,否则只是溃决洪水(崔鹏等,2003)。研究区内,大部分沟谷的沟道纵坡降较大,沟道纵坡降对冰湖溃决型泥石流的形成影响较大,坡度越陡(即沟道纵坡降越大),冰湖溃决洪水的速度越快,越容易携带沟道及其两侧的松散物质,形成冰湖溃决型泥石流。同时,冰湖下游沟道坡度还影响冰湖溃决型泥石流的最远演进距离和最大淹没面积(王世金等,2017)。

2)物源条件

聂拉木县研究区内丰富的松散固体物质为冰湖溃决型泥石流提供了充足的物源,冰湖溃决发生后,冰湖溃决洪水带动沿途的松散固体物质,进而转化为冰湖溃决型泥石流。

聂拉木县大面积分布片岩、片麻岩、变粒岩、大理岩等变质岩,在高原独特的地质环境背景条件下,区内岩体节理裂隙发育,冰劈作用和温差风化作用强烈,形成了大量松散固体物质。区内地震频发,尤其尼泊尔"4·25"地震后,大量的岩土体在震动效应下,结构更加松散。野外调查发现,在冰湖下游沟道及其两岸的斜坡上均可见大量的松散固体物质。每年雨季,崩塌、滑坡、泥石流等地质灾害频发,在"地震—崩塌/滑坡—泥石流"灾害链效应下,大量的松散固体物质进入沟道,如图6-36所示,成为冰湖溃决型泥石流的物源。

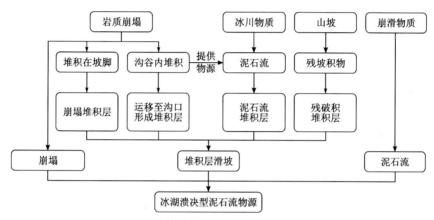

图6-36 冰湖溃决型泥石流物源形成示意图

3)水源条件

冰湖溃决型泥石流的水源主要来自冰湖本身、冰湖后缘(母)冰川融水以及大气降水3部分。冰湖溃决水量主要由3方面决定:冰湖本身储水量、冰湖受补给的水量(由冰雪消融水和降水组成)和进入冰湖的冰/雪崩体体积(王世金等,2017)。当冰湖库容大、补给水源充足时,一旦出现大的冰/雪崩体入湖,冰湖溃决就有极大的发生可能,冰湖溃决后的水量也是巨大的,综合西藏地区18次冰湖溃决时间,所有冰湖溃决排空的水量超过$1\times10^5\mathrm{m}^3$,峰值流量超过$1000\mathrm{m}^3/\mathrm{s}$(程尊兰等,2011),所能携带走的松散物质量也远超普通洪水。

通常冰雪补给面积大于$2\mathrm{km}^2$才形成一定规模的冰湖,形成冰湖后冰湖库容和冰湖面积可以作为衡量冰湖溃决可能性大小的重要因素。庄树裕(2010)统计分析已溃决的冰湖,发现其面积在$1.89\times10^5\sim5.375\times10^6\mathrm{m}^2$之间,库容在$6.07\times10^4\sim1.5\times10^7\mathrm{m}^3$,当库容小于$5.0\times10^4\mathrm{m}^3$时发生溃决的可能性较小,聂拉木镇的20个冰湖库容均大于该值,潜在溃决可能性较大。

3.影响因素

1)气候作用

气候作用是冰湖溃决型泥石流灾害发生的关键因素,冰川的进退、积累和消融,都受限于气候的干、湿、冷、暖变化,与温度和降雨密切相关(中国科学院地理研究所,1977)。气候作用影响冰川的积累消融、前进后退,进而影响冰湖的发育和溃决的形成。

大量研究表明,气候的波动变化,尤其冰湖溃决前降雨变化及其与气温耦合变化特征与冰湖溃决发生具有紧密联系(吕儒仁等,1999;王铁峰等,2001;程尊兰等,2009),从历史溃决冰湖发生时的气候背景条件入手,分析表明冰湖溃决事件多发在气候波动转折点或突变点年份,尤其西藏14次冰湖溃决事件12次便发生在气候转折点上(吕儒仁等,1999;刘晶晶等,2011)。气温异常变化年代和极端气候出现与冰湖溃决事件发生具有很好的对应关系(杜军等,2000;程尊兰等,2009)。

王欣等(2009)通过对西藏历史上15次已溃决冰碛湖溃决当年的气候背景的分析和度量,根据已溃决冰碛湖气象站的历史气温和降雨数据记录,将气候背景进行分类,将冷暖状态划分为冷、中、暖3种,将干湿状态划分为干、中、湿3种,统计发现没有气候背景完全处于常态情景(干湿和冷暖状态均为"中")下的冰湖溃决记录。将干湿和冷暖状态进行组合,将气候背景分为暖湿、暖干、冷湿和接近常态几种。根据统计分析结果,暖湿、暖干、冷湿和接近常态下,冰湖溃决统计概率分别为40%、34%、13%和13%(王欣等,2009,2016)。

2)地震作用

地震对冰湖的影响,包括3个方面:地震本身对冰碛坝产生破坏,由地震引发的地震涌浪以及地震触发的冰滑坡入水产生的涌浪对冰碛坝产生破坏,其中重点考虑地震涌浪高度对冰碛坝的冲刷破坏影响(艾洪舟,2017)。根据现有资料,我国由于地震作用直接引发的冰湖溃决事件记录较少,这里暂不考虑。

4. 形成机理

冰湖溃决型泥石流的形成过程包括发生冰湖溃决和溃决洪水转化为泥石流,将冰湖溃决型泥石流的形成机理分为冰湖溃决和泥石流形成两个阶段来进行分析。

1)冰湖溃决阶段

冰湖溃决的机制可分为以下几种(王欣等,2016;王世金等,2017)。

溢流型溃决:包括湖水漫溢向源侵蚀型以及冰崩/冰坠涌浪翻坝型两种,冰崩体突然入湖,导致湖水位上涨并叠加涌浪,使湖水外溢导致冰湖溃决;暴雨、冰川融水使湖水位上涨,速度增大,漫顶流下切侵蚀,侵蚀超过一定门限值时导致坝体突然溃坝形成洪水。

渗流/管涌溃坝洪水:多发生于终碛坝内有埋藏冰存在时,终碛坝内埋藏冰融沉导致的渗流/管涌使得终碛坝破坏,最终溃坝形成洪水。

瞬时溃坝洪水:在地震等因素作用下,终碛坝突然垮塌形成。

旁沟冲刷侵蚀型:终碛坝坝脚存在旁沟水流冲刷时,坝脚逐渐变形滑落崩塌,导致坝基稳定性降低,进而发生溃决。

多种溃决机制组合型:上述溃决机制的组合。一般冰湖所处海拔高,调查难度大,已溃决冰湖历史资料记录较少,冰湖溃决的机理难以准确定义。

2)泥石流形成阶段

冰湖溃决型泥石流是水力类泥石流的一种。研究区地形落差大,冰湖下游沟道纵坡降较大,溃决流量大,提供巨大的水动力条件。冰湖溃决后,一开始往往是洪水而并非泥石流(朱海波,2016),在洪水下泄过程中,携带溃决口处以及冰湖下游沟道及两岸的松散堆积物,逐渐演化为泥石流。

喜马拉雅山区丰富的固体松散物质为泥石流提供了充足的物源,巨大的水流强烈冲刷和侵蚀堆积有丰富松散固体物质的沟道,沟道固体物质启动。这里可用"揭底作用"和"滚雪球"过程(陈光曦等,1983;康志成,1988)来阐述冰湖溃决型泥石流形成的机理:冰湖溃决发生后,大量的水在冰湖下游沟道演进的过程中,沟道中的堆积物被掀动并遭受揭底,流体所携带的固体物质如同"滚雪球"一般越来越多,在极短的时间内将沟谷的堆积物一扫而光、席卷而去,形成规模较大的以掀揭沟床物质为主要固体物质来源的水力类泥石流(余斌等,2016),冰湖溃决型泥石流就发生了。

第三节 聂拉木县滑坡灾害风险评价

一、滑坡灾害易发性评价

聂拉木研究区滑坡灾害易发性评价采用信息量法,共选取 9 个评价指标,分别为高程、坡度、坡向、坡面形态、工程地质岩组分类、植被覆盖指数(NDVI)、年降雨量、年均地表气温、距人类工程活动距离。

聂拉木县处于高原深切峡谷区,海拔高度影响岩土体的风化程度;坡度是岩土体稳定性的重要影响因素;工程地质岩组强度是岩土体稳定性的重要影响因素;强降雨可降低岩土体稳定性;人工切坡、修建房屋等可破坏坡脚岩土体稳定性;地表温度在 0℃ 左右上下波动加速冻融循环作用,降低岩土体稳定性;植被覆盖一方面可通过根劈作用降低岩体稳定性,另一方面可固结土体提升稳定性;坡向影响太阳辐射强度进而影响岩体风化程度;坡面形态影响岩土体受力情况。

研究区内河流与公路距离较近,且近似平行,为避免两者在评价过程中的重复性,故未将距河流距离选取为评价指标;研究区内只有一条性质不明的断层,且附近无崩塌灾害,使距断层距离不具有统计价值,故未选为评价指标。

根据 Salerno 等(2015)对珠峰南坡年降雨量(2003—2012 年)随海拔高度变化的研究(图6-37),可大致总结为两部分:

(1)高程低于 2500m 时,年降雨量随高程升高呈线性关系。其中 1000m 高程对应的是 1000mm 年降雨量;2500m 高程对应的是 2500mm 年降水量。

(2)高程高于 2500m 时,年降雨量与高程大致为幂指数关系。

将 Salerno 等(2015)得到的降水量 P 随高程 E 变化情况拟合成函数,见式(6-1)。

$$P=\begin{cases} E & E \leqslant 2500 \\ 3\times 10^{12}\times E^{-2.673} & E>2500 \end{cases} \qquad (6\text{-}1)$$

式中，P 为年降雨量(mm)；E 为高程(m)。

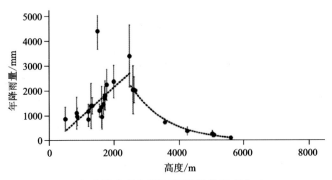

图 6-37　2003—2012 年珠峰南坡年降雨量随海拔的变化(据 Salerno et al.,2015)

本次评价采用 25m×25m 栅格为评价单元，各指标统计结果和信息量值如表 6-2 所示，评价结果见图 6-38。

表 6-2　聂拉木研究区滑坡灾害易发性评价指标及信息量值一览表

	分级标准	分区滑坡栅格数	滑坡栅格总数	分区栅格数	栅格总数	计算值	信息量值
高程/m	<2200	5	154	6834	345 721	0.715 9	0.715 9
	2200~2600	55	154	14 071	345 721	3.133 4	3.133 4
	2600~3000	10	154	20 323	345 721	0.143 6	0.143 6
	3000~3400	59	154	29 109	345 721	2.185 9	2.185 9
	3400~3800	5	154	50 333	345 721	−2.164 8	−2.164 8
	3800~5800	20	154	225 051	345 721	−2.325 5	−2.325 5
坡度/(°)	<5	0	154	1843	345 791	—	−4
	5~15	2	154	20 299	345 791	−2.176 4	−2.176 4
	15~25	10	154	56 444	345 791	−1.329 9	−1.329 9
	25~35	78	154	119 697	345 791	0.549 1	0.549 1
	35~45	51	154	99 142	345 791	0.208 0	0.208 0
	>45	13	154	48 366	345 791	−0.728 5	−0.728 5
坡向	北	8	154	39 605	345 721	−1.140 9	−1.140 9
	东北	0	154	37 781	345 721	—	−2
	东	7	154	40 770	345 721	−1.375 4	−1.375 4
	东南	3	154	42 737	345 721	−2.665 8	−2.665 8
	南	18	154	42 037	345 721	−0.057 0	−0.057 0
	西南	68	154	43 868	345 721	1.799 0	1.799 0
	西	26	154	50 038	345 721	0.222 2	0.222 2
	西北	24	154	48 885	345 721	0.140 3	0.140 3

续表 6-2

分级标准		分区滑坡栅格数	滑坡栅格总数	分区栅格数	栅格总数	计算值	信息量值
坡面形态	凹面坡	91	154	155 621	345 721	0.392 6	0.392 6
	平面坡	11	154	34 651	345 721	−0.488 7	−0.488 7
	凸面坡	52	154	155 449	345 721	−0.413 2	−0.413 2
工程地质岩组分类	坚硬岩	129	154	153 623	345 693	0.914 5	0.914 5
	较硬岩	25	154	145 746	345 693	−1.376 9	−1.376 9
	较软岩	0	154	2327	345 693	—	0
	软岩	0	154	737	345 693	—	0
	极软岩	0	154	43 260	345 693	—	−1
植被覆盖指数 NDVI	<0.1	16	154	58 393	345 807	−0.700 7	−0.700 7
	0.1~0.2	25	154	118 290	345 807	−1.075 3	−1.075 3
	02~0.3	42	154	97 795	345 807	−0.052 3	−0.052 3
	0.3~0.4	25	154	54 720	345 807	0.036 9	0.036 9
	0.4~0.6	46	154	16 609	345 807	2.636 7	2.636 7
年降雨量 /mm	<800	20	154	221 573	345 721	−2.303 0	−2.303 0
	800~1100	5	154	54 885	345 721	−2.289 7	−2.289 7
	1100~1500	59	154	26 955	345 721	2.296 8	2.296 8
	1500~2000	13	154	19 926	345 721	0.550 5	0.550 5
	>2000	57	154	22 382	345 721	2.515 3	2.515 3
年均地表温度/℃	<4	22	154	192 155	345 320	−1.961 7	−1.961 7
	4~6	44	154	96 039	345 320	0.038 9	0.038 9
	6~8	32	154	30 507	345 320	1.233 9	1.233 9
	8~10	51	154	17 427	345 320	2.714 2	2.714 2
	10~12	5	154	9192	345 320	0.286 6	0.286 6
距人类工程活动距离/m	<25	44	154	6288	345 693	3.973 4	3.973 4
	25~50	41	154	5783	345 693	3.992 3	3.992 3
	>50	69	154	333 622	345 693	−1.107 0	−1.107 0

图 6-38 聂拉木研究区滑坡易发性分区图

极高易发区主要分布在研究区中南部沟谷附近的 318 国道两侧,坡度普遍较大,修路切坡较为严重,降雨量大,堆积层较厚,樟木镇镇中心位于极高易发区;高易发区主要分布在研究区中南部坡度较大地区,堆积层较厚,降雨量较大。极低易发区占全区面积的 10.2%;低易发区占全区面积的 38.9%;中易发区占全区面积的 28.4%;高易发区占全区面积的 13.1%;极高易发区占全区面积的 9.4%。该评价结果精度 ROC 曲线见图 6-39,AUC 值为 91.45%,说明评价结果准确度高。

二、滑坡灾害危险性评价

聂拉木研究区滑坡灾害危险性评价采用 Newmark 模型法,方法详见第二章第四节相关内容。

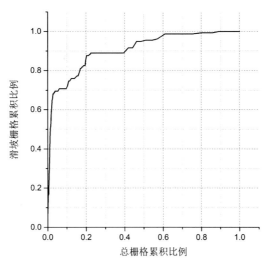

图 6-39 聂拉木滑坡易发性评价 ROC 拟合曲线图

1. 基本参数

以地层岩性的差异为基础,考虑工程岩组分类、风化情况,并考虑地震后岩土体强度降低,强降雨作用进一步降低岩土体强度,研究区地震后极端降雨条件下岩土体物理参数选取值见表 6-3。取地下水的重度 γ_w 为 $10\mathrm{kN\cdot m^{-3}}$,考虑震后极端降雨条件,即饱和土壤比 m 为 1。

表 6-3 聂拉木研究区地震后极端降雨条件下岩土体部分物理性质一览表

岩性	岩土体结构面抗剪强度		岩土体重度 $\gamma/(\mathrm{kN\cdot m^{-3}})$
	黏聚力 c/kPa	内摩擦角 $\varphi/(°)$	
片麻岩	150	33	28
变粒岩	150	33	28
斜长角闪岩	150	33	26.5
花岗岩	150	33	25
冰雪覆盖区片麻岩	120	28	24
冰雪覆盖区变粒岩	90	22	23
冰雪覆盖区冰碛物	60	17	22
第四系冰碛物、冲积物	40	12	21

2. 计算过程

根据实地调查结合遥感影像,运用克里金插值法制作研究区潜在堆积层滑坡体厚度图,见图6-40。根据第二章公式(2-23)~公式(2-28),"4·25"地震震级为8.1级,震中距聂拉木研究区约120km。计算过程见图6-41、图6-42,计算滑坡累计位移结果见图6-43。

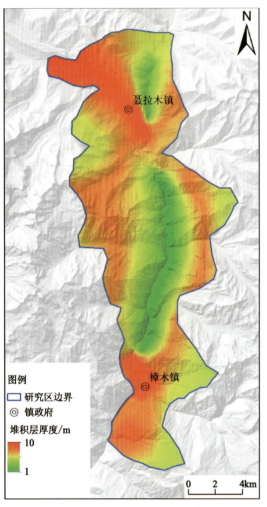

图6-40 研究区潜在滑体堆积层厚度图

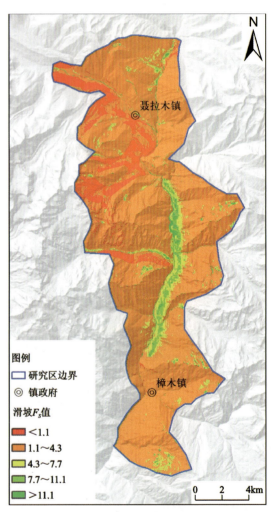

图6-41 研究区潜在滑体F_S图

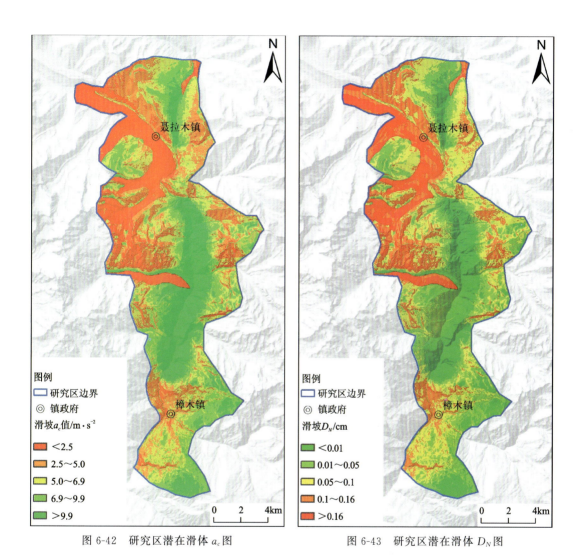

图 6-42 研究区潜在滑体 a_c 图   图 6-43 研究区潜在滑体 D_N 图

3. 确定滑坡概率

根据第二章公式(2-30)的累计位移 D_N 与滑坡发生概率 $P(f)$ 之间的关系,利用"4·25"地震诱发的地震滑坡数据以及地震自身强度确定聂拉木研究区参数 k、a、b 的值,并将 $P(f)$ 值作为后续风险计算中危险性概率值。根据各危险等级的 D_N 值(取 D_N 值段中位数),计算该危险性等级范围内的累计滑坡面积 A 和实际区域面积 B,取各危险等级 $P(f)=A/B$,得到不同 D_N 值对应的 $P(f)$(表6-4)。

表 6-4　累计位移 D_N 值与滑坡发生概率 $P(f)$ 对应表

D_N/cm	滑坡发生概率 $P(f)$
0.2	0.02
0.14	0.01
0.08	0.004
0.03	0.002
0.001	0.001

根据历史的 D_N 值与 $P(f)$ 对应关系,在 Matlab 中拟合未知参数 k、a、b 得到 $P(f)$ 与 D_N 之间的关系表达式。

$$P(f) = 0.03 \times [1 - \exp(-41.13 \times D_N^{2.29})] \tag{6-2}$$

根据式(6-2)得到聂拉木研究区滑坡发生概率 $P(f)$,即危险性,$P(f)$ 与危险性等级的对应关系见表 6-5,危险性评价结果见图 6-44。极高危险区主要分布于研究区西北部第四系覆盖较厚、堆积层土体稳定性较低、坡度在 25°~45°之间的地区;高危险区主要分布在研究区西北部、南部第四系覆盖较厚、堆积层土体稳定性较低、坡度在 25°~45°之间的地区,聂拉木镇和樟木镇均位于高危险区。

表 6-5　滑坡发生概率 $P(f)$ 与危险性等级对应表

滑坡发生概率 $P(f)$ 范围	滑坡危险性等级
>0.02	极高
0.01~0.02	高
0.005~0.01	中
0.002~0.005	低
<0.002	极低

三、滑坡灾害承灾体调查

承灾体调查方法见第四章第三节。在 ArcGIS 平台中通过遥感解译确定建筑物分布,如图 6-45、图 6-46 所示。通过现场调查走访的方式,确定每栋建筑物楼层数、建筑结构、居住人数、建筑用途、使用年限、建筑造价等信息,确定建筑物及人口抗灾能力。

第六章 聂拉木县(高原深切峡谷区)地质灾害风险评估与管理

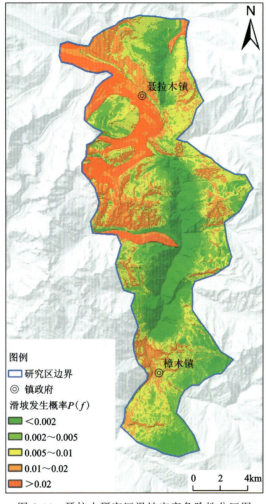

图 6-44 聂拉木研究区滑坡灾害危险性分区图

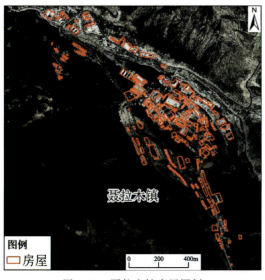

图 6-45 聂拉木镇房屋圈划

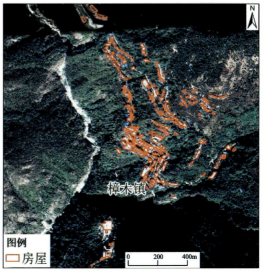

图 6-46 樟木镇房屋圈划

四、滑坡灾害易损性评价

参考第二章公式(2-47),建立崩塌易损性 V 与滑坡灾害强度 I 和承灾体抗灾能力 R 的关系式:$V=(I,R)$。滑坡灾害强度 I 的值与坡度、滑体方量、滑体运动距离、滑体前后缘高差等因素有关。在整个研究区大范围的条件下,无法基于栅格对以上滑坡要素展开滑坡灾害强度 I 的分析,故本书采用利用滑坡危险性直接赋值的方法定义滑坡灾害强度 I,如表6-6所示。

表6-6 聂拉木研究区不同滑坡危险性等级下滑坡灾害强度赋值表

危险性等级	极低	低	中等	高	极高
滑坡灾害强度 I	0.2	0.4	0.5	0.6	0.8

建筑物或人口的抗灾能力 R 主要与建筑物的结构类型有关,聂拉木研究区建筑物主要类型为钢筋混凝土结构(R 定义为0.8)、砖混结构(R 定义为0.6)、胶合板活动板房(R 定义为0.4)。

五、滑坡灾害风险评价

建筑物风险 R = 危险性 H × 易损性 V × 价值 E
人口风险 R = 危险性 H × 易损性 V × 人数 E

根据以上两个公式计算聂拉木研究区滑坡灾害建筑物风险及人口风险,建筑及人口风险等级划分标准见表6-7,风险评价结果见图6-47～图6-50。可见聂拉木镇受滑坡灾害威胁的建筑及人口风险较高,樟木镇相对较低。"4·25"地震后樟木镇处于灾后重建阶段,大量人口迁出;樟木镇福利院古滑坡已修建防治工程。

表6-7 聂拉木研究区滑坡灾害风险等级划分一览表

滑坡风险等级	建筑物风险/万元	人口风险/人
极低风险区	<0.5	<0.03
低风险区	0.5～2	0.03～0.1
中风险区	2～5	0.1～0.3
高风险区	5～10	0.3～2
极高风险区	>10	>2

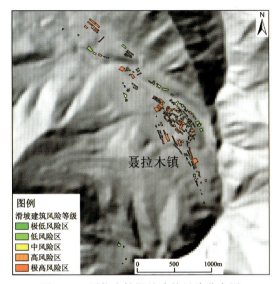

图 6-47 聂拉木镇滑坡建筑风险分布图

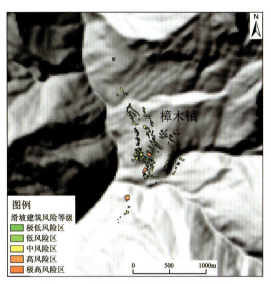

图 6-48 樟木镇滑坡建筑风险分布图

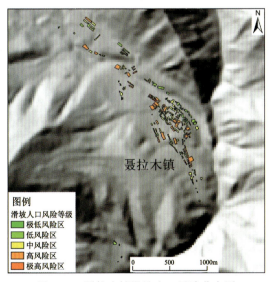

图 6-49 聂拉木镇滑坡人口风险分布图

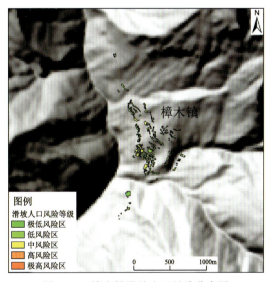

图 6-50 樟木镇滑坡人口风险分布图

第四节 聂拉木县崩塌灾害风险评价

一、崩塌灾害易发性评价

聂拉木研究区崩塌灾害易发性评价采用的方法和指标与滑坡易发性评价相同,仅部分指标的分级不同,各指标统计结果和信息量值如表 6-8 所示,评价结果见图 6-51。

表 6-8 聂拉木研究区崩塌灾害易发性评价指标及信息量值一览表

分级标准		分区崩塌栅格数	崩塌栅格总数	分区栅格数	栅格总数	计算值	信息量值
高程/m	<2200	59	466	6834	345 721	2.679 2	2.679 2
	2200~2600	99	466	14 071	345 721	2.384 0	2.384 0
	2600~3000	130	466	20 323	345 721	2.246 6	2.246 6
	3000~3400	74	466	29 109	345 721	0.915 3	0.915 3
	3400~3800	78	466	50 333	345 721	0.201 2	0.201 2
	3800~5800	26	466	225 051	345 721	−3.544 4	−3.544 4
坡度/(°)	<20	13	466	44 468	345 721	−2.205 0	−2.205 0
	20~30	78	466	86 280	345 721	−0.576 3	−0.576 3
	30~40	152	466	129 031	345 721	−0.194 4	−0.194 4
	40~50	127	466	59 481	345 721	0.663 6	0.663 6
	50~60	83	466	20 791	345 721	1.566 4	1.566 4
	>60	13	466	5670	345 721	0.766 4	0.766 4
坡向	北	38	466	39 605	345 721	−0.490 4	−0.490 4
	东北	25	466	37 781	345 721	−1.026 5	−1.026 5
	东	36	466	40 770	345 721	−0.610 2	−0.610 2
	东南	16	466	42 737	345 721	−1.848 1	−1.848 1
	南	15	466	42 037	345 721	−1.917 4	−1.917 4
	西南	66	466	43 868	345 721	0.158 6	0.158 6
	西	126	466	50 038	345 721	0.901 6	0.901 6
	西北	144	466	48 885	345 721	1.127 9	1.127 9
坡面形态	凹面坡	202	466	155 621	345 721	−0.054 4	−0.054 4
	平面坡	29	466	34 651	345 721	−0.687 6	−0.687 6
	凸面坡	235	466	155 449	345 721	0.165 5	0.165 5

续表 6-8

分级标准		分区崩塌栅格数	崩塌栅格总数	分区栅格数	栅格总数	计算值	信息量值
工程地质岩组分类	坚硬岩	380	466	153 623	345 693	0.875 8	0.875 8
	较硬岩	52	466	145 746	345 693	−1.917 7	−1.917 7
	较软岩	0	466	2327	345 693	—	−3
	软岩	0	466	737	345 693	—	−3
	极软岩	34	466	43 260	345 693	−0.778 3	−0.778 3
植被覆盖指数 NDVI	<0.1	77	466	58 393	345 807	−0.031 3	−0.031 3
	0.1~0.2	109	466	118 290	345 807	−0.548 4	−0.548 4
	0.2~0.3	114	466	97 795	345 807	−0.209 2	−0.209 2
	0.3~0.4	115	466	54 720	345 807	0.641 1	0.641 1
	0.4~0.6	51	466	16 609	345 807	1.188 2	1.188 2
年降雨量/mm	<800	20	466	221 573	345 721	−3.900 4	−3.900 4
	800~1100	88	466	54 885	345 721	0.250 4	0.250 4
	1100~1500	69	466	26 955	345 721	0.925 3	0.925 3
	1500~2000	118	466	19 926	345 721	2.135 3	2.135 3
	>2000	171	466	22 382	345 721	2.502 9	2.502 9
年均地表温度/℃	<3	8	466	130 870	345 320	−4.464 4	−4.464 4
	3~5	134	466	117 475	345 320	−0.242 5	−0.242 5
	5~7	83	466	57 658	345 320	0.093 2	0.093 2
	7~9	108	466	24 794	345 320	1.690 6	1.690 6
	9~12	133	466	14 523	345 320	2.762 6	2.762 6
距人类工程活动距离/m	<25	118	466	6288	345 693	3.799 2	3.799 2
	25~50	175	466	5783	345 693	4.488 6	4.488 6
	>50	173	466	333 622	345 693	−1.378 3	−1.378 3

图 6-51 聂拉木崩塌易发性分区图

崩塌极高易发区主要分布在研究区中南部公路两侧,坡度较大,许多地区坡度大于 45°,基岩出露,以片麻岩、变粒岩为主,岩体裂隙发育,降雨量大;高易发区主要分布在研究区中南部坡度较大地区,基岩出露,以片麻岩、变粒岩为主,降雨量较大。极低易发区占全区面积的 13.2%;低易发区占全区面积的 34.3%;中易发区占全区面积的 21.9%;高易发区占全区面积的 21.8%;极高易发区占全区面积的 8.8%。该评价结果精度 ROC 曲线见图 6-52,AUC 值为 93.07%,说明评价结果准确度高。

二、崩塌灾害危险性评价

聂拉木研究区崩塌灾害危险性评价与滑坡危险性评价相同,采用 Newmark 模型法,方法详见第二章第四节。岩土体等基本参数的选取参考第六章第三节,根据实地调查结合遥感影像,运用克里金插值法制作研究区基岩厚度图,见图 6-53。计算过程见图 6-54、图 6-55,计算崩塌体累计位移,得到图 6-56。

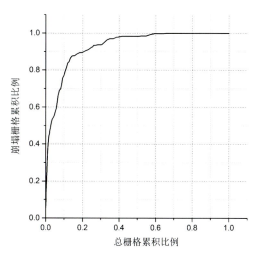

图 6-52 聂拉木研究区崩塌易发性 ROC 拟合曲线

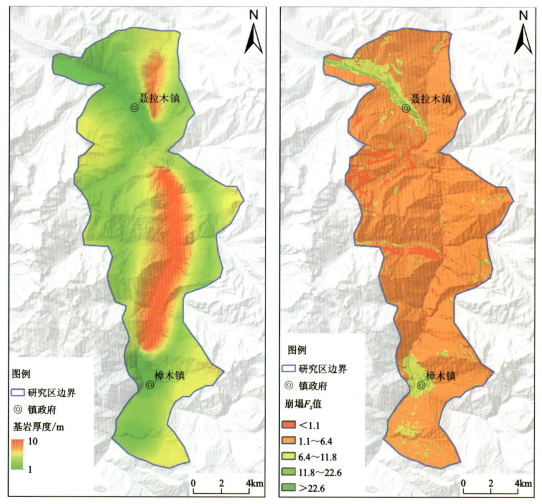

图 6-53 研究区基岩厚度图　　　　图 6-54 研究区潜在崩塌 F_S 图

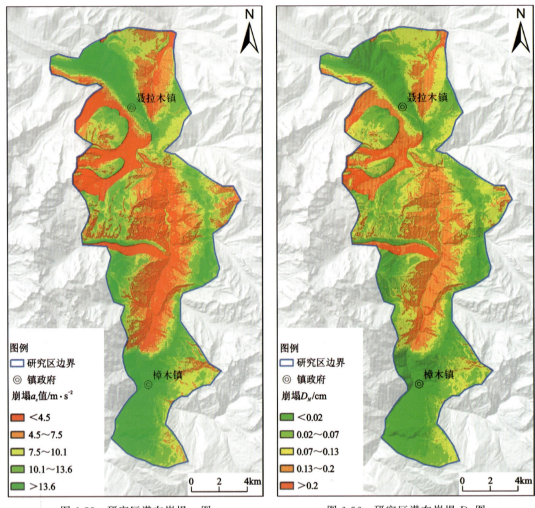

图 6-55　研究区潜在崩塌 a_c 图　　　　图 6-56　研究区潜在崩塌 D_N 图

根据公式(2-30)的累计位移 D_N 与崩塌发生概率 $P(f)$ 之间的关系,相关取值见表 6-9,利用"4·25"地震诱发的崩塌数据以及地震自身强度确定研究区参数 k、a、b 的值,并将 $P(f)$ 值作为后续风险计算中危险性值。

表 6-9　历史累计位移 D_N 值与崩塌发生概率 $P(f)$ 对应表

D_N/cm	崩塌发生概率 $P(f)$
0.3	0.03
0.17	0.012
0.1	0.005
0.03	0.002
0.002	0.001

根据历史的 D_N 值与 $P(f)$ 对应关系,在 Matlab 中拟合未知参数 k、a、b 得到 $P(f)$ 与 D_N 之间的关系表达式:

$$P(f) = 0.05 \times [1 - \exp(-10.34 \times D_N{}^{2.02})] \tag{6-3}$$

根据式(6-3)得到聂拉木研究区崩塌发生概率 $P(f)$，即危险性，发生概率 $P(f)$ 与崩塌危险性等级对应关系见表6-10，崩塌危险性评价结果见图6-57。崩塌极高危险区主要分布于研究区西部岩体强度低地区，部分危岩体为冰碛物中不稳定漂砾；崩塌高危险区主要分布于研究区中北部318国道两侧，修路切坡严重，降雨量较大，处于深切峡谷沟谷地区，岩体卸荷裂隙发育，植被覆盖较好。

表 6-10 崩塌发生概率 $P(f)$ 与危险性等级对应表

崩塌 $P(f)$ 范围	崩塌危险性等级
＞0.03	极高
0.014～0.03	高
0.007～0.014	中
0.003～0.007	低
＜0.003	极低

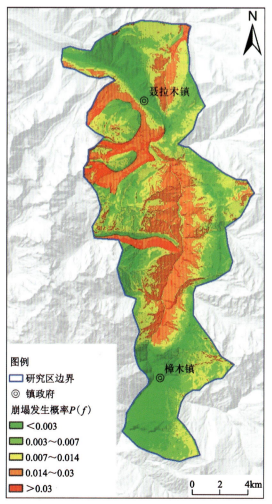

图 6-57 聂拉木研究区崩塌灾害危险性分区图

三、崩塌灾害承灾体调查

崩塌灾害承灾体调查与第六章第三节第三点中"滑坡灾害承灾体调查"一致。

四、崩塌灾害易损性评价

崩塌灾害强度 I 作为易损性中的一个关键部分,是描述崩塌破坏程度的一个定量化参数。不同规模不同类型的崩塌的致灾强度是不一样的,由前人学者的经验可知,崩塌的灾害强度与崩塌的类型(土质崩塌、岩质崩塌等)、崩塌规模(危岩块体大小等)、崩塌运动特征(崩塌体滚落速度、运动距离等)等指标存在函数关系。目前,国内外对崩塌灾害强度的定量化评判还依旧处于发展阶段,对于区域可能发生的崩塌强度没有明确的分级标准,且在整个研究区大范围的条件下,无法基于栅格对崩塌的规模、速度、运动范围等展开崩塌强度的分析。因此,本次研究采用定性-半定量的方法定义崩塌易损性,即用危险性的结果表示其强度,危险性等级越高的地区灾害对承灾体的作用强度越大,崩塌强度越大,反之则越小。基于前述的危险性计算结果确定研究区崩塌灾害强度赋值,见表 6-11。

表 6-11　聂拉木研究区不同崩塌危险性等级下崩塌灾害强度赋值表

危险性等级	极低	低	中等	高	极高
崩塌灾害强度 I	0.2	0.4	0.5	0.6	0.8

建筑物或人口的抗灾能力 R 主要与建筑物的结构类型有关,聂拉木研究区建筑物主要类型为钢筋混凝土结构(R 定义为 0.8)、砖混结构(R 定义为 0.6)、胶合板活动板房(R 定义为 0.4)。

参考公式(2-47),建立崩塌易损性 $V=(I,R)$ 并计算每个建筑物的建筑及人口易损性。

五、崩塌灾害风险评价

建筑物风险 R＝危险性 H×易损性 V×价值 E

人口风险 R＝危险性 H×易损性 V×人数 E

根据以上两个公式计算聂拉木研究区崩塌灾害建筑物风险及人口风险,建筑及人口风险等级划分标准见表 6-12,风险评价结果见图 6-58～图 6-61。聂拉木镇崩塌建筑及人口风险较大,樟木镇相对较小。

表 6-12　聂拉木研究区崩塌灾害风险等级划分一览表

崩塌风险等级	建筑风险/万元	人口风险/人
极低风险区	<0.2	<0.02
低风险区	0.2~0.5	0.02~0.05
中风险区	0.5~1	0.05~0.2
高风险区	1~3	0.2~0.5
极高风险区	>3	>0.5

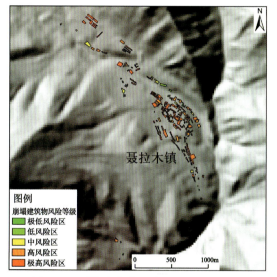

图 6-58　聂拉木镇崩塌建筑物风险分布图

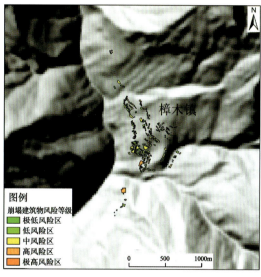

图 6-59　樟木镇崩塌建筑物风险分布图

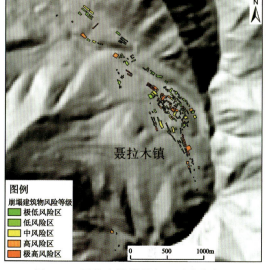

图 6-60　聂拉木镇崩塌人口风险分布图

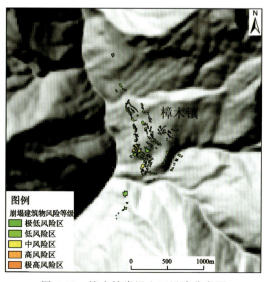

图 6-61　樟木镇崩塌人口风险分布图

第五节　聂拉木县冰湖泥石流灾害风险评价

通过遥感解译和野外调查,查明聂拉木县冰湖的分布情况。采用事件树模型法,分析冰湖溃决的概率,并进行冰湖溃决型泥石流易发性评价。对影响冰湖溃决的气温波动条件进行分析,计算冰湖溃决型泥石流在未来一段时间内发生的时间概率;并使用FLO-2D软件进行冰湖溃决型泥石流数值模拟,得到冰湖溃决型泥石流发生后的影响范围、强度参数等,进行危险性评价。参考降雨型泥石流易损性评价方法,建立冰湖溃决型泥石流易损性评价方法。根据危险性和易损性评价结果,进行冰湖溃决型泥石流风险计算,进而构建冰湖溃决型泥石流风险评估体系。

一、冰湖泥石流易发性评价

冰湖溃决影响因素多、成因复杂,受调查条件限制,大部分冰湖能够获取的有效数据偏少,完整的冰湖溃决型泥石流易发性评价包括以下3个部分。

冰湖溃决概率评价。借鉴王欣等(2009,2016)所采用的事件树模型法进行冰湖溃决概率分析。

冰湖溃决型泥石流的固体物源量评价。冰湖下游河道及两岸松散固体物质储量不会对冰湖溃决发生概率造成影响,但会影响冰湖溃决型泥石流的泥石流流体性质、灾害强度等。通过野外调查,选用合理的评价方法对冰湖所在流域的松散堆积物储量进行估算。

河道易发性评价。同一流域内若有多个冰湖存在,则在冰湖溃决发生后,部分河道可能受到多个冰湖溃决型泥石流的影响。将每个冰湖溃决事件作为一个独立事件,考虑流域在多个冰湖都可能溃决的情况下,冰湖溃决型泥石流发生的叠加效应,进行冰湖下游河道的泥石流易发性评价。

1.冰湖溃决概率评价

根据聂拉木县的DEM数据、遥感影像和已有的研究成果等,获取区内20个冰湖的基本信息,包括冰湖面积、冰湖距母冰川距离、堤坝高宽比、危险性冰体指数、母冰川描述、堤坝特征描述和湖盆特征描述等,如表6-13所示。

冰湖溃决与短期气候密切相关,王欣(2016)根据过去50年的气象资料,分析出暖湿、暖干、冷湿和接近常态4种状态出现平均概率分别为0.164、0.172、0.046、0.396,并总结出喜马拉雅山区危险性冰湖在4种气候荷载下的17种溃决模式。借鉴土石坝专家经验法,参照对冰湖溃决危险的评价标准,给出用于判定我国喜马拉雅山区冰湖溃决的定性描述和溃决事件发生概率的转换关系(王欣等,2009),如表6-14所示。

表6-13 聂拉木县冰湖基本信息表

冰湖编号	面积/km²	冰湖—母冰川距离/m	堤坝宽高比	危险冰体指数	母冰川描述	堤坝特征描述	湖盆特征描述
BH01	0.54	303	5.6	>2	冰川面积覆盖较大,冰川内有流水入冰湖,前端冰舌坡度约6°~12°,母冰川坡度约13°	冰湖内部存在一小型堤坝将冰湖一分为二,堤坝前端堤坝宽约80m,冰湖内存在死冰,有少量水流出	湖盆左右坡度约15°~20°,一侧紧靠着一座山体,上部有大量冲刷痕迹,松散物质丰富,无植被覆盖
BH02	0.16	305	9.3	0.33	冰川内有水流入冰湖,母冰川整体坡度12°~18°,前端冰舌坡度17°	堤坝内无水流出,存在少量死冰,宽约150m	湖盆左右坡度约16°~19°,松散物质少,无植被覆盖
BH03	0.21	544	6	0.56	冰川分成多条水流入冰湖,母冰川整体坡度12°~16°,前端冰舌坡度较陡约为23°	堤坝内存在流水溢出。宽约100m	湖盆左右坡度约19°,松散物质较少,无植被覆盖
BH04	0.12	—	7.04	<0.1	冰雪覆盖较少,遥感图为夏季遥感图,推测冰湖内部水流是由冬季冰雪累积而成	堤坝高约22m,坝内无死冰,无溢流	湖盆左右坡度约18°,松散物质较少,无植被覆盖
BH05	0.05	2134	>10	>2	母冰川距冰湖距离较远,两者之间存在少量积雪,有水流从母冰川流入冰湖,冰舌坡度约15°,冰舌坡度约8°	湖坝不明显,内部存在死冰	湖盆左右坡度约33°,松散物质较少,无植被被,冰湖后部紧靠山脉
BH06	0.02	—	>10	<0.1	冰雪覆盖较少,遥感图为夏季遥感图,推测冰湖内部水流是由冬季冰雪累积而成冰湖表面冰体尚未完全融化	湖坝不明显,内部存在死冰	湖盆一侧坡度约5°,一侧紧靠着一座山体,上部有大量冲刷痕迹,松散物质丰富,山体坡度约30°

续表 6-13

冰湖编号	面积/km²	冰湖—母冰川距离/m	堤坝宽高比	危险冰体指数	母冰川描述	堤坝特征描述	湖盆特征描述
BH07	0.03	198	>10	>2	母冰川表面存在挤压痕迹，整体坡度约17°，前端冰舌坡度可大于20°	湖坝不明显，内部不存在死冰，无水流溢出	湖盆周围坡度在10°以下，松散物质较少，无植被覆盖
BH08	0.016	0	6.88	>2	母冰川延伸入湖中，上部冰川与伸入湖中冰川连接断开	堤坝内无水流出，不存在死冰，宽约110m	湖盆周围坡度18°左右，松散物质较少，无植被覆盖
BH09	0.012	215	>10	>2	母冰川大部分危及不到冰湖，仅一侧存在裂隙的冰川可危及冰湖。整体坡度17°左右	湖坝不明显，内部存在死冰，无溢流	湖盆周围坡度23°左右，松散物质较少，无植被覆盖，一侧紧靠一山体
BH10	0.33	650	2	1.54	冰川面积覆盖较大，冰川与冰湖之间存在大量冰喷物，前端冰舌坡度大于20°，母冰川坡度大于20°	湖坝有溢流出口点，曾经发生过冰湖溃决，宽约50m	湖盆左右坡度约28°，周围山体有滑坡痕迹，且湖盆附近存在大量松散物质及冰喷物
BH11	5.36	245	9.37	0.04	母冰川面积较大，危险冰体坡度大于20°，湖泊面积较大，库容量较大	湖坝不明显，内部不存在死冰，无水流出	湖盆坡度约15°～20°，部分坡度为10°，松散物质较少，无植被覆盖，松散物质质量中等
BH12	0.29	326	>10	<0.1	母冰川面积不多，危险冰体坡度大于20°	湖坝不明显，死冰，无溢流	湖盆坡度大于30°，湖盆存在少量松散物质，无植被覆盖
BH13	0.108	0	>10	>2	冰舌与母冰川之间存在挤压痕迹，冰舌存在裂缝	湖坝不明显，死冰，有水流出	湖盆坡度25°左右，湖盆存在少量松散物质

续表 6-13

冰湖编号	面积/km²	冰湖—母冰川距离/m	堤坝宽高比	危险冰体指数	母冰川描述	堤坝特征描述	湖盆特征描述
BH14	0.194	2859	8	<0.1	冰川距离冰湖距离较远，冰川与冰湖之间存在大量冰碛物，前端冰舌坡度11°，母冰川坡度大于20°	湖坝有大量水溢出，流水沿河道流下，经过县城后汇集到波曲河主干	湖盆坡度19°左右，湖盆存在大量冰碛物
BH15	0.498	—	>10	<0.1	只有少量积雪，冰川覆盖区极少	湖坝较宽，约有400m，无水流流出	湖盆坡度18°左右，松散物质较少
BH16	0.166	0	>10	0.22	冰川伸入冰湖，危险冰体体积较小	湖坝不明显，内部不存在死冰，无水流流出	湖盆左右坡度较缓，坡度小于10°，松散物质较少，被植被覆盖
BH17	0.038	—	10	<0.1	只有少量积雪，冰川覆盖区极少	湖坝宽约50m，内部不存在死冰，无水流流出	湖盆左右坡度24°左右，松散物质无植被覆盖
BH18	0.37	560	>10	0.13	母冰川末端存在裂隙，裂隙部分发育成危险冰体，冰舌坡度约13°	湖坝不明显，内部不存在死冰，无水流流出	湖盆坡度较陡，形成陡崖，散物质较丰富
BH19	0.018	0	>10	1.42	母冰川末端伸入冰湖中，母冰川约18°，冰舌末端约15°～18°	湖坝不明显，可能存在死冰	湖盆周围坡度约16°，松散物质较少，冰湖内部存在无植被覆盖
BH20	0.057	—	>10	—	冰雪覆盖较少，遥感图为夏季水流，推测冰湖内部是由冬季积雪融化累积而成	湖坝不明显，内部不存在死冰，无水流流出	湖盆左右坡度约15°，无植被覆盖，后部坡度加大，超过20°，存在部分松散物质

表 6-14　喜马拉雅山区冰湖溃决模式中关键环节发生的概率等级量化标准(据王欣等,2009)

关键环节	物理指标	概率范围			
		>0.7	0.7~0.3	0.3~0.1	<0.1
冰崩	危险冰体指数*	>0.3	0.1~0.3	0.01~0.1	<0.01
	危险冰体裂隙	危险冰体裂隙发育且时有小规模冰崩发生	危险冰体裂隙发育	危险冰体存在裂隙	危险冰体未发现裂隙
	危险冰体坡度/(°)	>20	8~20	3~8	<3
	危险冰体距湖距离/m	危险冰体深入湖中	0	0~500	>500
母冰川跃动/滑坡	冰川末端距湖的距离/m	0,冰川运动速度较快	0	0~500	>500
	冰舌坡度/(°)	>20	8~20	3~8	<3
管涌扩大	堤坝高宽比	<1	1~2	2~10	>10
	堤坝死冰	堤坝表面起伏变化较大,表示坝内死冰消融	坝内存在死冰	坝内可能有死冰	未发现死冰
漫顶溢流下切侵蚀堤坝	堤坝高宽比	<1	1~2	2~10	>10
	堤坝露水高度与堤坝高宽比	0,溢流下切侵蚀冰碛坝	接近 0	相对较小	相对较大

注:* 危险冰体指数为母冰川冰舌区变坡线以下至冰川末端或者末端区域冰裂隙发育的冰体的体积与冰湖水体积之比。

根据我国喜马拉雅山区已溃决冰湖在各类短期气候条件下的出现比例,对 4 类气候条件赋以不同的权重系数。在第 m 种短期气候条件下,第 i 种溃决机制下的溃坝概率 P_m 为(王欣,2016):

$$P_m = C_m R_m \bar{P_i} \quad (6\text{-}4)$$

式中,$\bar{P_i}$ 为专家对冰湖可能发生溃决概率的赋值的平均值;C_m 为某种(i)溃决模式的冰湖在不同短期气候条件下出现的权重,分别为暖湿(0.4)、暖干(0.34)、冷湿(0.13)和接近常态(0.13);R_m 为某种(m)气候载荷类型在近 50 年短期气候条件下平均每年出现的权重,分别为暖湿(0.164)、暖干(0.172)、冷湿(0.046)和接近常态(0.396)。

冰湖溃坝概率 P_f 为:

$$P_f = \sum_{m=1}^{4} \sum_{i=1}^{5} P_{mi} + q \quad (6\text{-}5)$$

式中,q 为冰湖在气候不关联背景下可能的溃决模式的溃决概率,其值为 0.01~0.1(地震/排险施工模式)。

聂拉木县研究区内的 20 个冰湖都存在溃决的可能,根据表 6-14,采用专家打分法,对所有冰湖在不同气候荷载下某溃决模式发生的概率进行打分,实现聂拉木镇冰湖溃决定性描述与溃决概率的转换,进而得到冰湖的综合溃决概率,专家打分和计算过程如表 6-15 所示。

表 6-15 聂拉木县冰湖溃决概率计算表

冰湖编号	冰湖溃决模式	专家经验平均值	在某种气候荷载下出现的概率	冰湖溃决综合概率
BH01	冰崩	0.700 0	0.127 1	0.316 5
	冰滑坡	0.250 0	0.045 4	
	管涌	0.250 0	0.052 2	
	岩、雪崩	0.266 7	0.048 4	
	漫顶冲刷	0.200 0	0.033 4	
	地震	—	0.010 0	
BH02	冰崩	0.516 7	0.093 8	0.226 0
	冰湖坡	0.326 7	0.059 3	
	管涌	0.233 3	0.048 7	
	岩、雪崩	0.020 0	0.003 6	
	漫顶冲刷	0.063 3	0.010 6	
	地震	—	0.010 0	
BH03	冰崩	0.400 0	0.072 6	0.192 1
	冰湖坡	0.110 0	0.020 0	
	管涌	0.236 7	0.049 4	
	岩、雪崩	0.036 7	0.006 7	
	漫顶冲刷	0.200 0	0.033 4	
	地震	—	0.010 0	
BH04	冰崩	0.004 8	0.000 9	0.090 9
	冰湖坡	0.002 3	0.000 4	
	管涌	0.176 7	0.036 9	
	岩、雪崩	0.063 3	0.011 5	
	漫顶冲刷	0.186 7	0.031 2	
	地震	—	0.010 0	

续表 6-15

冰湖编号	冰湖溃决模式	专家经验平均值	在某种气候荷载下出现的概率	冰湖溃决综合概率
BH05	冰崩	0.020 0	0.003 6	0.054 5
	冰滑坡	0.003 4	0.000 6	
	管涌	0.002 3	0.000 5	
	岩崩	0.186 7	0.033 9	
	漫顶冲刷	0.056 7	0.009 5	
	地震	—	0.010 0	
BH06	冰崩	0.001 3	0.000 2	0.047 3
	冰滑坡	0.001 3	0.000 2	
	管涌	0.004 3	0.000 9	
	岩崩	0.170 0	0.030 9	
	漫顶冲刷	0.030 0	0.005 0	
	地震	—	0.010 0	
BH07	冰崩	0.483 3	0.087 7	0.178 4
	冰滑坡	0.330 0	0.059 9	
	管涌	0.036 7	0.007 7	
	岩崩	0.020 0	0.003 6	
	漫顶冲刷	0.056 7	0.009 5	
	地震	—	0.010 0	
BH08	冰崩	0.466 7	0.084 7	0.235 8
	冰滑坡	0.383 3	0.069 6	
	管涌	0.183 3	0.038 3	
	岩崩	0.063 3	0.011 5	
	漫顶冲刷	0.130 0	0.021 7	
	地震	—	0.010 0	
BH09	冰崩	0.400 0	0.072 6	0.162 8
	冰滑坡	0.140 0	0.025 4	
	管涌	0.050 0	0.010 4	
	岩崩	0.233 3	0.042 4	
	漫顶冲刷	0.011 7	0.002 0	
	地震	—	0.010 0	

续表 6-15

冰湖编号	冰湖溃决模式	专家经验平均值	在某种气候荷载下出现的概率	冰湖溃决综合概率
BH10	冰崩	0.683 3	0.124 1	0.363 0
	冰滑坡	0.066 7	0.012 1	
	管涌	0.500 0	0.104 4	
	岩崩	0.266 7	0.048 4	
	漫顶冲刷	0.383 3	0.064 1	
	地震	—	0.010 0	
BH11	冰崩	0.176 7	0.032 1	0.174 3
	冰滑坡	0.283 3	0.051 4	
	管涌	0.150 0	0.031 3	
	岩崩	0.106 7	0.019 4	
	漫顶冲刷	0.180 0	0.030 1	
	地震	—	0.010 0	
BH12	冰崩	0.003 0	0.000 5	0.162 2
	冰滑坡	0.250 0	0.045 4	
	管涌	0.086 7	0.018 1	
	岩崩	0.316 7	0.057 5	
	漫顶冲刷	0.183 3	0.030 7	
	地震	—	0.010 0	
BH13	冰崩	0.750 0	0.136 2	0.308 4
	冰滑坡	0.483 3	0.087 7	
	管涌	0.070 0	0.014 6	
	岩崩	0.250 0	0.045 4	
	漫顶冲刷	0.086 7	0.014 5	
	地震	—	0.010 0	
BH14	冰崩	0.046 7	0.008 5	0.115 5
	冰滑坡	0.009 3	0.001 7	
	管涌	0.250 0	0.052 2	
	岩崩	0.093 3	0.016 9	
	漫顶冲刷	0.156 7	0.026 2	
	地震	—	0.010 0	

续表 6-15

冰湖编号	冰湖溃决模式	专家经验平均值	在某种气候荷载下出现的概率	冰湖溃决综合概率
BH15	冰崩	0.013 3	0.002 4	0.046 5
	冰滑坡	0.009 3	0.001 7	
	管涌	0.010 0	0.002 1	
	岩崩	0.093 3	0.016 9	
	漫顶冲刷	0.080 0	0.013 4	
	地震	—	0.010 0	
BH16	冰崩	0.500 0	0.090 8	0.154 4
	冰滑坡	0.150 0	0.027 2	
	管涌	0.053 3	0.011 1	
	岩崩	0.013 3	0.002 4	
	漫顶冲刷	0.076 7	0.012 8	
	地震	—	0.010 0	
BH17	冰崩	0.009 3	0.001 7	0.088 9
	冰滑坡	0.030 7	0.005 6	
	管涌	0.043 3	0.009 0	
	岩崩	0.283 3	0.051 4	
	漫顶冲刷	0.066 7	0.011 1	
	地震	—	0.010 0	
BH18	冰崩	0.350 0	0.063 5	0.236 8
	冰滑坡	0.126 7	0.023 0	
	管涌	0.066 7	0.013 9	
	岩崩	0.650 0	0.118 0	
	漫顶冲刷	0.050 0	0.008 4	
	地震	—	0.010 0	
BH19	冰崩	0.766 7	0.139 2	0.275 1
	冰滑坡	0.516 7	0.093 8	
	管涌	0.056 7	0.011 8	
	岩崩	0.056 7	0.010 3	
	漫顶冲刷	0.060 0	0.010 0	
	地震	—	0.010 0	

续表 6-15

冰湖编号	冰湖溃决模式	专家经验平均值	在某种气候荷载下出现的概率	冰湖溃决综合概率
BH20	冰崩	0.000 8	0.000 2	0.025 2
	冰滑坡	0.000 7	0.000 1	
	管涌	0.012 7	0.002 6	
	岩崩	0.040 0	0.007 3	
	漫顶冲刷	0.030 0	0.005 0	
	地震	—	0.010 0	

计算得到聂拉木县 20 个冰湖的溃决概率。目前，我国尚没有基于冰湖溃决概率大小意义上的等级划分成果和标准，按照 McKillop 等（2007）提出的冰湖溃决等级划分标准进行划分，冰湖溃决概率等级分为 5 级："极低"（$P_f<0.06$），"低"（$0.06{\leqslant}P_f<0.12$），"中"（$0.12{\leqslant}P_f<0.18$），"高"（$0.18{\leqslant}P_f<0.24$），"极高"（$P_f{\geqslant}0.24$）。聂拉木镇冰湖溃决等级如表 6-16 所示。

表 6-16　聂拉木镇冰湖溃决等级

冰湖编号	溃决概率	溃决等级	冰湖编号	溃决概率	溃决等级
BH01	0.316 5	极高	BH11	0.174 3	中
BH02	0.226 0	高	BH12	0.162 2	中
BH03	0.192 1	高	BH13	0.308 4	极高
BH04	0.090 9	低	BH14	0.115 5	低
BH05	0.054 5	极低	BH15	0.046 5	极低
BH06	0.047 3	极低	BH16	0.154 4	中
BH07	0.178 4	中	BH17	0.088 9	低
BH08	0.235 8	高	BH18	0.236 8	高
BH09	0.162 8	中	BH19	0.275 1	极高
BH10	0.363 0	极高	BH20	0.025 2	极低

聂拉木镇 20 个冰湖中，溃决等级为极高和高的分别为 4 个，主要分布于研究区东北部、聂拉木镇上游、樟木镇东北方向，其余冰湖溃决等级为中及以下，各溃决等级冰湖分布情况如图 6-62 所示，其中 BH10 嘉龙错溃决概率最高，其在 2002 年发生过两次冰湖溃决，评价结果具有可靠性。

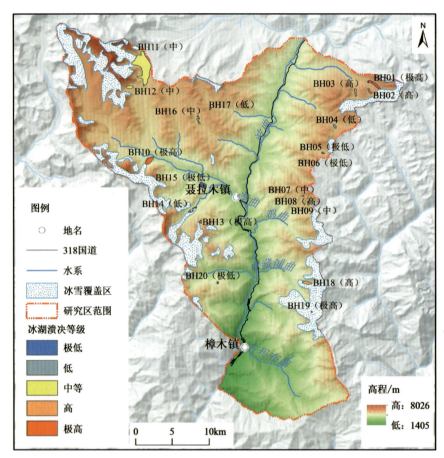

图 6-62　聂拉木镇冰湖溃决等级分布图

2. 冰湖溃决型泥石流易发性评价

通过冰湖溃决概率评价、冰湖所在流域松散固体物质储量评价、冰湖下游河道易发性评价，综合得到图 6-63 所示冰湖溃决型泥石流易发性评价区划图。

根据评价结果，聂拉木县研究区内大部分冰湖所在流域都有丰富的松散物质，可参与形成冰湖溃决型泥石流，聂拉木镇上游、研究区东北部和中东部的部分河道具有较高的冰湖溃决型泥石流易发性等级。其中，聂拉木镇上游有 6 个冰湖，其中 2 个溃决等级为极高，流域内松散物质储量较多，这 6 个冰湖中的任何一个发生溃决，冰湖溃决型泥石流都会影响这段河道，威胁聂拉木县城，须重点关注。

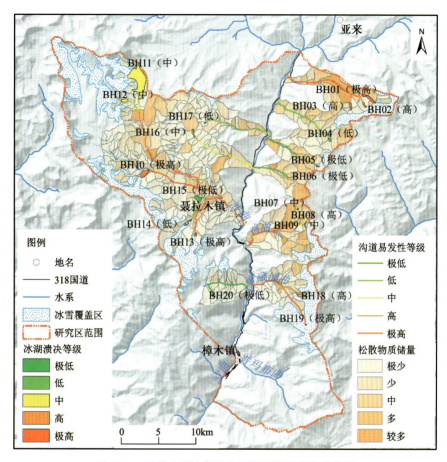

图 6-63 聂拉木镇冰湖溃决型泥石流易发性分布图

二、冰湖泥石流危险性评价

冰湖溃决型泥石流危险性评价包括时间概率和空间概率两个方面。时间概率的危险性评价，根据西藏已发生溃决的冰湖在溃决时所对应的气候背景条件，分析未来一段时间内，因气温波动而导致冰湖溃决型泥石流发生的时间概率；空间概率的危险性评价，使用 FLO-2D 软件，模拟得到冰湖溃决型泥石流的影响范围和泥石流强度参数，进而实现高精度定量化的冰湖溃决型泥石流危险性评价。

1. 冰湖溃决型泥石流数值模拟

1）冰湖溃决型泥石流流量过程线

冰湖溃决型泥石流流量过程线是对泥石流发生过程进行的量化，是进行数值模拟的基础。一般包括：冰湖水量估算、冰湖溃决洪峰流量估算、确定冰湖溃决口清水流量过程线，进而得到冰湖溃决型泥石流流量过程线。

冰湖库容量决定冰湖溃决型泥石流的灾害强度,一般是通过遥感手段获取冰湖面积参数(A),再由经验公式估算出湖水量(V)(王欣等,2016)。经验公式大多由冰湖的面积(A)和体积(V)的统计分析得到。区内冰湖的相关信息较少,主要根据遥感解译得到冰湖的面积(V),这里采用式(6-6)(Huggel 等,2002)进行冰湖体积的估算。

$$V = 0.104 A^{1.42} \tag{6-6}$$

冰湖溃决洪峰流量反映冰湖溃决发生后所能提供的最大水动力条件,影响冰湖溃决型泥石流的危险性大小。在实际应用中,基于冰湖潜能(P_E)作为参数的经验公式更适合推广(McKillop 等,2007b,王欣等,2007),结合聂拉木县冰湖情况,选用式(6-7)(Costa et al.,1988):

$$Q_{\max} = 0.000\,13\, P_E^{0.6} \tag{6-7}$$

冰湖潜能(P_E):冰湖体积、坝高和湖水容重的乘积(J)。

冰湖溃决口的清水流量过程线根据冰湖溃决洪峰流量进行计算,由于缺少详细的冰碛坝土力学参数,这里采用土石坝逐渐溃口流量过程简便计算方法,根据谢任之(1993)推算的水量平衡方程的简化公式:

$$V = \frac{1}{2} Q_{\max} T \tag{6-8}$$

式中,V 为冰湖总库容(m^3),这里考虑冰湖溃决发生后,冰湖水全部排干的极端情况;$Q_{\max}$ 为冰湖溃决口顶峰流量(m^3/s);T 为冰湖溃决的排水总历时(s)。

根据经验,顶峰流量到达时间约为总历时的 1/3,即:$\tau = \frac{1}{3} T$。

根据以上过程,确定冰湖库容量(V)、冰湖溃决的排水总历时(T)和冰湖溃决口顶峰流量($Q_{\max}$),估算得到冰湖溃决口的清水流量过程线,泥石流流量过程线根据其清水流量过程线得到。溃决洪水携带大量的松散固体物质,转化为泥石流,设冰湖溃决型泥石流体积浓度为 C_v,泥石流放大系数 $BF = 1/(1-C_v)$,则泥石流流量过程线 $Q_{冰湖溃决型泥石流} = Q_{冰湖溃决洪水} \times BF$。

2)数值模拟参数选取

喜马拉雅山区独特的地质环境背景下,松散物质丰富,研究区缺少物理实验参数,通过文献调研,确定数值模拟所选取的 FLO-2D 流变参数,$\alpha_1 = 0.004\,62$、$\beta_1 = 11.24$、$\alpha_2 = 0.811$、$\beta_2 = 13.72$。野外调查研究区内泥石流流域内以植被稀少、含碎石土的地面为主,选取曼宁系数 $0.18 \sim 0.20$,层流阻滞系数 $500 \sim 1500$。按照 FLO-2D 体积浓度建议取值表,冰湖溃决洪水流量极大,一般介于洪水和稀性泥石流之间,综合考虑,取冰湖溃决型泥石流流体的体积浓度值为 $0.2 \sim 0.4$。

3)进行数值模拟

在 FLO-2D 软件中,输入 DEM 数据,进行栅格剖分,构建冰湖溃决型泥石流演进的地形条件;冰湖溃决型泥石流影响范围一般较广,在保证模拟精度的条件下,尽可能提高计算机运行效率,将模拟区域剖分为 $50m \times 50m$ 的栅格单元;设置所确定的泥石流相关参数,包括流变参数、曼宁系数、层流阻滞系数等;根据遥感解译,选择冰湖溃决口,输入计算得到的冰湖溃决型泥石流流量过程线,设置模拟时长开始模拟;根据模拟结果,得到冰湖溃决型泥石流的影响范围和泥石流强度参数,包括泥石流的最大流深 H(简称"流深")和最大流速 V(简称"流速")等。

2. 时间概率评价

冰湖溃决与气候的波动变化关系密切,尤其对气温变化极为敏感,刘晶晶等(2011)统计分析了西藏 12 个冰湖发生的 15 次溃决事件,有 10 次发生在年均温波动的高温拐点。以定日气象站为例,如图 6-64 所示,冰湖溃决发生年的年均温几乎都位于年均温曲线的高温拐点,高温波动点对冰湖溃决具有积极促进作用(刘晶晶等,2011)。根据冰湖溃决发生年份与气候异常年份的耦合关系,进行冰湖溃决型泥石流发生的时间概率计算。

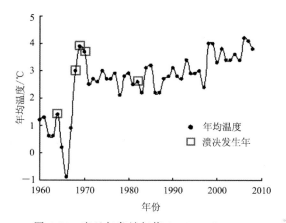

图 6-64　定日气象站年值(据刘晶晶等,2011)

王欣等(2016)统计喜马拉雅山地区的冰湖,发现冰湖与母冰川直线距离 500m 以内的有 899 个,面积大于 0.1km² 的 233 个,冰碛湖 204 个(其中 19 个由原来的冰面湖演化为现在的冰碛湖)。自 20 世纪以来,在西藏自治区(即喜马拉雅山区)有文献记载和野外考察发现的已溃决冰湖共 23 个,溃决灾害事件 27 次(姚晓军等,2014)。在冰湖的演化过程中,存在冰湖出现和消失、面积扩大和减小等诸多情况。同时,很多冰湖溃决事件发生在人迹罕至的地方,真实溃决数量难以统计。基于历史资料,统计 20 世纪以来喜马拉雅山区危险性冰湖出现溃决的概率,将面积大于 0.1km² 的冰湖认为是危险性冰湖(崔鹏,2003)。自 20 世纪以来,喜马拉雅山地区存在过的危险性冰湖总计 233 个,发生过冰湖溃决事件 27 次。考虑历史统计资料可能存在的误差,用修正系数 K 对危险性冰湖的溃决概率进行适当修正,则喜马拉雅山区未来一段时间发生冰湖溃决事件的概率为:

$$P = \frac{n}{m} \times K \tag{6-9}$$

式中,m 为基于历史统计的喜马拉雅山区危险性冰总数(个);n 为基于历史统计的发生溃决的危险性冰湖数量(个);K 为修正系数,设未来喜马拉雅山区冰湖溃决概率将增加,K 取值 1.1。则计算得到未来喜马拉雅山区出现危险性冰湖溃决的概率为 12.75%。

冰湖溃决是气候波动转折的结果,波动越大,溃决发生的概率越大(刘晶晶等,2011)。喜马拉雅山区气象站点建成较晚,这里统计 1970—2015 年的 45 年间气温波动次数,以 10 年尺度为例,统计以某一年为时间起点,未来 10 年内发生气温波动的次数,做出累计曲线,并以 0.05 作可信度,当累计达到 0.95 后,得到此时的波动次数,图 6-65 为统计得到的区内气温波动次数占比的正态分布图。

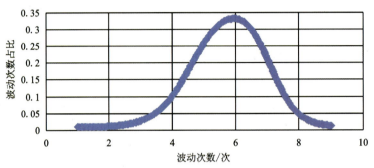

图 6-65　1970—2015 年 10 年尺度温度波动正态拟合分布曲线

随着全球气候变暖,平均气温上升,气候异常加剧,冰湖溃决事件发生概率可能增加。统计得到如图 6-66 所示,过去 45 年间 10 年尺度气温波动次数随时间的推进趋势,整体呈增加趋势。若按这样的趋势继续发展,则未来一段时间内(10 年、25 年),气温的波动次数将进一步增加。

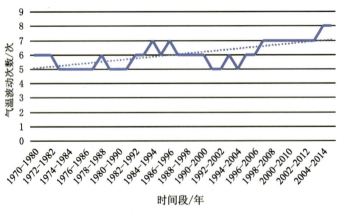

图 6-66　10 年尺度气温波动次数随时间推进趋势图

不同溃决概率/等级的冰湖在未来一定时间内(10 年、25 年)发生溃决的时间概率不同,王欣等(2016)通过对西藏 12 条已溃决冰湖溃决前/后的溃决概率/等级的评价,发现这些冰湖溃决前溃决等级为"高"—"极高",溃决后概率均为"非常低"—"中"。由于西藏大部分已溃决冰湖溃决前相关资料极少,进行了 5 个已溃决冰湖的溃决前概率/等级评价,其中 4 个冰湖溃决前等级为"非常高",1 个冰湖溃决概率为"高"。统计数据有限,基于对历史冰湖溃决灾害资料的分析,认为喜马拉雅山地区发生溃决的冰湖各溃决等级所占比例为:等级为"极高"的冰湖占 80%,等级为"中"—"高"的冰湖占 15%,等级为"极低"—"低"的冰湖占 5%。用 M 表示,则 $M_{极高}=0.8, M_{中-高}=0.15, M_{极低-低}=0.05$。

前文已计算得到未来喜马拉雅山区出现危险性冰湖溃决的概率 $P=12.75\%$。

未来10年、20年气温波动与过去45年气温波动比值 I：
$$I_{10}=f_{10}/p_{45};\ I_{25}=f_{25}/p_{45} \tag{6-10}$$
式中，p_{45} 为过去45年间气温波动次数；$f_{10}(f_{25})$ 为将来10(25)年间气温波动次数。计算得到 $I_{10}=0.319;\ I_{25}=0.709$。

则未来10(25)年冰湖溃决概率：
$$P_{f_{10}}=P\times I_{10}\times M;\ P_{f_{25}}=P\times I_{25}\times M \tag{6-11}$$

将统计分析数值代入公式(6-11)，即可得到未来10(25)年时间内，聂拉木县冰湖溃决的时间概率，如表6-17所示。

表6-17 冰湖溃决型泥石流危险性评价时间概率表

冰湖溃决等级	数量/个	危险性冰湖溃决概率 P	溃决比例	未来10年冰湖溃决时间概率	未来25年冰湖溃决时间概率
极高	4	0.1275	0.80	3.25%	7.23%
中—高	4	0.1275	0.15	0.61%	1.36%
极低—低	12	0.1275	0.05	0.20%	0.45%

3. 空间概率评价

冰湖溃决型泥石流的空间概率是其危险性评价的重要内容，是进行易损性评价和风险评价的关键。根据模拟得到的冰湖溃决型泥石流的影响范围和泥石流强度参数包括泥石流的最大流深 H（简称"流深"）和最大流速 V（简称"流速"）等。参照奥地利和瑞士对泥石流影响强度的划分标准(Garcia R et al.,2005)，见表6-18，根据其影响范围内的流深(H)和流深与流速乘积(HV)的逻辑关系，将冰湖溃决型泥石流的影响范围划分为3个危险性等级的区域：高危险区、中危险区和低危险区。

表6-18 泥石流危险性等级划分标准

泥石流危险性	流深 H/m	逻辑关系	流深与流速乘积 HV/(m²·s⁻¹)
高	$H\geqslant 2.5$	或	$HV\geqslant 2.5$
中	$0.5\leqslant H<2.5$	且	$0.5\leqslant HV<2.5$
低	$0.0\leqslant H<0.5$	且	$HV<0.5$

根据数值模拟得到聂拉木镇20个冰湖溃决型泥石流的危险性分区结果，如图6-67所示。结果显示，其中有12个可能威胁到其下游的城镇等重要承载体。整体来看，由于冰湖溃决型泥石流流量大、灾害强度高，泥石流流体所经过的区域大多属于高危险区。尤其BH10～BH15冰湖位于聂拉木县城上游，这5条冰湖溃决型泥石流一旦发生，都将经过县城，安全隐患巨大。

（a）BH01冰湖泥石流危险性分级图

（b）BH02冰湖泥石流危险性分级图

（c）BH03冰湖泥石流危险性分级图

（d）BH04冰湖泥石流危险性分级图

(e) BH05冰湖泥石流危险性分级图

(f) BH06冰湖泥石流危险性分级图

(g) BH07冰湖泥石流危险性分级图

(h) BH08冰湖泥石流危险性分级图

(i) BH09冰湖泥石流危险性分级图

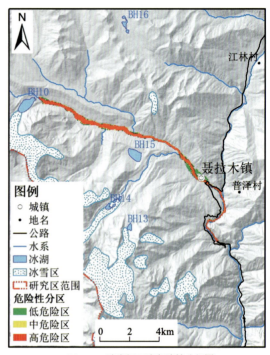

(j) BH10冰湖泥石流危险性分级图

(k) BH11冰湖泥石流危险性分级图

(l) BH12冰湖泥石流危险性分级图

(m）BH13冰湖泥石流危险性分级图

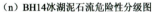

(n）BH14冰湖泥石流危险性分级图

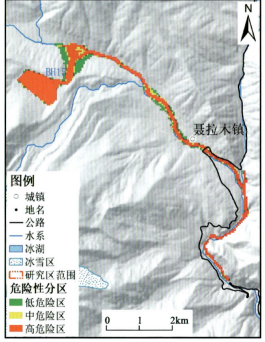

(o）BH15冰湖泥石流危险性分级图

(p）BH16冰湖泥石流危险性分级图

(q) BH17冰湖泥石流危险性分级图

(r) BH18冰湖泥石流危险性分级图

(s) BH19冰湖泥石流危险性分级

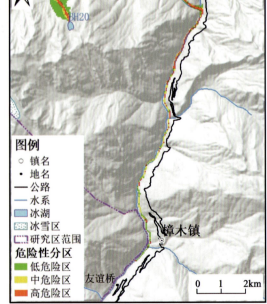

(t) BH20冰湖泥石流危险性分级

图6-67 聂拉木县冰湖溃决型泥石流危险分级图

三、冰湖泥石流承灾体调查

冰湖泥石流灾害承灾体调查与第六章第三节第三点"滑坡灾害承灾体调查"一致。

四、冰湖泥石流易损性评价

冰湖溃决型泥石流易损性评价包括建筑物易损性评价和人口易损性评价两部分。冰湖溃决型泥石流发生频率低,灾害历史资料记录少,通过野外调查结合数值模拟获取所需评价参数,借鉴降雨型泥石流的相关研究成果进行评价。

1. 建筑物易损性

建筑物易损性评价综合考虑冰湖溃决型泥石流的强度大小和建筑物对其抵抗能力,聂拉木镇受冰湖溃决型泥石流影响的建筑物主要为砖混结构,如图 6-68 所示。借鉴第二章第五节所介绍的建筑物物理易损性-泥石流流深公式(Quan Luna et al.,2013),将冰湖溃决型泥石流流深作为泥石流的强度指标,建筑物易损性表示为流深的函数,作为聂拉木县冰湖溃决型泥石流的建筑物物理易损性评判标准。将建筑物所处位置的流深代入计算公式,得到

图 6-68 聂拉木县扎西岗村建筑物

0~1 之间的值,表示建筑物在遭受冰湖溃决型泥石流后的易损性值,易损性为 0 表示建筑物没有损坏,1 表示建筑物完全损坏。

2. 人口易损性

人口易损性评价一般应综合考虑研究区人口的年龄结构、人口密度、空间位置、对灾害意识程度等因素。聂拉木镇人口相关资料难以获取,这里采用经验法进行简化处理,假设研究区的人口都在建筑物内,综合考虑建筑物的空间位置、建筑物类型、面积大小、楼层数量等,估算每个建筑物内的人口数量。并根据建筑物的相关特征及其易损性值,通过经验打分法得到相应建筑物内的人口易损性大小,冰湖溃决型泥石流人口易损性赋值计算见表 6-19。

表 6-19 聂拉木镇冰湖溃决型泥石流人口易损性赋值

建筑类型	建筑物易损性				
	0~0.1	0.1~0.25	0.25~0.5	0.5~0.75	0.75~1
钢混	0	0.2	0.4	0.5	1
砖混	0	0.3	0.6	0.7	1
板房	0.3	0.5	0.7	1	1

五、冰湖泥石流风险评价

冰湖溃决型泥石流风险评价包括建筑物风险评价和人口风险评价两方面，将冰湖溃决型泥石流灾害发生后可能导致的风险量化为：当地建筑物损毁可能导致的经济损失（建筑物风险）和人民群众遭受灾害可能导致的人口伤亡数（人口风险）。

1. 建筑物风险

建筑物风险计算公式为：

建筑物风险 R ＝危险性 H×建筑物易损性 V×建筑物价值 E

这里的危险性 H 指其时间概率，即未来 10 年（25 年）冰湖溃决的时间概率。由公式计算得到聂拉木镇 20 个冰湖溃决后导致的冰湖溃决型泥石流灾害的建筑物风险。根据计算结果，其中 12 条冰湖溃决型泥石流可造成建筑物风险，由于数量较多，这里仅展示其中 3 条的计算结果，如图 6-69 所示。

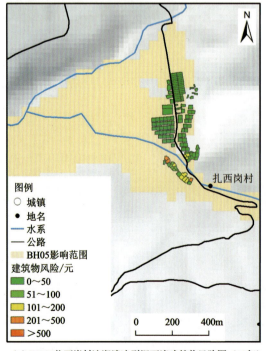 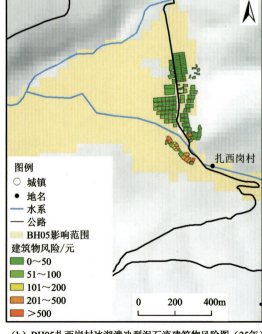

（a）BH05扎西岗村冰湖溃决型泥石流建筑物风险图（10年）　　（b）BH05扎西岗村冰湖溃决型泥石流建筑物风险图（25年）

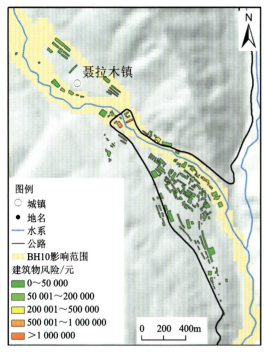
(c) BH10嘉龙冰湖溃决型泥石流建筑物风险图（10年）

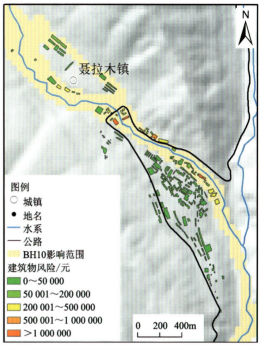
(d) BH10嘉龙冰湖溃决型泥石流建筑物风险图（25年）

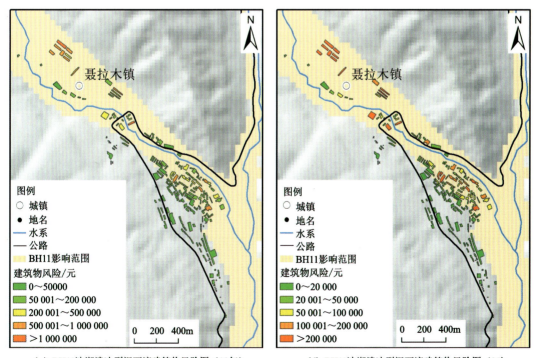
(e) BH11冰湖溃决型泥石流建筑物风险图（10年）　　　　(f) BH11冰湖溃决型泥石流建筑物风险图（25）

图6-69　聂拉木县冰湖溃决型泥石流建筑物风险图

2. 人口风险

人口风险计算公式为：

人口风险 R＝危险性 H×人口易损性 V×人口 E

这里的危险性 H 指其时间概率，计算得到聂拉木镇 20 个冰湖溃决后，导致的冰湖溃决型泥石流灾害的人口风险。与建筑物风险相同，其中 12 条冰湖溃决型泥石流可造成人口风险，由于数量较多，这里仅展示其中 3 条的计算结果，如图 6-70 所示。

聂拉木县冰湖溃决型泥石流建筑物风险和人口风险较高，根据表 6-20 所示计算统计结果，研究区有 13 条冰湖溃决型泥石流有建筑物风险和人口风险，区内建筑物风险总计 259.68 万元/年，人口风险总计 11.053 人/年。BH10 冰湖（嘉龙错）建筑物风险和人口风险最高，其年均建筑物风险达 104.02 万元/年，年均人口风险达 3.814 人/年。

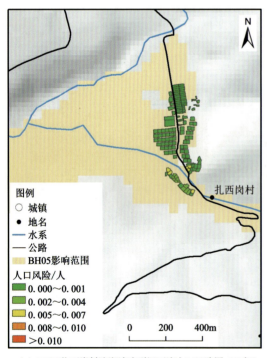
（a）BH05扎西岗村冰湖溃决型泥石流人口风险图（10年）

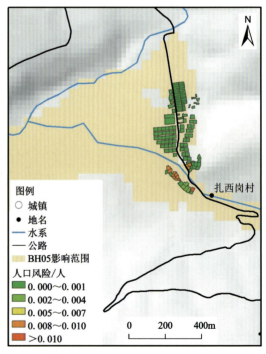
（b）BH05扎西岗村冰湖溃决型泥石流人口风险图（25年）

第六章 聂拉木县(高原深切峡谷区)地质灾害风险评估与管理

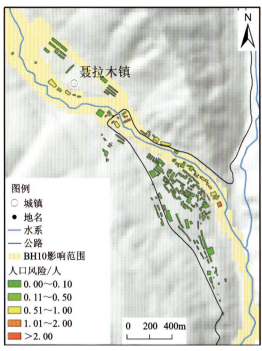

(c) BH10嘉龙湖冰湖溃决型泥石流人口风险图(10年)

(d) BH10嘉龙湖冰湖溃决型泥石流人口风险图(25年)

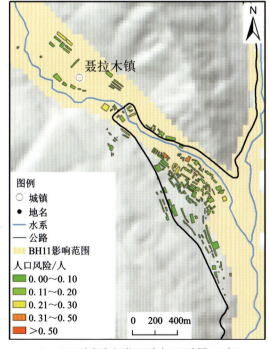

(e) BH11冰湖溃决型泥石流人口风险图(10年)

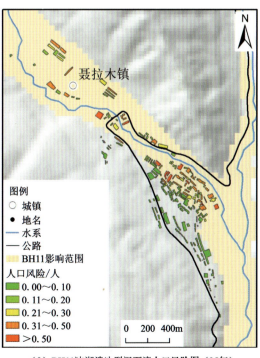

(f) BH11冰湖溃决型泥石流人口风险图(25年)

图 6-70 聂拉木县冰湖溃决型泥石流人口风险图

表 6-20 聂拉木镇冰湖溃决型泥石流风险计算结果

编号	10年人口风险/人	25年人口风险/人	人口风险/（人·年$^{-1}$）	10年建筑物风险/万元	25年建筑物风险/万元	建筑物风险/（万元·年$^{-1}$）
BH01	9.211	20.490	1.711	48.50	107.90	9.01
BH02	0.238	0.530	0.044	2.59	5.77	0.48
BH03	0.469	1.046	0.087	4.22	9.42	0.79
BH04	0.115	0.259	0.022	0.89	2.00	0.17
BH05	0.065	0.147	0.012	0.31	0.69	0.06
BH06	0.000	0.000	0.000	0.00	0.00	0.00
BH07	0.000	0.000	0.000	0.00	0.00	0.00
BH08	0.000	0.000	0.000	0.00	0.00	0.00
BH09	0.000	0.000	0.000	0.00	0.00	0.00
BH10	20.534	45.679	3.814	560.08	1 245.97	104.02
BH11	13.555	30.222	2.522	439.29	979.39	81.74
BH12	3.307	7.374	0.615	84.06	187.41	15.64
BH13	8.840	19.666	1.642	182.55	406.10	33.90
BH14	1.129	2.540	0.212	29.69	66.81	5.57
BH15	1.410	3.172	0.264	35.65	80.20	6.68
BH16	0.031	0.068	0.006	0.73	1.62	0.14
BH17	0.000	0.000	0.000	0.00	0.00	0.00
BH18	0.549	1.224	0.102	8.05	17.95	1.50
BH19	0.000	0.000	0.000	0.00	0.00	0.00
BH20	0.000	0.000	0.000	0.00	0.00	0.00
合计	59.452	132.416	11.053	1 396.60	3 111.23	259.68

第六节 聂拉木县地质灾害风险评估与管理方案

通过聂拉木县研究区地质灾害风险评价，得到全区的崩塌、滑坡、冰湖溃决型泥石流灾害的人口风险和建筑物风险。根据聂拉木县的实际情况，确定适用于研究区的地质灾害风险接受标准。目前，针对喜马拉雅山区地质灾害风险接受标准的研究成果较少。参考近年来国内外学者对地质灾害风险接受标准的研究成果,结合聂拉木县的社会经济发展水平、地质灾害的致灾后果、当地居民对地质灾害的接受能力等相关分析,本节以尚志海(2012)对地质灾害风险接受标准的相关研究成果为依据,将研究区崩塌、滑坡、冰湖溃决型泥石流灾害的可接受风险水平划分为3种:不可接受风险、可忍受风险、可接受风险。其中,地质灾害风险为不可接受风险时,必须采取有效的风险管理方案降低其风险;地质灾害风险为可忍受风险时,需按照"合理可行尽量低"(ALARP)的原则尽可能减缓其风险;地质灾害风险为可接受风险时,一般无需采取风险减缓措施。通过对研究区地质灾害可接受风险水平的划分研究,进而对区内的各种地质灾害提出相应的风险管理方案。

人口风险分为个人风险和社会风险。部分学者也将建筑物风险(经济风险的一种)进一步分为个人风险和社会风险进行讨论,但喜马拉雅山区社会经济发展相对落后,研究所需的社会经济资料相对较少,本节不再对其做进一步划分。

一、聂拉木县地质灾害人口风险评估

聂拉木县地质灾害的人口风险是研究的重点,将全区的崩塌、滑坡、冰湖溃决型泥石流灾害作为整体,根据研究区的社会风险和个人风险接受标准,对各灾种的社会风险和个人风险的可接受风险水平进行划分。由于研究区冰湖溃决型泥石流灾害规模大、致灾后果严重,对研究区所有的冰湖溃决型泥石流灾害进行基于单沟的个人风险和社会风险可接受水平研究,为防灾减灾工作的具体实施提供依据。

1. 社会风险

聂拉木县研究区地质灾害人口风险评价结果如表 6-21 所示,根据研究区的社会风险接受标准,确定研究区崩塌、滑坡、冰湖溃决型泥石流灾害的社会风险可接受水平。以各种地质灾害可能造成的死亡人数为横坐标,地质灾害发生的年概率为纵坐标,投点在 $F-N$ 曲线图(对数坐标系)中,如图 6-71 所示。

表 6-21 聂拉木县地质灾害人口风险一览表

灾害类型	触发因素	人口风险/人
崩塌	尼泊尔"4·25"地震	18.90
滑坡	尼泊尔"4·25"地震	90.20
冰湖溃决型泥石流	未来10年气温波动	59.45
	未来25年气温波动	132.42

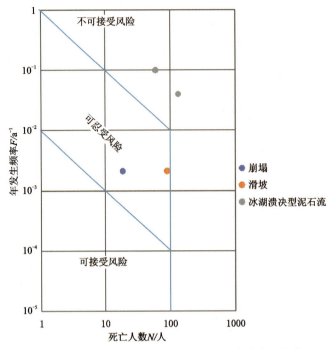

图 6-71 聂拉木县地质灾害社会风险可接受水平划分

根据评价结果,聂拉木县冰湖溃决型泥石流灾害的社会风险可接受水平为不可接受风险;崩塌和滑坡灾害为可忍受风险。

对聂拉木县冰湖溃决型泥石流灾害进行基于单沟的社会风险可接受水平研究。根据表 6-20 所示聂拉木县冰湖溃决型泥石流风险评价结果,BH06 等 7 条冰湖溃决型泥石流的人口风险为 0 人/年,其社会风险为可接受风险;BH02 等 4 条冰湖溃决型泥石流具有一定的人口风险,但风险值小于 1 人/年,造成人口伤亡的可能性相对较小,其社会风险为可忍受风险;其余 9 条冰湖溃决型泥石流灾害具有较大的人口风险,是重点研究对象,采用相同的方法将这些灾点的人口风险投点在 $F-N$ 曲线图中(对数坐标系),如图 6-72 所示。

根据基于单沟的冰湖溃决型泥石流风险评价结果,聂拉木镇研究区内 BH10 和 BH11 两条冰湖溃决型泥石流的社会风险可接受水平为不可接受风险,BH01 等 11 条为可忍受风险,BH06 等 7 条为可接受风险。

2. 个人风险

1) 崩塌、滑坡

根据聂拉木研究区因尼泊尔"4·25"地震诱发的崩塌及滑坡灾害人口风险评价结果,研究区崩塌灾害的人口风险为 18.9 人/年;滑坡灾害的人口风险为 90.2 人/年。根据中国县域统计年鉴 2018(乡镇卷,2019),聂木拉县研究区内人数为 4882 人,则崩塌灾害的个人风险为 $3.87×10^{-3}/a$,滑坡灾害的个人风险为 $1.85×10^{-2}/a$。根据研究区地质灾害个人风险接受标准,崩塌和滑坡灾害的个人风险可接受水平为不可接受风险。

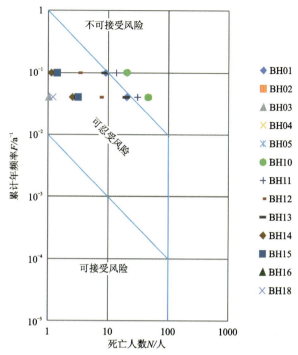

图 6-72　聂拉木县冰湖溃决型泥石流(单沟)社会风险可接受水平划分

2)冰湖溃决型泥石流

统计聂拉木县各冰湖溃决型泥石流灾害的人口风险和可能受冰湖溃决型泥石流影响的受灾人口,得到各冰湖溃决型泥石流灾害的个人风险(表 6-22),根据研究区地质灾害个人风险接受标准,确定区内各冰湖溃决型泥石流灾害的个人风险可接受水平,其中 12 条冰湖溃决型泥石流个人风险可接受水平为不可接受风险;1 条为可忍受风险;7 条为可接受风险。

表 6-22　聂拉木镇冰湖溃决型泥石流人口风险

冰湖编号	人口风险/(人·年$^{-1}$)	受灾人口/人	个人风险/a^{-1}	个人风险可接受水平
BH01	1.71	442	$3.87\times10^{-3}/a$	不可接受风险
BH02	0.04	106	$4.18\times10^{-4}/a$	不可接受风险
BH03	0.09	106	$8.23\times10^{-4}/a$	不可接受风险
BH04	0.02	99	$2.18\times10^{-4}/a$	不可接受风险
BH05	0.01	290	$4.23\times10^{-5}/a$	可忍受风险
BH06	0.00	0.00	0.00	可接受风险
BH07	0.00	0.00	0.00	可接受风险

续表6-22

冰湖编号	人口风险/(人·年$^{-1}$)	受灾人口/人	个人风险/a^{-1}	个人风险可接受水平
BH08	0.00	0.00	0.00	可接受风险
BH09	0.00	0.00	0.00	可接受风险
BH10	3.81	1146	3.33×10^{-3}/a	不可接受风险
BH11	2.52	3032	8.32×10^{-4}/a	不可接受风险
BH12	0.62	820	7.50×10^{-4}/a	不可接受风险
BH13	1.64	598	2.75×10^{-3}/a	不可接受风险
BH14	0.21	830	2.55×10^{-4}/a	不可接受风险
BH15	0.26	860	3.07×10^{-4}/a	不可接受风险
BH16	0.01	18	3.15×10^{-4}/a	不可接受风险
BH17	0.00	0.00	0.00	可接受风险
BH18	0.10	110	9.29×10^{-4}/a	不可接受风险
BH19	0.00	0.00	0.00	可接受风险
BH20	0.00	0.00	0.00	可接受风险

二、聂拉木县地质灾害建筑物风险评估

聂拉木县地质灾害建筑物风险评价结果如表6-23所示，根据研究区地质灾害建筑物风险接受标准，确定研究区崩塌、滑坡、冰湖溃决型泥石流灾害的建筑物风险可接受水平。以全区崩塌、滑坡、冰湖溃决型泥石流可能造成的经济损失为横坐标，地质灾害发生的年概率为纵坐标，投点在F-D曲线图中（对数坐标系），如图6-73所示。

表6-23 聂拉木县地质灾害建筑物风险一览表

灾害类型	触发因素	建筑物风险/万元
崩塌	尼泊尔"4·25"地震	432.93
滑坡	尼泊尔"4·25"地震	2 164.84
冰湖溃决型泥石流	未来10年气温波动	1 396.60
	未来25年气温波动	3 111.23

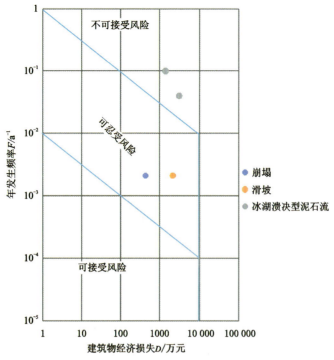

图 6-73 聂拉木县地质灾害建筑物风险可接受水平划分

三、聂拉木县地质灾害风险管理方案

根据聂拉木县研究区崩塌、滑坡、冰湖溃决型泥石流灾害的人口风险(个人风险和社会风险)和建筑物风险的可接受水平划分研究,对研究区提出表 6-24 所示的地质灾害风险评估与管理建议。

表 6-24 聂拉木县研究区地质灾害风险评估与管理建议一览表

灾害类型及冰湖溃决型泥石流编号	承灾体	社会风险可接受水平	个人风险可接受水平	建筑物风险可接受水平	防治工程现状	风险管理防控建议
全区崩塌	居民区、公路等	可忍受风险	不可接受风险	可忍受风险	部分地区已修建柔性网等防治工程	监测预警、定期排查、群测群防、修建防治工程、防灾应急宣传
全区滑坡	居民区、公路等	可忍受风险	不可接受风险	可忍受风险	部分地区已修建挡墙、格构等防治工程	监测预警、定期排查、群测群防、修建防治工程、防灾应急宣传
全区冰湖溃决型泥石流	居民区、公路等	不可接受风险	不可接受风险	不可接受风险	个别已开展防治工程等	监测预警、定期排查、群测群防、修建防治工程、防灾应急宣传

续表 6-24

灾害类型及冰湖溃决型泥石流编号	承灾体	社会风险可接受水平	个人风险可接受水平	建筑物风险可接受水平	防治工程现状	风险管理防控建议
BH01	居民区、公路	可忍受风险	不可接受风险	—	暂无有效防治工程	监测预警、定期排查、群测群防、修建防治工程、防灾应急宣传
BH02	居民区、公路	可忍受风险	不可接受风险	—	暂无有效防治工程	监测预警、定期排查、群测群防、修建防治工程、防灾应急宣传
BH03	居民区、公路	可忍受风险	不可接受风险	—	暂无有效防治工程	监测预警、定期排查、群测群防、修建防治工程、防灾应急宣传
BH04	居民区、公路	可忍受风险	不可接受风险	—	暂无有效防治工程	监测预警、定期排查、群测群防、修建防治工程、防灾应急宣传
BH05	居民区、公路	可接受风险	可忍受风险	—	暂无有效防治工程	监测预警、定期排查、群测群防、修建防治工程、防灾应急宣传
BH06	—	可接受风险	可接受风险	—	—	监测预警、定期排查、防灾应急宣传
BH07	—	可接受风险	可接受风险	—	—	监测预警、定期排查、防灾应急宣传
BH08	—	可接受风险	可接受风险	—	—	监测预警、定期排查、防灾应急宣传
BH09	—	可接受风险	可接受风险	—	—	监测预警、定期排查、防灾应急宣传
BH10	居民区、公路	不可接受风险	不可接受风险	—	开挖明渠降低湖水位，修建钢筋石笼护岸等	监测预警、定期排查、群测群防、冰湖下游修建拦挡防治工程、防灾应急宣传
BH11	居民区、公路	不可接受风险	不可接受风险	—	暂无有效防治工程	监测预警、定期排查、群测群防、修建防治工程、防灾应急宣传
BH12	居民区、公路	可忍受风险	不可接受风险	—	暂无有效防治工程	监测预警、定期排查、群测群防、修建防治工程、防灾应急宣传

续表 6-24

灾害类型及冰湖溃决型泥石流编号	承灾体	社会风险可接受水平	个人风险可接受水平	建筑物风险可接受水平	防治工程现状	风险管理防控建议
BH13	居民区、公路	可忍受风险	不可接受风险	—	暂无有效防治工程	监测预警、定期排查、群测群防、修建防治工程、防灾应急宣传
BH14	居民区、公路	可忍受风险	不可接受风险	—	暂无有效防治工程	监测预警、定期排查、群测群防、修建防治工程、防灾应急宣传
BH15	居民区、公路	可忍受风险	不可接受风险	—	暂无有效防治工程	监测预警、定期排查、群测群防、修建防治工程、防灾应急宣传
BH16	居民区、公路	可忍受风险	不可接受风险	—	暂无有效防治工程	监测预警、定期排查、群测群防、修建防治工程、防灾应急宣传
BH17	—	可忍受风险	可接受风险	—	—	监测预警、定期排查、防灾应急宣传
BH18	居民区、公路	可忍受风险	不可接受风险	—	暂无有效防治工程	监测预警、定期排查、群测群防、修建防治工程、防灾应急宣传
BH19	—	可接受风险	可接受风险	—	—	监测预警、定期排查、防灾应急宣传
BH20	—	可接受风险	可接受风险	—	—	监测预警、定期排查、防灾应急宣传

1.地质灾害风险管理对策

地质灾害风险管理涉及地球科学、管理学、经济学等多学科的知识,风险管理相关工作的开展需要政府部门、科研人员、社会大众等多方共同参与,是一项复杂、庞大的系统工程。

根据地质灾害的不同阶段,将地质灾害风险管理分为日常管理阶段、地质灾害应急处理阶段和地质灾害灾后重建阶段,各阶段管理方法介绍详见本书第二章第六节。

地质灾害风险管理包含多个方面的内容,应根据研究区发展情况,5年一次或10年一次定期开展研究区地质灾害风险评估。如遇地震等突发事件,在灾害事件影响下,重新进行区域地质灾害风险评估。根据聂拉木县研究区地质灾害风险可接受水平划分结果,选择工程治理、搬迁避让、监测预警、群防群策和宣传教育等适当的方法,推广办理保险等风险转移策略,达到地质灾害风险防控、区域防灾减灾的目的。

2. 地质灾害风险防控措施建议

地质灾害风险防控措施是进行地质灾害风险管理的硬性措施,区内地质灾害点较多,这里选取部分风险较高的灾点作为示例,展示研究区地质灾害风险管理的防治技术方案。

1)冰湖溃决型泥石流

冲堆普沟位于波曲河流域上游,聂拉木县城的西北面,根据风险评价结果,该流域内存在7个风险较高的冰湖,其中BH10(即嘉龙错)和BH11(即嘎龙错)的风险可接受水平为不可接受风险。

根据风险评价结果,结合崔鹏等(2010)对冲普堆沟流域的冰湖溃决型泥石流的防治措施规划建议,给出如图6-74所示的冰湖溃决型泥石流风险管理图,作为冲普堆沟流域冰湖溃决型泥石流灾害的风险管理防治技术方案。

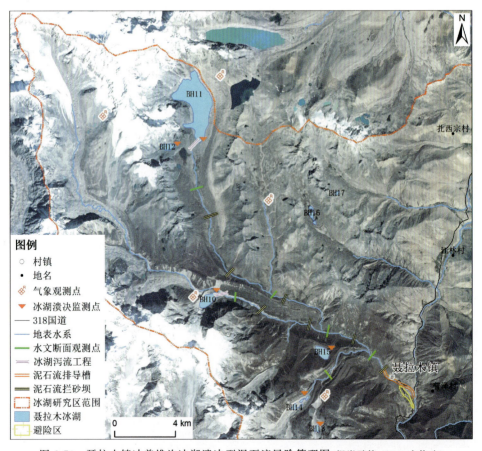

图6-74 聂拉木镇冲普堆沟冰湖溃决型泥石流风险管理图(据崔鹏等,2010,有修改)

冰湖溃决型泥石流风险管理的防治技术方案是综合监测预警和工程防治措施等于一体的一套技术管理方案，充分体现以防为主，防治兼顾的思想。

监测预警措施从3个方面开展，包括气象观测点、冰湖溃决观测点和水文断面观测点3部分。在流域内设置5处全自动气象观测点，实时发送观测数据，站点位置充分考虑冰湖和冰川的分布情况，对流域内的降雨、气温等进行实时监测，提供流域内冰湖所在位置的气象特征，为流域内冰雪消融和大气降雨产流情况提供实时参考数据，服务于冰湖溃决型泥石流监测预警。在6个具有一定风险的冰湖处设置冰湖溃决观测点，对冰湖水位和冰湖泄水口情况进行实时监测，一旦出现冰湖水位突然上升或冰碛坝泄水口失稳等情况，及时组织专业人员调查变化原因，发出预警信息。水文断面观测点设置于冰湖下游的河道，观测冰湖下游河水径流量的变化情况，对流域内每条支流汇流前后的径流量分别进行观测，掌握每段河道实时的地表径流量。若出现流域内某段河道径流量激增的情况，对上游河道、冰湖和冰川情况进行调查。划定冰湖溃决型泥石流灾害避险区，一旦爆发冰湖溃决型泥石流，及时发布撤离警报，让城镇居民区及时撤离到安全区域。

工程防治措施可从冰湖泻流工程、冰碛坝加固工程、泥石流排导槽和泥石流拦砂坝等4个方面开展。冰湖泻流工程和冰碛坝加固工程是进行冰湖溃决型泥石流工程治理的主动措施，通过工程手段适当降低冰湖水位，同时采用工程措施加固冰碛坝，即使出现冰崩入湖等极端情况，也可尽量保证冰碛坝的稳定性，减少冰湖溃决型泥石流发生的可能。在BH10（嘉龙错）和BH11（嘎龙错）冰湖下游河道每隔一定距离修建一座拦砂坝，在高风险冰湖到聂拉木镇沿程建成多级拦砂坝。即使冰湖溃决，发生规模较大的冰湖溃决型泥石流，也可将泥石流的能量降到最低。同时，在聂拉木镇修建泥石流排导槽，从上游经过多次拦挡后的泥石流流体到达聂拉镇居民区时，可沿排导槽排泄至波曲河中，避免聂拉木镇遭受大范围的泥石流冲淤，降低对县城处居民生命和财产的威胁。

2）崩滑灾害

聂拉木镇和樟木镇为县内主要的人口聚居地，城镇周边崩塌、滑坡灾害具有较大的风险，如图6-75所示聂拉木县城处，建议在潜在滑坡点修建挡墙，潜在崩塌区修建柔性网，并结合泥石流模拟影响结果划定避险区。樟木镇有1处潜在滑坡和多处潜在崩塌灾害，如图6-76所示，建议设立滑坡监测预警，修建挡墙和柔性网等防治工程，并划定地质灾害避险区。同时，充分发挥群测群防作用，加强地质灾害应急宣传，增强当地居民地质灾害防范意识。

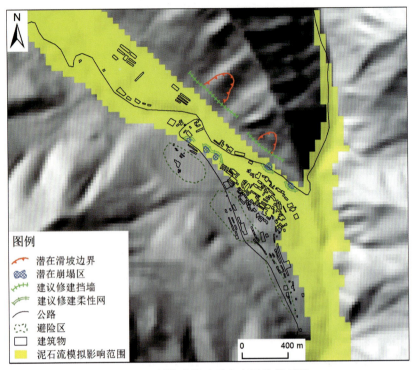

图 6-75　聂拉木镇地质灾害风险管理图

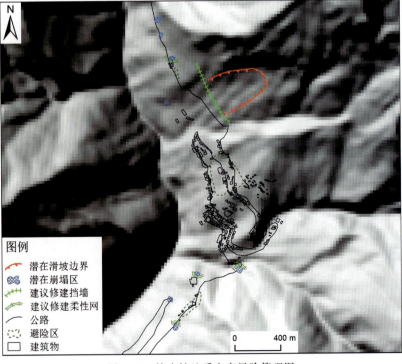

图 6-76　樟木镇地质灾害风险管理图

主要参考文献

艾洪舟.地震涌浪机理及冰碛堰塞湖溃决风险研究[D].长春:西南交通大学,2017.

曹伯勋.地貌学及第四纪地质学[M].武汉:中国地质大学出版社,1995.

柴贺军,王士天,许强,等.西藏易贡滑坡物质运动全过程数值模拟研究[J].地质灾害与环境保护,2001(2):1-3.

陈光曦,王继康,王林海.泥石流防治[M].北京:中国铁道出版社,1983.

陈国玉.喜马拉雅山中部地区泥石流危险性评价研究[D].长春:吉林大学,2010.

陈剑,王全才,李波.西藏樟木滑坡特征及成因研究[J].自然灾害学报,2016,25(2):103-109.

陈宁生,崔鹏,陈瑞,等.中尼公路泥石流的分布规律与基本特征[J].中国地质灾害与防治学报,2002(1):46-50.

陈永波,王成华,张小刚.西藏中尼公路(K4770+500~K4771+200段)卡如滑坡研究[J].中国地质灾害与防治学报,2007(2):9-12.

陈伟.西南山区城镇建设地质灾害风险管理控制方法研究[D].成都:成都理工大学,2010.

程强,郑同健.基于汶川地震经验的地震崩塌失稳预测综合指标法[J].自然灾害学报,2013,22(6):96-103.

程思.都江堰市龙溪河流域震后多沟同发泥石流危险性及易损性研究[D].成都:成都理工大学,2015.

程尊兰,洪勇,黎晓宇.青藏高原典型冰湖溃决泥石流预警技术[J].山地学报,2011,29(3):369-377.

程尊兰,朱平一,党超,等.藏东南冰湖溃决泥石流灾害及其发展趋势[J].冰川冻土,2008,30(6):954-959.

次旦巴桑,格央,丹增卓嘎.2014年西藏地质灾害风险预报现状与思考[J].西藏科技,2015(5):65-68.

崔鹏,何思明,姚令侃,等.汶川地震山地灾害形成机理与风险控制[M].北京:科学出版社,2011.

崔鹏,马东涛,陈宁生,等.冰湖溃决泥石流的形成、演化与减灾对策[J].第四纪研究,2003(6):621-628.

崔晓光.汶马高速公路崩塌灾害风险评估与防治措施分析[D].成都:成都理工大学,2015.

达瓦泽仁,毛雪松,扎拉次仁,等.藏东昌都地区国道干线公路沿线典型地质灾害类型分析[J].筑路机械与施工机械化,2016,33(2):109-112.

董昕,刘国威,苟正彬.藏南吉隆地区大喜马拉雅结晶杂岩的新生代变质作用和构造意义

[J].岩石学报,2017,33(8):2342-2356.

董颖,张丽君,徐为,等.地质灾害风险评估理论与实践[M].北京:地质出版社,2009.

杜方,旦增,朱德富,等.2015年尼泊尔8.1级地震与喜马拉雅弧的历史地震研究[J].地震研究,2016,39(2):177-186.

杜娟.单体滑坡灾害风险评价研究[D].武汉:中国地质大学(武汉),2012.

杜军,周顺武,唐叔乙.西藏近40年气温变化的气候特征分析[J].应用气象学报,2000(2):221-227.

郭彦威,李胜涛,耿昕,等.拉萨至尼木段地质灾害成因及分布[J].中国人口·资源与环境.2014,24(S1):359-362.

何果佑.论西藏泥石流、滑坡的时空分布特性[J].水利规划与设计,2006(6):21-24.

何易平,崔鹏,陈瑞,等.西藏中尼公路沿线的泥石流[J].地理学报,2002(3):275-283.

胡光中,彭红明,刘海军.亭嘎滑坡成因机制初步研究[J].内江科技,2011,32(9):132-198.

胡瑞林,张小艳,马凤山,等.西藏樟木堆积体结构及其稳定性[J].工程地质学报,2014,22(4):723-730.

胡新丽,唐辉明.GIS支持的斜坡地质灾害空间预测系统框架设计[J].地质科技情报,2002(1):99-103.

高买燕.突发性崩塌灾害风险评估方法研究[D].重庆:重庆交通大学,2012.

高永才.云台山景区危岩体、边坡风险性评价及预警研究[D].焦作:河南理工大学,2014.

黄崇福.自然灾害风险分析的基本原理[J].自然灾害学报,1999(2):21-30.

黄定华.普通地质学[M].北京:高等教育出版社,2004.

黄润秋.岩石高边坡发育的动力过程及其稳定性控制[J].岩石力学与工程学报,2008(8):1525-1544.

黄勋,唐川.基于数值模拟的泥石流灾害定量风险评价[J].地球科学进展,2016,31(10):1047-1055.

黄勋.强震区大型泥石流动力特性与风险量化研究[D].成都:成都理工大学,2015.

黄勇.高寒山区岩体冻融力学行为及崩塌机制研究[D].成都:成都理工大学,2012.

蒋忠信.西藏帕隆藏布河谷崩塌滑坡、泥石流的分布规律[J].地理研究,2002(4):495-503.

康志成,李焯芬,马蔼乃等.中国泥石流研究[M].北京:科学出版社,2004.

康志成,杨仁文.泥石流的动力地质过程[C]//全国第三次工程地质大会.1988.

雷清雄,王运生,贺建先,等.西藏俄拉村滑坡地震动态响应失稳过程[J],山地学报.2017,35(3):332-339.

李超.西藏街需水电站侵入岩高边坡危岩体危险度评价研究[D].成都:成都理工大学,2014.

李建忠,郑来林,耿全如,等.西藏波密—林芝环境地质灾害及防治[J],沉积与特提斯地质.2006(3):81-84.

李军霞. 西藏隆子县滑坡灾害形成机理及非线性预测研究[D]. 长春:吉林大学,2011.

李阔,唐川. 泥石流危险性评价研究进展[J]. 灾害学,2007(1):106-111.

李晓乐. 基于GIS的喜马拉雅中部地区地质灾害危险性评价研究[D]. 长春:吉林大学,2012.

李以海,张祥松,王富葆,等. 西藏东南部冰川的最新研究[J]. 兰州大学学报,1975(2):115-123.

林经宁. 滑坡灾害风险分析研究[J]. 煤炭工程,2010(1):89-91.

刘才泽,秦建华. 喜马拉雅造山带南北向裂谷的冷缩成因模型[J]. 沉积与特提斯地质,2017,37(2):30-39.

刘传正. 重大地质灾害防治理论与实践[M]. 北京:科学出版社,2009.

刘国权,鲁修元. 西藏易贡藏布扎木弄沟特大型山体崩塌滑坡、泥石流成因分析[J]. 西藏科技,2000(4):15-17.

刘晶晶,唐川,程尊兰,等. 气温对西藏冰湖溃决事件的影响[J]. 吉林大学学报(地球科学版),2011,41(4):1121-1129.

刘强. 西藏扎墨公路岩质边坡稳定性分析与评价[D]. 西安:西安科技大学,2008.

刘伟朋,郭彦威,李胜涛,等. 拉日铁路沿线(年木乡—日喀则段)泥石流分布特征[J]. 环境科学与技术,2015,38(S2):158-163.

刘希林,莫多闻,王小丹. 区域泥石流易损性评价[J]. 中国地质灾害与防治学报,2001(2):10-15.

刘希林,莫多闻,张丹,等. 泥石流风险评价[M]. 成都:四川科学技术出版社,2003.

罗永红,李石桥,王梓龙. 尼泊尔地震诱发地质灾害发育特征及影响因素分析[J]. 地质灾害与环境保护,2017,28(3):33-40.

马强. 吉林省泥石流灾害易发性分析与评价[D]. 长春:吉林大学,2015.

倪化勇. 基于地貌特征的泥石流类型划分[J]. 南水北调与水利科技,2015,13(1):78-82.

牛全福. 基于GIS的地质灾害风险评估方法研究[D]. 兰州:兰州大学,2011.

欧阳华平. 遥感和GIS技术在西藏昌都县地质灾害调查与评价中的应用[D]. 长沙:中南大学,2010.

欧阳琳,阳坤,秦军,等. 喜马拉雅山区降水研究进展与展望[J]. 高原气象,2017,36(5):1165-1175.

潘桂棠,李兴振,王立全,等. 青藏高原及邻区大地构造单元初步划分[J]. 地质通报,2002(11):701-707.

裴申洲. 基于GIS的白朗县泥石流灾害易发性评价研究[D]. 成都:西南交通大学,2018.

裴钻,许强,黄润秋. 汶川大地震触发拉裂-剪断型滑坡力学模式研究[C]//第九届全国工程地质大会. 2012.

彭满华,张海顺,唐祥达. 滑坡地质灾害风险分析方法[J]. 岩土工程技术,2001(4):235-240.

彭荣亮.万县市地质灾害风险评价[J].中国地质,1996(6):17-19.

戚国庆.降雨诱发滑坡机理及其评价方法研究[D].成都:成都理工大学,2004.

乔建平.大地震诱发滑坡分布规律及危险性评价方法研究[M].北京:科学出版社,2014.

乔建平.滑坡风险区划理论与实践[M].成都:四川大学出版社,2010.

任华江,邓卫东,程光伟.西藏藏木水电站左岸近坝崩塌体变形特征及形成机制分析[J].科协论坛(下半月),2012(10):110-111.

任金卫,单新建,沈军,等.西藏易贡崩塌—滑坡—泥石流的地质地貌与运动学特征[J].地质论评,2001(6):642-647.

尚志海.泥石流灾害综合风险货币化评估及可接受风险研究[D].广州:中山大学,2012.

沈力.西藏境内G318国道沿线路堑边坡坡体结构研究[D].成都:西南交通大学,2016.

沈永平,魏文寿,丁永建,等.冰雪灾害[M].北京:气象出版社,2008.

舒有锋,王钢城,庄树裕,等.基于粗糙集的权重确定方法在我国喜马拉雅山地区典型冰碛湖溃决危险性评价中的应用[J].水土保持通报,2010,30(5):109-114.

斯朗拥宗,张鹏,李成洋,等.基于FLAC3D的高海拔环境下降雨对公路沿线山体崩塌的影响研究[J].科技创新与应用,2016(15):16-17.

宋强辉,刘东升,吴越,等.地质灾害风险评估学科基本术语的理解与探讨[J].地下空间与工程学报,2008,4(6):1177-1182.

孙晓宇,周成虎,郭兆成,等.汶川5·12大地震地表次生灾害评价与分析[J].地质学报,2010,84(9):1283-1291.

谭炳炎.泥石流沟严重程度的数量化综合评判[J].铁道工程学报,1986(4):45-52.

汤明高,傅涛,张维科,等.西藏G318典型地质灾害成因机制及防治对策[J].公路交通科技,2012,29(5):30-36.

唐川,朱静,张翔瑞.GIS支持下的地震诱发滑坡危险区预测研究[J].地震研究,2001(1):73-81.

唐川.滑坡风险图编制探讨[J].自然灾害学报,2004(3):8-12.

唐亚明,冯卫,李政国,等.滑坡风险管理综述[J].灾害学,2015,30(1):141-149.

唐越,方鸿琪.城市地质灾害的风险模型[J].中国地质灾害与防治学报,1992(4):56-63.

田述军,孔纪名,阿发友,等.汶川地震山地灾害对环境因素的响应机制[J].四川大学学报(工程科学版),2010,42(5):92-98.

童立强,祁生文,安国英,等.喜马拉雅山地区重大地质灾害遥感调查研究[M].北京:科学出版社,2013.

王芳.万州区滑坡灾害风险评价与管理研究[D].武汉:中国地质大学(武汉),2017.

王宏伟,徐培彬,温瑞智,等.2015年4月25日尼泊尔廓尔喀M_S8.1级地震强地面运动[J].震灾防御技术,2015,10(2):201-210.

王佳佳.三峡库区万州区滑坡灾害风险评估研究[D].武汉:中国地质大学(武汉),2015.

王剑,谭富文,李亚林,等.青藏高原重点沉积盆地沉积特征及其油气资源潜力分析[C]//

第三届全国沉积学大会. 2004.

王军,汪友民,王猛,等. 汶川地震地质灾害遥感调查研究[M]. 北京:科学出版社,2015.

王纳纳,唐川. 基于FLO-2D的都江堰市龙池镇黄央沟泥石流数值模拟[J]. 地质灾害与环境保护,2014,25(1):107-112.

王世金,秦大河,任贾文. 冰湖溃决灾害风险研究进展及其展望[J]. 水科学进展,2012,23(5):735-742.

王世金,汪宙峰. 冰湖溃决灾害综合风险评估与管控[M]. 北京:中国社会科学出版社,2017.

王铁峰. 雅鲁藏布江中游干支流水文特性及冰川湖溃决洪水分析研究[D]. 大连:大连理工大学,2002.

王欣,刘时银,丁永建,等. 中国喜马拉雅山冰碛湖溃决灾害评价方法与应用研究[M]. 北京:科学出版社,2016.

王欣,刘时银,郭万钦,等. 我国喜马拉雅山区冰碛湖溃决危险性评价[J]. 地理学报,2009,64(7):782-790.

王欣,刘时银,姚晓军,等. 我国喜马拉雅山区冰湖遥感调查与编目[J]. 地理学报,2010,65(1):29-36.

王秀英,聂高众,王登伟. 汶川地震诱发滑坡与地震动峰值加速度对应关系研究[J]. 岩石力学与工程学,.2010,29(1):82-89.

王治华,于学政. 西藏易贡大滑坡遥感解译[J]. 遥感信息,2000(2):24-25.

王忠福,何思明,李秀珍. 西藏樟木后山危岩崩塌颗粒离散元数值分析[J]. 岩土力学,2014,35(S1):399-406.

吴树仁,石菊松,王涛,等. 滑坡风险评估理论与技术[M]. 北京:科学出版社,2012.

吴益平,唐辉明,姜玮. 基于GIS的巴东新县城滑坡灾害风险系统[J]. 水文地质工程地质,2003(S1):117-121.

吴益平,唐辉明. 滑坡灾害空间预测研究[J]. 地质科技情报,2001(2):87-90.

武新宁,易俊梅,周淑丽,等. 尼泊尔M_S8.1级地震活动构造及次生地质灾害研究[J]. 水文地质工程地质,2017,44(4):137-144.

向喜琼,黄润秋. 地质灾害风险评价与风险管理[J]. 地质灾害与环境保护,2000(1):38-41.

向喜琼. 区域滑坡地质灾害危险性评价与风险管理[D]. 成都:成都理工大学,2005.

谢任之. 溃坝水力学[M]. 山东:山东科学技术出版社,1993.

谢贤平,李怀宇. 灾害风险研究及其应用[J]. 安全,1994(5):1-7.

徐继维. 秦巴山地地质灾害风险评估理论与方法[D]. 西安:长安大学,2017.

许强,王士天,柴贺军,等. 西藏易贡特大山体崩塌滑坡事件[C]//中国岩石力学与工程实例第一届学术会议. 2007.

许强,陈伟. 单体危岩崩塌灾害风险评价方法——以四川省丹巴县危岩崩塌体为例[J]. 地质通报,2009,28(8):1039-1046.

薛艳,刘杰,刘双庆,等.2015年尼泊尔M_S8.1与M_S7.5级地震活动特征[J].科学通报,2015,60(36):3617-3626.

央金卓玛.G318拉萨至尼木段公路地质灾害危险性评价研究[D].成都:西南交通大学,2017.

杨全忠.西藏滑坡地质灾害及防治对策[J].中国地质灾害与防治学报,2002(1):96-99.

杨志华,张永双,郭长宝,等.基于Newmark模型的尼泊尔M_S8.1级地震滑坡危险性快速评估[J].地质力学学报,2017,23(1):115-124.

姚晓军,刘时银,孙美平,等.20世纪以来西藏冰湖溃决灾害事件梳理[J].自然资源学报,2014,29(8):1377-1390.

姚一江.从地貌条件探讨泥石流的防治方法[J].路基工程,1994(4):23-27.

易顺民.泥石流堆积物的分形结构特征[J].自然灾害学报,1994(2):91-96.

殷坤龙,张桂荣,陈丽霞,等.滑坡灾害风险分析[M].北京:科学出版社,2010.

殷坤龙,朱良峰.滑坡灾害空间区划及GIS应用研究[J].地学前缘,2001(2):279-284.

殷坤龙.滑坡灾害预测预报[M].武汉:中国地质大学出版社,2004.

殷跃平,张永双.汶川地震工程地质与地质灾害[M].北京:科学出版社,2013.

殷跃平.西藏波密易贡高速巨型滑坡特征及减灾研究[J].水文地质工程地质,2000(4):8-11.

尹安.喜马拉雅—青藏高原造山带地质演化——显生宙亚洲大陆生长[J].地球学报,2001(3):193-230.

余斌,唐川,刘清华,等.泥石流动力特性与活动规律研究[M].北京:科学出版社,2016.

曾斌.恩施地区志留系地层斜坡灾变智能化预测研究[D].武汉:中国地质大学(武汉),2009.

曾超,贺拿,宋国虎.泥石流作用下建筑物易损性评价方法分析与评价[J].地球科学进展,2012,27(11):1211-1220.

赵绪涛.公路灾害易损性模糊综合评价[D].西安:长安大学,2007.

张博,傅荣华,傅小兵.西藏阿里地区巴尔至札达公路改建工程地质灾害危险性综合评估及防治对策[J].水土保持研究,2005(6):191-194.

张博.天山公路地质灾害发育分布特征及防治对策研究[D].成都:成都理工大学,2006.

张春山,吴满路,张业成.地质灾害风险评价方法及展望[J].自然灾害学报,2003(1):96-102.

张春山.北京地区泥石流灾害危险性评价[J].地质灾害与环境保护,1995(3):33-40.

张进江.北喜马拉雅及藏南伸展构造综述[J].地质通报,2007(6):639-649.

张力.基于预分类方法的西藏聂拉木区域冰湖易溃性评估[D].长春:吉林大学,2012.

张明华.西藏墨脱公路地质灾害遥感勘察[J].公路,2004(5):91-96.

张鹏,马金珠,舒和平,等.基于FLO-2D模型的泥石流运动冲淤数值模拟[J].兰州大学学报(自然科学版),2014,50(3):363-368.

张业成,张梁.论地质灾害风险评价[J].地质灾害与环境保护,1996(3):1-6.

张业成,张梁. 中国崩塌、滑坡、泥石流成灾特点与减灾对策[J]. 地质灾害与环境保护,1994(4):48-51.

张义. 西藏定日—岗巴盆地西部构造变形特征[D]. 成都:成都理工大学,2008.

张永双,姚鑫,郭长宝,等. 地震扰动区重大滑坡泥石流灾害防治理论与实践[M]. 北京:科学出版社,2016.

郑锡澜,汪一鹏. 喜马拉雅山脉的形成与板块拘造[J]. 自然杂志,1979(6):51-53.

郑炎,肖永健,许震宇. 西藏林芝地区降雨诱发地质灾害研究[J]. 水电与新能源,2012(5):74-75.

中国科学院水利部成都山地灾害与环境研究所. 中国泥石流[M]. 北京:商务印书馆,2000.

周驰词. 西藏怒江俄米水电站格日边坡变形机制及稳定性分析[D]. 成都:成都理工大学,2014.

朱海波. 冰碛湖泥石流灾害:危险性评价与数值模拟[D]. 长春:吉林大学,2016.

朱良峰,殷坤龙,张梁,等. 基于GIS技术的地质灾害风险分析系统研究[J]. 工程地质学报,2002(4):428-433.

祝建,雷英,赵杰. 西藏樟木口岸特大型古滑坡形成机理分析[J]. 水文地质工程地质,2008(1):49-52.

庄树裕. 西藏喜马拉雅山地区冰湖溃决非线性预测研究[D]. 长春:吉林大学,2010.

Costa J E,Schuster R L. The formation and failure of natural dams[J]. Geological Society of America Bulletin,1988,100:1054-1068.

Hok,Leroi E,Roberts B. Keynote lecture:quantitative Risk assessment-application,myths and future direction[C]//Proceedings of the International Conference on Geotechnical and Geological Engineering,GEOENG 2000, Melbourne, Australia,2000,1:236-312.

Huggle C,Haeberli W,Kaab A,et al. An assessment procedure for glacial hazards in the swiss Alps.[J]Canadian Geotechnical Journal,2004,41:1068-1083.

Jiro Komori. Recent expansions of glacial lakes in the Bhutan Himalayas[J]. Quaternary International,2007,184(1).

Ji-Yuan Lin,Ming-Der Yang,et al. Risk assessment of debris flows in Songhe Stream,Taiwan[J]. Engineering Geology,2011,123(1).

Jonkman S N, P H A J M van Gelder, J K Vrijling. An overview of quantitative risk measures for loss of life and economic damage[J]. Journal of Hazardous Materials,2003,99(1).

Kamp U,Growley B J,Khattak G A,et al. 基于GIS的2005年克什米尔地震区滑坡易发性区划[J]. 世界地震译丛,2012(4):62-77.

Matthias Jakob,Scott McDougall,Hamish Weatherly,et al. Debris-flow simulations on Cheekye River, British Columbia[J]. Landslides,2013,10(6).

McKillop R J,Clague J J. Statistical,remote sensing-based approach for estimating the probability of catastrophic drainage from moraine-dammed lakes in southwestern British Columbia. Global and Planetary Change,2007,56:153-171.

Ming-Hsu Li,Rui-Tang Sung, et al. The formation and breaching of a short-lived landslide dam at Hsiaolin Village, Taiwan — Part II: Simulation of debris flow with landslide dam breach[J]. Engineering Geology,2011,123(1).

PENG Szu-Hsien,LU Shih-Chung. FLO-2D Simulation of Mudflow Caused by Large Landslide Due to Extremely Heavy Rainfall in Southeastern Taiwan during Typhoon Morakot[J]. Journal of Mountain Science,2013,10(2):207-218.

Quan Luna B. The application of numerical debris flow modelling for the generation of physical vulnerability curves[J]. Natural Hazards and Earth System Science,2011,11(138).

Salerno F, Guyennon N, S. et al. Weak precipitation, warm winters and springs impact glaciers of south slopes of Mt. Everest (central Himalaya) in the last 2 decades (1994—2013)[J]. The Cryosphere,2015,9(3).

附　录

附录一　崩塌及隐患点野外调查表

野外编号			崩塌名称			坐标	经度	°　′　″
统一编号			地理位置				纬度	°　′　″
崩塌类型	□岩质 □土质	运动形式	□倾倒　□滑移　□鼓胀 □拉裂　□错断　□复合			活动状态	□初始开裂阶段　□加速变形阶段 □破坏阶段　　　□休止阶段	
崩塌源扩展方式	□向前推移　□向后扩展 □扩大型　□缩减型　□约束型			崩塌时间	年　月　日 不详	规模等级	□巨型　□特大型 □大型　□中型　□小型	
主崩方向	崩塌源高程		最大水平位移	最大落差	崩塌源宽度	崩塌源厚度	崩塌源面积	崩塌源体积
°	m		m	m	m	m	m²	m³
堆积体平均厚度	m		堆积体面积	m²	堆积体体积	m³	宏观稳定性评价	□稳定　□基本稳定　□不稳定
控制结构面类型	□卸荷裂隙　□软弱夹层层面 □节理裂隙　□风化剥蚀界面 □基覆界面　□其他			诱发因素	□降雨　□地震　□侵蚀 □冻融　□切坡　□加载 □水事活动、地下采掘 □其他		确定性程度	□确定　□基本确定　□不确定
崩塌(危岩体)环境	地形地貌(点位地形特征、与地层产状关系、临空面特征及边坡形态)							
	地层岩性、岩性组合(地层层序、地质时代、成因类型、岩石地层单元,岩性特征和接触关系,岩体强度特征,软弱层对地质灾害的控制描述)							
	斜坡结构与地质构造(斜坡结构类型,斜坡坡度与地层产状交切关系,节理裂隙发育特征,层内错动带,构造错动带)							
	水文地质条件(地下水补、径、排条件,地下水类型等)							
	植被及土地利用							
	人类工程活动							

续附录一

崩塌(危岩体)基本特征	崩塌源区(边界条件,危岩体岩性及岩体结构,控制面结构、产状,卸荷裂隙发育特征及其组合形式、交切特点、贯通情况变形迹象及变形历史等)	
	崩塌堆积体(几何形态、厚度、规模、新鲜程度、岩性与分选状态及空间分布特征、最远堆积距离等)	
	崩塌路径区(路径区斜坡几何形态、地层岩性、植被发育情况、是否有建筑设施等)	
危险性分析	(不同概率降雨、地震或人工扰动情况下特定规模崩塌发生的可能性分析)	
危害分析	(人员伤亡、财产损失情况,崩塌影响范围内的人员、财产、设施等情况及可能的成灾模式)	
平面图和剖面图	图例 □1 □2 □3 □4 □5 □6 □7 □8 图例 □1 □2 □3 □4 □5 □6 □7 □8	
补充性描述(是否为前期调查点或监测点,已有防治措施,预防及防治建议等)		

记录:　　　　校核:　　　　项目负责:　　　　填表日期:　　年　　月　　日

附录二 滑坡及隐患点野外调查表

野外编号		崩塌名称		坐标	经度	° ′ ″
统一编号		地理位置			纬度	° ′ ″
运动形式	□旋转 □平移 □流动 □复合 □侧向扩展	滑体类型	□岩质 □土质 □碎屑 □堆积层	活动状态	□蠕变阶段 □加速变形阶段 □破坏阶段 □休止阶段	
扩展方式	□推移式 □牵引式 □扩大型 □缩减型 □约束型	滑动速度	□5m/秒 □3m/分钟 □1.8m/小时 □13m/月 □1.6m/年 □16mm/年	规模	□巨型 □特大型 □大型 □中型 □小型	
滑坡时代	□古滑坡 □老滑坡 □新滑坡	滑动时间	年 月 日	滑坡形态	平面	□半圆 □矩形 □舌形 □不规则
		宏观稳定性	□稳定 □基本稳定 □不稳定		剖面	□凹形 □凸形 □直线 □阶梯 □复合
前缘高程	后缘高程	滑体平均厚度	滑坡面积	滑体体积	主滑方向	确定性程度（从可识别性等方面判定）
m	m	m	m²	万m³	°	□确定 □基本确定 □不确定
(潜在)滑面类型	□无统一滑动面 □软弱夹层层面 □节理裂隙面 □风化剥蚀界面 □基覆界面 □其他					
斜坡结构类型	□平缓层状斜坡 □顺向斜坡 □斜向斜坡 □横向斜坡 □反向斜坡 □特殊结构斜坡					
诱发因素	□降雨 □地震 □河流侵蚀 □冻融 □切坡 □加载 □水事活动 □地下采掘 □其他					

斜坡环境	地形地貌（地貌形态,成因类型,地貌界线;微地貌形态、类型、坡度;悬崖、沟谷、河谷、河漫滩、阶地、沟谷、冲积扇等,微地貌组合特征;人工地貌形态、规模及其稳定性）
	地层岩性、岩性组合（地层层序、地质时代、成因类型、岩石地层单元,岩性特征和接触关系,岩体强度特征;土体成因类型、分布、厚度及结构特征等;软弱层对地质灾害的控制描述）
	斜坡结构特征（斜坡微地貌,斜坡坡度与地层产状交切关系,节理裂隙发育特征等）
	地质构造（所处构造部位、褶皱、断裂、裂隙特征及其切割关系）
	地表水及地下水
	植被与土地利用
	人类工程活动
滑坡基本特征	边界条件（滑坡陡坎、后壁发育状况,原始斜坡坡度,滑床岩性、时代、产状等）
	滑体形态及物质结构（侧边界、前缘、剪出口是否发育可辨,滑体岩性、厚度、结构,滑面及滑带形态、岩性、产状等）
	水文地质特征
	变形特征及活动历史（拉张裂缝,剪切裂缝,地面隆起,地面陷落,剥、坠落,树木歪斜,建筑变形,冒渗混水等）

续附录二

危险性分析	现状稳定性分析（变形所处阶段，滑动面类型，可能的滑动方式和规模，潜在影响范围及判断依据，潜在诱发因素等）
危害分析	灾害损失（历史灾情、成灾模式；已造成危害情况；滑坡影响范围内的人员、财产及基础设施，滑坡对基础设施的破坏方式，潜在威胁对象及可能的损失）
平面图和剖面图	图例 □1 □2 □3 □4 □5 □6 □7 □8 图例 □1 □2 □3 □4 □5 □6 □7 □8
补充性描述（是否为前期调查点或监测点，已有防治措施，预防及防治建议等）	

记录：　　　校核：　　　项目负责：　　　填表日期：　　年　　月　　日

附录三 泥石流及隐患野外调查表

野外编号		崩塌名称		沟口坐标	经度	° ′ ″
统一编号		地理位置			纬度	° ′ ″
物质组成	\u3000□泥石流 □泥流\u3000\u3000\u3000□水石流 □山洪泥石流		物源补给途径	□斜坡坡面侵蚀 □沟岸崩塌滑坡 □沟底侵蚀 □堵溃坝体 □远程滑坡 □其他	汇水面积	m²
水动力类型		□暴雨 □冰雪融化 □水体溃决 □地下水 □水事活动 □其他				
沟口扇形地特征	扇形地完整性/%		扇顶至扇缘主轴坡降/‰		扇面发展趋势	□下切 □淤高
	扇长/m		扇宽/m	扩散角/(°)	沟口至主河道距离/m	
防治措施	□有 □无		类型	□稳坡固源 □拦挡 □排导 □穿越跨越 □避绕 □生物工程		
土地利用情况/%	缓坡耕地	陡坡耕地	乔木林地	乔灌林	灌丛	草地	荒地	建筑用地	其他

泥石流沟宏观特征	物源区特征(流域汇水面积,松散物质成因类型、粒度成分、结构,储量)
	水动力来源及特征
	流通区特征
	堆积区特征

泥石流活动历史	
泥石流危险性分析	
危害性分析	(已有造成损失情况及破坏方式,冲击、淤埋、淹没;未来可能造成损失的范围、破坏的方式)
其他补充性说明	(已采取的调查监测与防治措施及其效果,防治措施建议等)

续附录三

泥石流综合评判																
1.不良地质现象	□严重 □中等 □轻微 □一般								2.补给段长度比/%							
3.沟口扇形地	□大 □中 □小 □无								4.主沟纵坡/‰							
5.新构造影响	□强烈上升区 □上升区 □相对稳定区 □沉降区								6.植覆盖率/%							
7.冲淤变幅/m	±		8.岩性因素			□土及软岩 □软硬相间 □风化和节理发育的硬岩 □硬岩								
9.松散物储量/ (万 m³·km⁻²)			10.山坡坡度/(°)			11.沟槽横断面			□V形谷(谷中谷、U形谷) □拓宽U形谷 □复式断面 □平坦形							
12.松散物平均厚度/m						13.流域面积/km²										
14.相对高差/m						15.堵塞程度			□严重 □中等 □轻微 □无						
评分	1	2	3	4	5	6	7	8	9	10	11	12	13	14	15	总分
易发程度	□易发 □中等 □不易发						发展阶段			□发展期 □活跃期 □衰退期 □停歇期						

平面图和剖面图

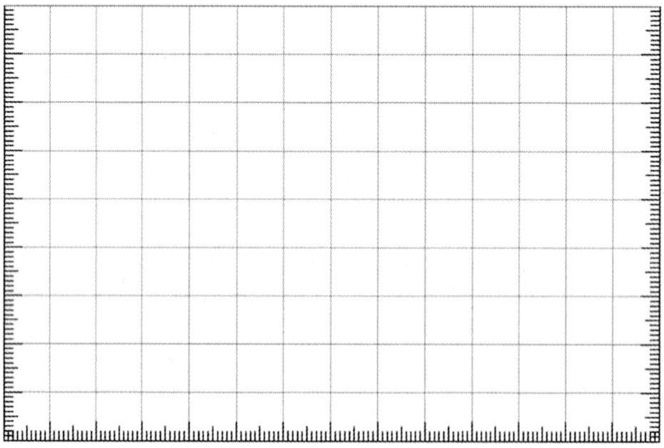

图例 □1 □2 □3 □4 □5 □6 □7 □8

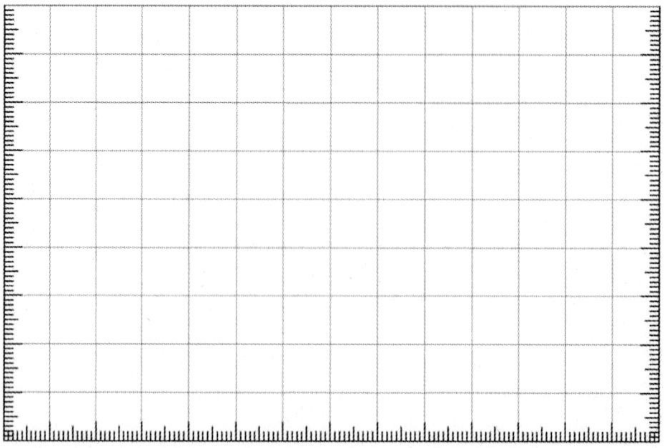

图例 □1 □2 □3 □4 □5 □6 □7 □8

记录：　　　校核：　　　项目负责：　　　填表日期：　年　月　日

附录四 泥石流野外判别

不同类型的泥石流其野外特征表现不同,以下简要介绍不同类型泥石流的特征要素,便于我们实地调查判别。

(1)山区和山前泥石流可根据泥石流堆积扇所处的地貌位置及冲淤特征,按照下表内容进行判别。

山区泥石流与山前区泥石流判别特征

泥石流灾害分区	山区泥石流	山前区泥石流
地貌位置	堆积扇位于山区,逼近河流,发育不完全,常被大河切割,扇面纵坡陡	堆积扇位于山前区,逼近河流,完全发育,扇面纵坡较缓,离大河远,不受大河切割
冲淤特征	由于大河水位涨落的控制,泥石流一次冲淤变幅大	以淤为主,冲淤变幅小

(2)沟谷型和山坡型泥石流按照流域特征、堆积物特征进行野外判别。

沟谷型泥石流和山坡型泥石流判别特征

泥石流灾害类型	沟谷型泥石流	山坡型泥石流
流域特征	沟谷明显,流域可呈长条形、葫芦形或树枝形等。分形成区、流通区和堆积区。形成区内有坍滑体、大型沟谷的支流、卡口较多,呈束放相间河段。常沿断裂或软弱面发育,堆积区呈扇形或带状	沟浅、坡陡、流短,沟谷与山坡基本一致,无明显流通区和堆积区,面蚀、沟蚀严重,堆积区呈锥形
堆积物特征	磨圆度较好,棱角不明显。规模大、来势猛、过程长、强度大,大型沟谷的沉积物有分段搬运现象	磨圆度差,棱角明显,粗大颗粒多搬运在锥体下部。山坡型泥石流的规模小、来势快、过程短、冲击力大,堆积物多为一次搬运

(3)黏性泥石流和稀性泥石流从泥石流物质重度、固体物质含量、黏度、物质组成、沉积物特征、流态特征、危害作用特征进行判别。

黏性泥石流与稀性泥石流判别特征

特征	黏性泥石流	稀性泥石流
重度	$16\sim23kN/m^3$	$13\sim18kN/m^3$
固体物质含量	$960\sim2000\ kg/m^3$	$300\sim1300\ kg/m^3$
黏度	$\geq0.3Pa\cdot S$	$<0.3Pa\cdot S$
物质组成	由黏土、粉土为主,以及部分砾石、块石等组成,有相应的土及易风化的松软岩层供给	以碎块石、砂为主,含少量黏性土,有相应的土及不易风化的坚硬岩层供给
沉积物特征	呈舌状,起伏不平,保持流动结构特征,剖面中一次沉积物的层次不明显,间有"泥球",但各次沉积物之间层次分明,洪水后不易干枯	呈垄岗状或扇状,洪水后即可通行,干后层次不明显,呈层状,具有分选性

续附表

特征	黏性泥石流	稀性泥石流
流态特征	呈流状,固、液两相物质成整体运动,无垂直交换,浆体浓稠,承浮和悬托力大,石块呈悬移状,有时滚动,流体阵性明显,直进性强,转向性弱,弯道爬高明显,沿程渗漏不明显	紊流状,固、液两相做不等速运动,有垂直交换,石块流速慢于浆体,呈滚动或跃移状,泥浆体浑浊,阵性不明显,但有股流和散流现象,水与浆体沿程易渗漏
危害作用	来势凶猛,冲击力大,磨蚀性强,直进性强,爬越高度大,推动力大,一次性破坏作用大	冲击力较小,磨蚀力强,一次性破坏作用大

(4) 根据泥石流的重度和物质组成,将泥石流分为泥流、泥石流、水石流,其判别特征如下。

泥流、泥石流、水石流判别特征

特征	泥流	泥石流	水石流
重度	16~23kN/m³	12~23kN/m³	12~28kN/m³
物质组成	由黏粒和粉粒组成,偶夹砂和砾石	由黏粒、粉粒、砂粒、砾石、碎块石等大小不等粒径混杂组成,偶夹砂和砾石	由砾石、碎块石及砂粒组成,夹少量黏粒和粉粒

(5) 按照泥石流的发展时期可分为发展期、活跃期、衰退期、停歇期,其判别特征如下。

不同时期泥石流判别特征

发育阶段	发展期	活跃期	衰退期	停歇期
形态特征	山坡以凸形为主,形成区分散,并见逐步扩大,流通区较短,扇面新鲜,淤积较快	山坡由凸形坡转为凹形坡,沟槽堆积河堵塞现象严重,形成区扩大,流通区向上延伸,扇面新鲜,漫流现象严重	山形以凹形为主,形成区减少,流通区向上延伸,沟槽逐渐下切,扇面陈旧,生长植物,植被较好	全沟下切,沟槽稳定,形成区基本消失,逐渐变为普通洪流,植被良好
山坡块体运动	发展明显,多见新生沟谷,有少量滑坡、崩塌等	严重发育,供给物主要来自崩塌、滑坡、错落等,片蚀、侧蚀也很发育	明显衰退,坍塌渐趋稳定,以沟槽搬运及侧蚀供给为主	山坡块体运动基本消失
塌方面积率/%	1~10	≥10	10~1	<1
单位面积固体物质储量/万 m³	1~10	≥10	10~1	<1
充淤性质与趋势	以淤为主,淤积速度增快	以淤为主,淤积值大	有冲有淤,淤积速度减小	冲刷下切
危害程度	较大	最大	较大	小

附录五 潜在溃决冰湖野外调查表

名称				西藏自治区　　县(区)　　乡(镇)　　村　　组		
编号	野外：		地理位置	坐标	经度：	湖面海拔高度/m
	室内：				纬度：	
发育特征	冰湖坝顶宽度/m			湖水位距坝顶高度/m		
	坝体物质组成、结构			湖面凌空高度/m		
	冰湖背坡坡度			冰湖含冰量/m³		
	湖水性质（淡水、咸水）			湖水补给方式		
	湖水排泄方式			冰舌前段距离冰湖距离/m		
	冰舌段坡度			补给冰川的面积/m²		
威胁对象				潜在经济损失/万元		
溃决历史	溃决日期	年　月　日		溃决前湖面面积/m²		
	溃流水深/m			直接溃决原因		
	成灾形式			直接经济损失/万元		
	受灾对象					
已采取措施						

记录：　　　校核：　　　项目负责：　　　填表日期：　年　月　日

附录六 承灾体调查表

野外编号			地理位置	县（市） 乡（镇） 村			
统一编号				经度		纬度	
建筑物及人口							
结构类型	钢混结构		建筑层数				
	砖混结构		建筑面积				
	砖木结构		建筑时间（成新度）				
	土木结构		建筑用途				
	板房		室内财产/万元				
总人数			性别比				
年龄结构	＜20岁		20～50岁		＞50岁		
受教育程度	高中以上		初中		小学及以下		
健康状况	健康			残疾			
建筑物变形情况	无变形		局部变形		（变形部位）		
			裂缝长度		裂缝宽度		
交通道路							
道路等级			受灾道路长度				
空间位置			道路造价				
交通道路变形情况	无变形		局部变形		（变形部位）		
			裂缝长度		裂缝宽度		
土地利用类型							
土地类型	农田		面积				
	林地		单位价值				
	建筑用地						
土地变形情况	无变形		局部变形		（变形部位）		
			裂缝长度		裂缝宽度		
补充说明							